心理创伤会好的

[美] 詹姆斯 · S. 戈登
(James S. Gordon M.D.) _ 著
江兰 _ 译

北京联合出版公司
Beijing United Publishing Co.,Ltd.

图书在版编目（CIP）数据

心理创伤会好的 /（美）詹姆斯 · S. 戈登著；江兰译 . —北京：北京联合出版公司，2022.4

ISBN 978-7-5596-5915-6

Ⅰ . ①心… Ⅱ . ①詹… ②江… Ⅲ . ①心理学—通俗读物 Ⅳ . ① B84-49

中国版本图书馆 CIP 数据核字（2022）第 015762 号

北京市版权局著作权合同登记 图字：01-2022-2267 号

心理创伤会好的

作　　者：[美] 詹姆斯 · S. 戈登
译　　者：江　兰
出 品 人：赵红仕
责任编辑：李　伟

北京联合出版公司出版
（北京市西城区德外大街 83 号楼 9 层　100088）
三河市冀华印务有限公司　新华书店经销
字数 306 千字　700 毫米 ×980 毫米　1/16　印张 20
2022 年 4 月第 1 版　2022 年 4 月第 1 次印刷
ISBN 978-7-5596-5915-6
定价：58.00 元

目 录

03 软腹呼吸：平息情绪风暴 -035

冥想是一种奇迹，它既不复杂也不深奥，却能真正让你更平静、更快乐。

软腹呼吸是一种非常棒的冥想方式，通过简单的冥想呼吸，你就能放松你的身体，平静你的思想，减少你的恐惧和愤怒，增强你的判断力。

04 拥抱希望：有希望，创伤就是有限的 -047

遭受的创伤再可怕，也不意味着人生真“完蛋了”。

当你从绝望中走出来，拥抱希望，一切就真的会好起来。

05 摇摆舞动：畅快地释放压力和情绪 -057

舞蹈是一种很棒的疗愈方式。

通过摇摆舞动，放开自己，释放压力，让疲惫的身体充满活力。

06 情绪无罪：承认自己的感受 -069

情绪都是糟糕的吗？未必。情绪是一种自我保护机制，很多时候，它对我们有正面的作用。

情绪并不可怕，真正可怕的，是我们拒绝接纳自己的情绪。

07 连接：寻求人际关系的帮助 -083

寻求外界的帮助，寻求他人的支持，让我们感受到，安慰和支持就在身边。

08 内在引导：让想象带你走出创伤 -091

意象是潜意识的语言。通过意象练习，可以帮助你由内而外地改善身心功能，减少焦虑，缓解压力和痛苦。

在这一章中，你将学习如何运用意象治疗创伤。

序言

所有的创伤，都可以被治愈

关于心理创伤有两个常见且危险的误解。

第一个误解：创伤（trauma，这个词是希腊语，意思是“伤害”）只会降临于我们中的一些人，比如战争中的士兵或平民、自然灾难中的受害者、强奸幸存者、在最冷酷污秽的家庭中长大的孩子。

第二个误解：创伤是一种无法缓解的灾难，会导致永久的情感残疾，需要永无止境的治疗，严重束缚了那些经历过创伤的人的生活。

事实上，创伤或多或少都会降临到我们每个人身上。在最近的一项政府调查中，60% 的美国成年人表示他们在儿童时期经历过严重的虐待和 / 或忽视。20 世纪 90 年代对不良童年经历[1]（ACEs）的研究报告称，在对受过良好教育、经济上有保障的美国中产阶级群体的调查中发现，四分之一的人小时候“经常或频繁地被打……有时候相当严重，以致留下伤痕或受伤”。

患有危及生命的疾病[2]、长期残疾或忍受慢性疼痛的人是在经历创伤，对照顾他们的人而言也是[3]。

贫穷让人痛苦，它是一种创伤[4]，种族歧视[5]和性别偏见[6]也是。

失去一段亲密关系[7]令人十分痛苦，它是一种创伤；失去一份赋予我们生活意义和目的的工作也是[8]。

对于我们所有人来说[9]，如果我们活得足够长，将不得不面对失去亲人的创伤，与衰老、身体虚弱和死亡做斗争。

我们每个人都会经历创伤，其后果可能很可怕。这是事实，也是坏消息。但好消息是，我们所有人都可以使用自我觉察和自我照料的工具来治愈我们的创伤，甚至变得比以前更健康、更完整。如果我们接受创伤带来的痛苦，就可以敞开我们的心灵和身体，迎接治疗带来的变化。如果我们放松地面对它所制造的混乱，那么一个新的、更灵活稳定的秩序就会出现。我们破碎的心能温柔地接纳新的爱人及我们自己。

苦难是培育智慧和同情心的土壤，我们因而愿意致力于治愈他人的创伤。最近关于创伤后成长的科学研究也得出了类似结论。

这是我经过 50 年的临床工作后，在与自己漫长生命中无尽的挑战和令人心碎的丧失感做斗争并学习后所知道的。这就是我想在这儿，在这本书里与你们分享的内容。

我是她的医生，她是我的老师

50 年前，作为纽约布朗克斯公立医院雅可比急诊室的一名住院实习医生，我遇到了戴安娜，从此开始了我的创伤治疗工作。

在医学院，我学会了进入问题儿童和与致命疾病做斗争的老年人的内心世界，也学会了倾听自己的困惑和烦恼。我向罗伯特·科尔斯寻求帮助，他是哈佛健康服务中心的一名年轻的精神病学家，他与那些勇敢面对凶残暴徒的黑人孩子们一起工作，以整合新奥尔良的学校。为了帮助我，鲍勃带领我学习了弗洛伊德的理论，我了解到，童年早期的丧失和被遗忘的虐待使我更容易被现在的丧失所影响。他与我分享他自己的痛苦和丧失，树立了一个分享个人弱点和勇于献身的榜样，并向我表明，我可以在个体治疗及在更广阔的世界里发挥作用，为治疗带来改变。鲍勃帮助我去了解我是谁，同时欣赏我的身份认同——一种持久的自我意识，这使我度过了艰难的时光。

在作为医学生服务于内科和精神科病房期间，我迎接了其他老师（书中以及现实生活中）的到来。

早年[10]，我阅读了奥地利犹太精神病学家维克多·弗兰克尔（Viktor Frankl）写的那本薄薄的回忆录《活出生命的意义》（*Man's Search for Meaning*）。弗兰克尔曾被关押在奥斯维辛集中营，在最惨无人道的虐待和难以想象的痛苦中，他找到了生命的意义和使命。“苦难一旦找到了意义，就不再是苦难了。”弗兰克尔写道。他在欣赏、理解和同情狱友与自己的过程中找到了自己的价值。他意识到“爱是人所能追求的终极美好”，尽管他的妻子在另一个集中营里被处死，他仍然学会了“欢迎生活给予的一切”。读着弗兰克尔的书，我内心充满敬仰，我知道我也想这么做。

为了帮助戴安娜康复，需要运用鲍勃、书本、医学院和我的实习生生涯教给我的一切，还需要有学习的意愿，愿意冒我无法想象的情感风险。

急诊部的午夜一向是混乱的，就在这一片混乱中，戴安娜走了进来。她有着精灵般的脸庞、棕色的碎发，身材结实。她穿着铅笔裙和彼得潘式的衬衫，说话时带着一种布朗克斯式的智慧，既有满嘴脏话的街谈巷议，也有不假思索、恰到好处的心理观察。她的病历上写满了可怕的诊断。一些精神科医生称她有“边缘型人格障碍”，有一位医生诊断她有“多重人格”，还有的医生说她是“精神分裂症患者”。她告诉我，她目前的治疗师即将完成他的住院实习，而她正考虑自杀。

在接下来的两年里，我和戴安娜每周见面三到四次。我是她的医生，她是我的老师。每一次会面都扣人心弦，既令人吃惊，又十分有趣。我不知道谁会出现在我的办公室：是吓坏了的 8 岁小孩，还是她凶残咆哮的母亲；是时尚的 20 多岁的年轻女性，还是无助的、吮吸拇指的婴儿。

戴安娜的外貌似乎会为适应她出现的人格而改变。她的声音随着呜咽而低沉，随着尖叫大喊而升高。有时她会缩到一个角落，用一种疯癫的眼神盯着某处，仿佛看见了她母亲的鬼魂。显然，她所经历的严重创伤，使她的自我分裂成不同的人格，而这些人格并不知道彼此。这就像是弗洛伊德的案例活生生地再现。

在我看来，很明显的是，对戴安娜的诊断远没有造成她如此痛苦的早期、深层、反复的创伤重要。随着时间的推移，我开始理解童年的虐待如何形成了戴安娜那些令人不安和困惑的症状。治疗一年多后的某天下午，她既愤怒又羞愧地对我咆哮："我是垃圾，我太臭了！"

"我的母亲，"她抽噎着说，就像是重演了那一刻，"把我的脑袋强行按进垃圾箱里，她告诉我那才是我的归宿。"

有时我被戴安娜的愤怒所震惊——我的疏忽，或对她不诚实话语的一点点暗示都会引发她的愤怒；有时我被她过去的经历和她可能做的自我伤害吓得不知所措。在这样或那样的恐惧之间，在我所有尝试理解她的努力中，在她教我如何做治疗师及如何做一个人的过程中，我感觉我的心敞开了——其程度远胜以往，我伸出双臂想要抱紧那个吓坏了的孩子，那个生活在这个分裂、混乱、勇敢的年轻女人体内的整个人。

慢慢地，戴安娜开始意识到她目前的生活难题，年幼的孩子们对她的需要，丈夫的愤怒和性需求，还有我即将到来的假期，唤起和"触发"了那些创伤事件的回忆：那些未被满足的需求、威胁性的愤怒、被剥削和抛弃的经历毁掉了她的童年。

随着戴安娜与我分享并演绎出她过去的创伤，她似乎长高了，站得也更为挺直。"和你在一起我觉得很安全，那是真实的'我'。"多年后她告诉我，"我快要淹死了，而你温暖又坚强。我感到被接受，变得更加完整，最后成为我。"

随着戴安娜安全感的提升，她对她的孩子们也变得更为友善和慷慨。随着她焦虑的平息，她"疯狂的"恐惧和愤怒也平静下来，她美好的心灵之光又重新点亮。

戴安娜还需要多年艰苦的心理治疗，但我感到她已经开始缝补起自己的碎片。我渐渐明白，即便那些遭受严重创伤的人也可能被治愈。

利用身心联系，逆转我们所受的伤

作为住院实习医生，我的工作紧张、目标明确。而我在美国国家心理健康研究所（the National Institute of Mental Health，NIMH）做研究员的那十年，工作内容颇为丰富，并且非常有探索性。一开始，我把从戴安娜和在布朗克斯医院学到的东西，用到了华盛顿特区和乔治王子县附近离家出走、无家可归的孩子们和他们的指导顾问身上。后来，我被任命创建一个全国项目，又把这些经验、知识传授给美国各地的问题儿童和他们的家庭。

现在我知道，我们所有人都曾遭受或将遭受创伤，不管是住院的长者、像戴安娜这样明显精神失常的人，还是因虐待而内心混乱、无家可归或离家出走的孩子，以及他们困惑的父母，或是我的同事、老师和我自己。我开始相信，我们所有人都能从过去的创伤中恢复过来，不屈不挠甚至优雅地应对未来的威胁和打击。

尽管如此，我知道我的创伤康复项目仍有不足。我必须找到一些方法，更好地从生理和精神层面，以及心理、社会和情感层面去理解创伤，使它们成为我的治疗工作的一部分。

现在，许多精神病学家[11]把情绪问题看作是需要药物治疗的脑部疾病。但这种看似合理的生物学方法似乎既不精确，也不恰当，甚至危险。有些服用精神药物的人确实感觉有所好转。然而，许多人认为，因服用这些药物，他们被定义为依赖药物、无法自救的病人。另一些人则认为药物使他们情绪迟钝，并阻碍了他们的创造力。

多项研究甚至表明[12]，抗抑郁药和抗精神病药常常会干扰消化，导致体重上升、头疼和手抖。我自己的临床经验告诉我，这些药物主要用来消除症状，抑制而不是解决那些给我的病人带来很多问题的创伤。

我想找到其他的解决方案，用安全的、非药理学的方法来促进生物转化，这种转化能与我正在进行的心理治疗工作相配合，并增强心理治疗的效果。

我读到关于压力和与压力相关的疾病的研究正指向一个新方向。我了解到，我们的思想和情绪、我们生活在哪里、和谁相处，都影响着我们的生物化学过程和生理机能。我自己也能感觉到这一点。当我因背部疼痛而步履蹒跚时，我的情绪一落千丈；而当我沮丧、不安时，我的背部就会出问题。

已发表的研究表明，我们可以有意识地利用这种心身联系来逆转情感和身体伤害。研究结果告诉我们[13]，每天40分钟的冥想可以降低血压，缓解焦虑，改善情绪，减轻疼痛，增强免疫力和提高大脑功能。像每一位医生一样，我也知道西医之父希波克拉底曾告诫我们“首先不要伤害”。既然冥想效果这么好，没有任何负面影响，那么在我看来，它应该是治疗的首选，而有着破坏性副作用的药物治疗是最后的手段。

把创伤治疗工作扩展到精神层面的这一尝试更具挑战性。据我所知，原住民医治者既是精神导师又是医生；在西方社会，直到中世纪晚期，僧侣和修女仍在行医。但在现代医学实践中，我们忽略了对生命终极意义和使命的关注[14]，我认为这是目光短浅和无知的表现。

很久以前，我从圣经故事中就体会到了深刻的真理：雅各布与天使搏斗，摩西与上帝之间不可思议的联系，耶稣的寓言和训诫中非凡的智慧、怜悯和理性——放弃骄傲和物质财富，彼此相爱，尤其是那些伤害过我们的人。但是，当时这些对我来说只是传说，只是让我看到一些理想。我想让它们成为我日常生活和临床实践的一部分。

然后，在 1973 年，我遇到了希亚姆·辛加，他擅长用鼓舞人心的诗歌和优雅的散文，描述来自非西方社会强调身心连接的替代疗法。希亚姆出生在克什米尔，是一位生活在伦敦的骨疗师、自然疗者、针灸师、草药师和冥想大师。他看起来就像一只大猫，狡黠、世故、变幻莫测，熟知阴阳太极、天地人及中医五行说。我们一起烹饪时，他用无数不可思议的组合创造了各种各样的菜式，肉类和水果、坚果和蔬菜、香草和香料等，不仅令我大饱口福，还让我精力充沛，心情放松，满足又着迷。

希亚姆让我看到了身体冥想所带来的强大的改造力量，比如快速地深呼吸，然后喊叫和捶打；上下跳动，脚后跟着地；旋转；摇摆舞动着说胡话；对着镜子嘲笑自己等。就像烹饪时各种香料的混合，这些“表达式冥想”融合了多种传统疗法与西方身体导向的心理疗法。它们大大缓解了我身体和情绪上的紧张，唤起并释放了长期压抑的恐惧和愤怒，就像是打开了一扇大门，让我能用一种愉悦轻松的方式通向一个瞬息万变、充满活力的世界。

20 世纪 70 年代末，我在 NIMH 工作时，协助创建了整体医学、综合医学和心身医学等新领域，并为它们提供科学依据。我与他人合编了两本书[15]，全面阐述了我们当时所知道的冥想、生物反馈、营养学、草药学、顺势疗法、肌肉骨骼操作法、环境医学、阿育吠陀和中医等疗法的益处和局限性。

我还为吉米·卡特总统主持了一项关于替代精神卫生服务的特别研究。

作为一名与病人打交道的精神病学家，我从希亚姆的研究中所学到的内容，彻底打破了我的固有观念。它另辟蹊径，认为身体、情感和心灵的痛苦密不可分。它采取自然的、无副作用的方法消除病因，而不只是消除症状；不仅能逆转身心所遭受的损害，还可以改善和促进健康，帮助我们愈合生活中不可避免的创伤，并找到所有精神传统所承诺的觉知和接纳、爱和同情。

我在食物中品尝它，在身体中感受它，在生活中看到它，在新的研究中阅读它，在实践中证明它。1982 年，我离开 NIMH，我想知道怎样才能让这些继续——不仅在我自己身上，也在其他人身上。

自我照料，是有效的治疗方式

在经过 9 年的私人实践和写作后，我找到了答案：创办一个非营利性的心身医学中心（The Center for Mind-Body Medicine，CMBM），在这里，将遵循我称为“新医学”的原则和方法来生活。我们满怀希望、毫不谦虚地把自我照料和加强自我照料的团体支持作为所有医疗保健的核心，作为所有医疗专业人员培训和儿童教育的核心，为我们自己创造“一个治疗与治疗者社区”。

我在 1991 年创办了 CMBM，当时没有钱，也没有带薪员工。玛丽·李·埃斯蒂等朋友和同事自愿奉献了自己的技能和热情。玛丽·李是一名社会工作者，也是一名心理学家，还曾和希亚姆一起做过研究。

玛丽·李和我及其他人共同创建了一个模型，这个模型将我们一直在探索的技术和方法——缓慢深入的软腹呼吸和正念练习，富有表现力的表达式冥想，意象引导、生物反馈和瑜伽，运用文字、绘画、音乐、运动和食物的治疗尝试——加以整合，同时还借助了许多传统的治疗方法。

我们一起学习，把我们在小型互助团体中学到的东西传授给华盛顿特区的那些我们觉得最需要帮助的人：贫民区的黑人和拉美裔儿童，贫困、暴力、虐待和忽视让他们身心受损；身患绝症和被慢性病折磨的人，比如癌症、艾滋病、心脏病和抑郁症患者；华盛顿特区的专业人士，如一位国会议员对我所说的，“压力太大，令我崩溃”；我在乔治敦大学医学院的学生们，他们的恐惧不仅让他们畏惧未来的临床实践，还摧毁了他们的同情心；还有那些挤满我私人诊所的难民，他们有的人从酷刑下逃脱，有的人的家属被处决。

不到两年，玛丽·李和我，以及我们培训的第一批人，就组织了一场全国性的心身医学培训。

我曾培训数千人，治疗百万人

我热爱教学，教学是 CMBM 的工作重点。我也很喜欢我们创建的治疗者社区。比尔·克林顿总统任命我担任美国国立卫生研究院新成立的替代疗法办公室顾问委员会主席，我热切地投入到这项新工作中。

然而，一些其他的需求在我的心中发芽。我想知道，我们这套在美国的医院、诊所、学校和私人诊所起步的心身治疗方法，能否帮助那些生活在地球上最黑暗的地方、遭受过最严重的创伤的人。

1997 年，家庭医生苏珊·洛德和我带着这个问题来到波黑，当时《代顿和平协议》刚刚签署。四年的战争摧毁了波黑，造成 20 多万人死亡，成千上万的人被监禁在强奸案频发的集中营。

当时，人民深陷困境无法摆脱，不论男女，都用酒精和香烟麻醉自己。抑郁、失眠、酗酒和创伤后应激障碍（PTSD）都超出了正常水平。数年的创伤使包括心脏病、癌症、糖尿病和关节炎在内的慢性疾病的发病率升高了两倍。而且，那些从来不打妻子的男人对他们的妻子动起了拳头。

1998 年，科索沃叛军和塞尔维亚政府之间的战争开始，苏珊和我必须留在那里开展工作，以避免战争的恐怖造成我们所目睹的那种创伤后心理灾难。

在战争期间，我们教那些搜寻尸体的联合国维和士兵做冥想，他们手无寸铁，惊恐不安地穿梭在交战的科索沃游击队和塞尔维亚准军事部队之间。

创伤无处不在，我们从那些被炸弹赶出家园的母亲和孩子们的话语中听到了创伤，从他们画的燃烧着的建筑物和被肢解的尸体中看到了创伤，从他们被恐惧吓呆了的眼神中也看到了创伤。

当他们与我们一起缓慢而深沉地呼吸，或者与我们分享他们的故事和画作时，我们看到他们肩膀放松下来，也不再面无表情，我们听到了他们的感激。越来越清楚的是，我们的自我照料和团体支持的模式能有效减轻创伤症状，带来康复的可能性。

战争结束后，在接下来的六年里，我和CMBM的同事们训练了600名科索沃的精神科医生、心理学家、护士、咨询师和教师。心身医学成为新的国家精神卫生系统的正式组成部分。

我们在苏哈雷卡地区进行了密集的工作，那里有80%的房屋被毁，新生活高中（New Life High School）20%的孩子失去了父母或其中之一。哪怕战争已经结束了五年，仍有至少一半看起来很正常的孩子和教师存在严重致残的创伤后应激障碍的迹象和症状：他们焦虑不安，无法集中注意力，难以入睡；孩子们跟同学和家长容易起暴力冲突，成绩直线下降。他们的梦境中充满了死亡和毁灭的场景——被子弹打爆的头，从坟墓中伸出的手。他们的白天不时地被残酷的闪回中断。他们情感麻木，与家人和朋友变得疏远。

参加我们培训的新生活高中的老师们，不仅得到了放松和解脱，还学会了帮助他们的学生的新方法。我们教他们带领小型的心身技能团体（MBSGs）。在团体里，孩子们有了安全感，感到被理解，第一次能够为被杀害的父母、兄弟和姐妹哭泣，为他们遭受的殴打和强奸而哭泣。老师们教孩子们如何平复他们的焦虑，如何释放身体的紧张，并为自己和家人设想一个更有希望的未来。师生们清楚地知道，他们每个人都经历过创伤，体验过创伤所导致的奇怪的症状，但他们可以一起学习如何应对发生在他们身上的事情。

我们发表了一项关于教师们带领MBSGs的初步研究[16]，然后在一本重要的精神病学杂志上发表了一项随机对照试验[17]（RCT）。RCT是医学研究的黄金标准。我们将患有创伤后应激障碍的孩子随机分配到一个为期11周、每周进行一次的心身技能团体，将这些孩子与其他年龄、性别和诊断情况相似的孩子（对照组）进行比较。这是第一个对战争创伤儿童进行干预——无论是药物疗法，还是心理治疗——的随机对照试验。11 周后，原本有 PTSD 症状的青少年中，超过 80% 的人不再符合诊断标准。为期三个月的追踪研究发现，这一疗效得到持续。之后，在两年多的时间里，学校里 1000 多名孩子都参加了这些团体治疗。

这些研究及此后在加沙地带和美国的其他研究表明，我们的模式能有效缓解心理创伤、减少愤怒、改善睡眠质量和情绪状态，以及增强希望。科索沃的研究还表明，具有良好意愿的有学识的人，比如乡村的高中教师，在经验丰富的临床医生的监督下，可以像医学博士或心理学博士一样有效地使用我们的方法。

这些都是重要的发现。如果你想帮助所有遭受创伤的人，你需要依靠更多人，而不只是屈指可数的几位精神病医生、心理学家和临床社会工作者。这些发现对所有读这本书的人来说也是非常好的消息。你们中的任何一个人，都可以学习并成功地运用我们的方法。

自那以后的 20 年里，我和 CMBM 的同事们在美国各地组织培训，走访那些充满暴力的地区，以及那些被摧毁的地区和贫困地区。我们现有 130 名国际教员，培训了 6000 多名临床医生、教师、社区领导以及朋辈辅导员。他们把我们的项目分享给了成千上万的儿童和成人：美国人，和你一样在阅读这本书的人，很多地区的战争幸存者，各种自然灾害（比如曾席卷新奥尔良、休斯敦和纽约的飓风，海地地震，加州山火）的幸存者，以及经历了康涅狄格州桑迪胡克、佛罗里达州布劳沃德县和得克萨斯州圣达菲校园枪击事件的人们。我们已经培训了 800 名心理医生和资深朋辈督导，他们与美国现役和退伍军人及军属一起工作，并在“9・11”后为纽约市消防员和他们的家人创建了治疗项目。

2015 年，经过几年的志愿工作后，我们开始在南达科他州贫困的松岭印第安人保留区进行密集的工作。在我们被邀请给当地老师、顾问和长老进行培训的前一年，有 20 个孩子自杀了；他们将我们的方法结合到传统的拉科塔疗法中，在此后的三年里，仅有一名青年自杀。

我们受训者的工作对象似乎迥然不同，既有用布卡罩袍遮盖身体和容貌的来自加沙的寡妇，也有时尚的硅谷高管——离婚唤起了她童年被忽视的悲伤和恐惧，但只是她们表面上的经历不同而已，痛苦都是相似的。她们也同样用缓慢的深呼吸来平息焦虑和烦躁，在热烈的摇摆舞动中感受自由，迟疑但快乐地学习如何信任自己的直觉和展望自己的未来。

一直以来，我们针对不同群体的研究——比如遭遇过创伤和患有抑郁的儿童与成年人，压力过大、经常筋疲力尽的医学院学生和专业人士，以及患有创伤后应激障碍和慢性疼痛的兽医——可以给你信心。发表在医学和心理学杂志上的这些研究[18]，通过明确的、可见的、可验证的科学证据，肯定了 CMBM 的治疗经验，证明它是有效的。

我花了 50 年的时间学习、使用和发展这种方法，它对各种不同类型的人都很有效。这就是本书要带给你的。

在你阅读的过程中，我希望你能感觉到我在你身边，坚定地支持你在痛苦中前行，发现你以前不知道或已经忘记的力量。

我写的这本书，可以让你用你自己的方式，结合你自己的时间安排，独自踏上这段治疗之旅。但我也鼓励你与你所爱的人分享这段旅程，与配偶或伴侣、朋友、父母或孩子一起使用这些工具和技术。

你在书中遇到的一些人，他们的年龄、性别、职业和种族，他们所面临的具体问题和所遭受的创伤，也许和你相似，也许在很多方面并不相同。他们都曾是我的老师，他们也可以成为你的老师。

这种学习有时很有挑战性。去感受长期压抑的疼痛，处理当前或预期的威胁，并非一件愉快的事，也很不容易做到。但直面丧失和恐惧，最终会带来解脱。扭转创伤造成的生物伤害，将我们从过去的痛苦和现在的恐惧中解脱出来，是如此令人心满意足。而且，事实证明，与那些想要也需要这些经验的人，分享这些丰富我们生活的经验也是一种快乐。

我相信，你会像我一样，也会像你在这本书中遇到的人们一样，发现你隐藏的生理资源、心理能量和希望，以及想象和利用以前你无法想象的视角与解决方案的能力。你将从创伤的废墟中找到宝藏，发现生命的意义和目的，以及收获对他人和自己的爱，这将温暖和照亮你生命中的每个时刻。

01

邀请你理解自己，了解创伤

创伤会降临在我们所有人身上，但我们都可以利用自我照料的工具，获得心理上的重生。

我们可以获得心理上的重生

当9岁的阿兹哈尔·詹迪亚坐在哥伦比亚广播公司《60分钟》节目的记者斯科特·佩莱身边时[1]，她看起来庄重又沉着。今天，在加沙一所荒凉潮湿的学校操场上，她哭了。在2014年与以色列的战争中，这片地区被炸成废墟。我和阿兹哈尔以及其他七个孩子坐在一起。他们所有人的父亲都在6个月前的那场战争中被杀害。法特玛是一名巴勒斯坦教师，他曾在这儿带领一个为孩子们开设的为期九次的心身技能团体，雅米尔同样如此，这位心理学家是心身医学中心加沙项目的主任。

我一直在向困惑的孩子们解释（他们的表情像是在询问我为什么来加沙工作），我是一名美国精神病学家，早在他们出生之前，从2002年起就在加沙工作。我和我的跨国心身医学团队已经培训了雅米尔和法特玛及其他700名加沙的医生、护士、顾问、教师和女性活动家。然后他们又带领起心身技能团体，让这些孩子，以及成千上万的其他孩子和成年人知道有人在倾听他们、关心他们，仍然存在希望，仍然有可能减轻和治愈他们可怕的创伤。

阿兹哈尔弯下腰，长长的黑色鬈发勾勒出她的脸庞，她用蜡笔指出了她在两组画中精心绘制的细节：一组是她在第一次心身技能团体活动时画的，另一组是三周后——第九次也是最后一次的小组活动快结束时画的。在这期间，阿兹哈尔和其他孩子学会了使用我们传授的自我照料技巧。在她说话的时候，一个小男孩——阿兹哈尔的弟弟，把头靠在她身上。

阿兹哈尔指着第一组中的第一幅画，实际上，通常是前两幅画的组合：

参与者被告知要画“你自己”和“你自己最大的问题”。在这幅画的左边，天空上方飞过的以色列飞机正在轰炸她的家，房屋被摧毁，石头从墙壁上坠落。房子旁边的地上有一具血淋淋的尸体。“这是我父亲。”阿兹哈尔告诉我们。附近并排躺着另外两具血淋淋的尸体——她的叔叔们——不远处还有一个，阿兹哈尔说：“她是我的姨妈。”阿兹哈尔的父亲、叔叔们和阿姨的坟墓在纸的上端，在以色列的飞机之上，好像他们已经进入了天堂。女人的坟墓和男人的坟墓是分开的。她告诉我们：“他们是我们的烈士。”在画面的右下角是一个小小的火柴人，它的嘴角因为悲伤而下撇。“这就是我。”阿兹哈尔说。

就像成年人和儿童通常的画作，只不过可怕的丧失是如此明显。经历创伤的人渺小又虚弱，处于画面的边缘，几乎无法生存。

第一幅画很痛苦。“画出你解决问题的办法。”这个过程非常折磨人。一个灰色的长方形填满了页面。“这是我在坟墓里。”阿兹哈尔解释说。她看起来像中世纪的骑士站在石棺上，她说：“解决我的问题的办法，就是让以色列人杀了我。这是一件好事，我会和我心爱的父亲在一起。反正我也一无所有。”

围坐一圈的人沉默不语。我很清楚，在经历创伤时我们感到很绝望，觉得现状不可能有任何改变，永远不可能从中恢复。阿兹哈尔的画和文字是如此残酷、坚定、不可改变，时至今日，仍然像一块硬邦邦的岩石横亘在我的心中。

阿兹哈尔接着讲述。她突然迸发的微笑照亮了我们整个下午。“这是我上周画的画。”那是这九次小组活动结束时画的画。那时，孩子们或成年人已经学会使用方法了，包括各种各样的冥想和活动、意象引导法和生物反馈、正念进食、身体觉察和书面对话、欢笑、感激和宽恕，以及如何从家谱中找到指导等。

第二组画是在他们对自己更为满意之后，在带领者创造的安全的团体中，在他们彼此亲近之后画的。我希望你们在阅读这本书的时候，能够感受到这种安全。

同样，第一幅画是“你自己”。阿兹哈尔这次的构图简单，布局均衡。在这幅画的一边，不是一个火柴人，而是一个穿着鲜艳裙子的高大结实的女孩。

就像现在的她一样，黑色的鬈发下有一张笑脸。一支箭从她的胸口穿过，穿过花瓣清晰的花朵，指向一棵郁郁葱葱的树。在这张画的中间，箭头穿过一颗心，阿兹哈尔认真地用正在学习的英语在上面写了一句话："我爱自然。"

"在经历这些小组活动之后，我喜欢微笑，"阿兹哈尔告诉我，"我爱我自己。"

第二幅画是"你想成为的人，或者你想成为怎样的人"。在这张画中，阿兹哈尔穿着一件医生的白大褂，脖子上戴着听诊器，听诊器的耳环从她的耳朵处延伸出来。圆盘状的听诊头可以接收声音，它位于一个人的胸部，这个人躺在一个东西上面。很不可思议，这个东西看起来很像她在第一组画中所画的坟墓。

"这是我的病人，"阿兹哈尔说，"他躺在我的检查台上。而我……"她自豪地说，"我是一名心脏科医生。"

"这些人是谁？"我问道，画上还有其他五个人排着队站在她的检查台旁。

"他们是我其他的病人，他们正等着我呢。"

我既惊讶又高兴。她的画告诉我，通过三个星期的为期九次、每次两个小时的小组活动后，阿兹哈尔已经摆脱了绝望的自杀念头，拥抱了充满希望的未来。他们很快就会把同样的信息传递给1500万名将要收看这一集《60分钟》节目的观众。

当然，阿兹哈尔仍然为她的父亲感到悲伤。她流着泪激动地告诉我，她今天穿的紫色袜子是父亲送给她的礼物。但是，她可怕的丧失感已经被改变，她那颗破碎的心在同情中重新敞开，为她开启了新的生活。她将成为一名心脏科医生——我觉得，她不仅是心脏的医生，也医治心灵——她还将照顾加沙其他内心也受到伤害的人。

第三幅画——"你如何从你现在的你，转变为你想要成为的自己？"——这个问题很现实，很实用。这位喜欢大自然的女孩现在坐在房间里，面前有一本敞开的书，旁边还有一堆书。她解释说："我会努力学习，这样我就能上医学院了。"但是，这里还有一个惊喜。当我仔细看的时候，我发现在第二组的第二幅画中变成检查台的坟墓，现在变成了书桌。在这九次小组活动前，这是一个绝望的孩子生命的终点，而现在却支持她迈向充满活力的未来。

正如阿兹哈尔的经历所揭示的那样，心理创伤是最为糟糕的事情，但也有好的部分。糟糕的部分是，创伤可以侵入，破坏和扭曲每个人的身体、情感、精神和心灵功能等方面。更坏的消息是，它不仅会降临到像阿兹哈尔这样的战争儿童身上，也会降临到我们所有人身上，如果创伤未能被治愈，它甚至代代相传。

好的部分就是，所有遭受过痛苦的人，不管创伤发生在生命早期或晚期，不管是由战争、贫困、种族主义和性别歧视哪种原因造成的创伤，都可以得到解脱、恢复，并获得心理上的重生。

转化创伤的实用工具

在接下来的内容中，我将与你分享我和心身医学的同事们所教授的实用工具和自我照料技术，它们也是阿兹哈尔所学到的。我将解释它们如何以及为何能转变创伤造成的身心伤害。我将一步一步地向你展示，如何将它们组合成一个全面的治疗计划，以满足你的个人需求和偏好。在我们共同努力的过程中，你会像阿兹哈尔一样发现自己充满希望，找到你内在的力量和能力及冒险精神，这些将给你带来最好、最满意也是持久的结果。

更好的消息是，尽管你充满恐惧、怀疑和绝望，但这个计划可以把一场似乎势不可当、无法解决的危机变成一个决定人生和拯救生命的机会。接受，甚至拥抱已经发生的事情，你便能用伤害过你的东西来治愈自己，就像阿兹哈尔。你可以成为这本书里你会遇到的许多人——人生比以往任何时候都更完整、更富有同情心、更睿智，甚至可能比以往任何时候都能更由衷地快乐和充满爱。

在下一章，我将描述创伤所造成的生理、心理和社会伤害。这种理解将帮你意识并处理发生在你身上的事情，以及它现在可能对你产生的影响。它将提供一条基线，你可以从中评估本书的创伤治疗处方所带来的积极变化。

在接下来的章节中，我将与你分享我在过去50年里使用的许多自我照料的具体工具和方法。我将向你们展示它们如何逆转创伤所造成的身心伤害，并提供科学证据来证明其有效性。

你可以循序渐进地学习如何使用这种方法，它已经改变了我和我的同事们传授过的成千上万人的生活，以及成千上万的我们向之分享了这种方法的人的生活，就像阿兹哈尔。每一章都会鼓励你以一种更为友好、更加慷慨也更充满希望的方式来审视你自己和你的烦恼。在你练习使用我所传授的工具时，你将知道你有能力帮助自己痊愈，你值得过更健康的生活，拥有更充实的人生。

你还将知道，用阿兹哈尔学到的方法（也就是我将要教给你们的方法）逆转创伤所造成的负面的生理、心理、精神和历史影响是有可能的。你还可以理解并利用创伤，把它作为一扇通往智慧世界的大门；把它视为一种催化剂，鼓励自己成长，充实自己，为生活带去希望，就像维克多·弗兰克尔、戴安娜及阿兹哈尔那样。

阿兹哈尔的故事有力地说明了这一点：一个心碎的女孩发现，她生命的意义和目的在于敞开心扉，帮助他人治愈受伤的心灵。我一次又一次地在与我共事的成千上万的人身上，在我自己身上看到了这种转变。我将教你如何迎接、鼓励和培养这一自然过程。

简——你很快就会知道她，从没有读过维克多·弗兰克尔的作品，但她说的话很像他："我不希望得癌症。但这是我一生中最重要的经历。"许多年来，很多人都说过类似的话。

世界几大宗教领袖们的故事清楚地说明了早期创伤与后来的启蒙运动：童年危险和被遗弃经历与成年时改变世界的使命（同情心、意义构建、社会建设）之间的联系。乔达摩（他后来成为佛陀）的母亲在他出生几天后去世，希伯来人的祖先亚伯拉罕不得不离开他的家乡，摩西被他的母亲所抛弃，耶稣的家人为了让他躲避屠杀而流亡，先知穆罕默德是个孤儿。

我们也可以从现当代男性和女性把自己的苦难变成英雄主义与同情心的故事中，生动地理解这一点：哈丽雅特·塔布曼——一位被鞭打、被羞辱的奴隶，从南方逃了出来，却一次次地回到逃出地，给数百人带来自由，并领导了一场争取种族和性别平等的运动；在蜜罐里长大的富兰克林·罗斯福以意想不到的勇气和风度面对小儿麻痹症的痛苦，成为一位具有非凡目标和远见的总统；坚定而愤怒的纳尔逊·曼德拉在长达 27 年严酷的监禁中成长为谦逊和智慧的人，在全世界，他都是鼓舞人心的、坚持真理与和解的榜样；我的朋友斯嘉丽·刘易斯的儿子杰西在桑迪胡克小学枪击案中遇难，她现在是一名儿童心理健康服务倡导者，这些儿童就像杀害她儿子的凶手一样，麻烦不断又残暴。

当我们谈论创伤时，可能就像我 16 岁的儿子加布里埃尔说的，“说的都是大实话”，但我们并非在讨论精神病理学、精神疾病或行为异常。创伤是生活中不可或缺的一部分，也是生活无法避免的一部分。

在本书中，我将向你展示，你，以及我们所有人，都能体验和拥抱创伤带给我们的自我发现和自我照料之路。你会发现，无论你的创伤是常见的、预料之中的，还是巨大的、特殊的，它都能成为你实现自我之旅的晨钟暮鼓。

这本书，就像阿兹哈尔的故事一样，从痛苦和承诺开始，在自我觉察、自我激励、爱的体验、治疗和希望中展开。

我说的不是一厢情愿的“虚假的希望”，而是从生活经验中赢得的希望，从你正在学习的方法中，从你探索和表达自己的实验中，给你带来的真实的、能感到的、可衡量的变化。

我相信，读一些与你相似的人的故事，了解他们用这种方法迎接类似于你的困难，或者看起来比你的挑战更大的挑战将会激励你。不管是能力超群但身陷麻烦、充满困惑的专业人士，还是警察、消防员、商人、农场主、普通职员和家庭主妇，都能从这些方法中获益。不管是大学生、高中生，还是比阿兹哈尔大的孩子们，抑或是幼儿园里三岁的儿童，都能从中获益。

你会看到那些在战争中死里逃生的人——美国军人以及像阿兹哈尔这样的外国平民——用你将要学习的方法来重建他们的生活，修复他们的灵魂；致命疾病的威胁给简和其他许多人带来了新的生命；那些丢掉宝贵工作机会的职场人士，经常发现新的工作机会；而那些失去亲人的人们，得到了更深刻、更为满意的亲密关系；因强奸和其他虐待而遭受身心重创的人们，借助这个项目得到恢复，重新找到生活的意义、目的、快乐和亲密感。一次又一次，你将遇到和你非常相似的人，他们依照这本书的治疗方法处理青年、中年和老年期的常见危机。

这本书可能需要一步一步揭开你被遗忘的往事和被埋藏的感受，让你试着接受和感受你过去所有的历史。它为你提供正确看待发生在你身上的事情的方法，平复你的伤害和愤怒，让你不被它们左右。有时候，就像阿兹哈尔一样，这个过程快得惊人。有时候，尤其当创伤还处于早期阶段，当你还沉浸在重复的创伤暴露之中时，这就是一场长跑，不会那么快完成。我们需要学会对自己有耐心，欣赏旅程的各个阶段，体会所揭示的每一层感受，以及随之而来的自由。

像与我共事过的许多人一样，像我一样，你将能在你所采取的每一个步骤中找到满足感——克服早晨的惰性，做一个充满活力的“表达式冥想”，或者用心做一顿美味的饭菜。那些走在这条转变之路上的人们脸上突然迸发的笑容，让我一再惊讶，有时他们还会情不自禁地想要跳舞或深情拥抱。

通过你对你正在学习的方法的理解，从缓慢的深呼吸到积极的表达冥想和心理意象，从与自然风景和动物的接触，到拥抱感激和宽恕，以及参与治疗团体，你对改变的信心和希望会逐步得到加强。这些方法，已经在原住民和灵性传统中运用了几千年。

我将和你们分享使人心安、令人鼓舞的现代科学的进展。它会证明，你确实可以通过这些方法产生你正在寻求的心理益处，以及可能会有的生理变化。并且，这些变化是可以衡量的。

最重要的是，你的希望来自你对这个计划的体验，来自你从自己的绘画中看到的东西（像阿兹哈尔所做的那样），来自你对自己骨骼和大脑的了解，来自你帮助自己的事情正在发挥的作用。随着时间的推移，你会发现，治疗和转变变得更容易，痛苦变得更少，转变更迅速，你对转变也会更确信。你会感到自己更有能力、更有好奇心、更愿意接受新的理解，更容易感到满足，以及与人为善。

创伤邀请我们去实现的承诺，既是一种精神上的承诺，也是一种治疗上的承诺。它使我们与自己和谐相处，发现我们与比自己伟大的人或事——上帝、自然、他人、生命的意义和目的——的连接，并从中受益。

我相信，你会看到我教给你的每一种方法、你使用的每一个工具、你做的每一次尝试，都会给你从精神层面去发现或再次确认这一点的机会。它可能在任何时候到来：在做幸福的、让心灵自由且缓慢地深呼吸时，当你在一幅图画中发现一种你一直无法理解的人生意义和目的时，在跟随着摇摆舞动而来的喜悦和孩子般的自由中，在与新朋友分享往日难以忘怀的痛苦时，在宽恕出乎意料地让你挣脱怨恨的枷锁时，或者在你把正念觉察带入生活中每个转瞬即逝的当下时。

如果我们能学会接受和拥抱，而不是逃避创伤所带来的挑战或者变得麻木，我们可以发现，就像阿兹哈尔、维克多·弗兰克尔和戴安娜，就像我和其他你在本书中会遇到的其他人，我们最大的痛苦能教会我们关于自己最重要的真相：我们是谁，我们彼此间的连接是如此深入和紧密，是什么赋予我们生命的意义和目的，以及如何更有智慧、更有同情心、更愉悦并充满爱地生活。

02

创伤生物学：受伤后，我们的身心会怎样变化

……

我们的身体和心理有自我保护的功能，会不自觉地出现一些特定性行为，让我们远离伤害。比如，寻求情感联结和安慰，战斗或者逃跑，僵直，恐惧等。

……

我们天生就有自我保护的功能

我们对身体所遭受的威胁和虐待最初的反应是健康的、有正面作用的，它的目的是保护我们。

像小孩子一样，成年人也会寻求情感联结和安慰，比如打电话寻求帮助。现代神经生物学家史蒂芬·伯吉斯所描述的这种对联结的渴望，由迷走神经进化的最高级的部分促成，它是自主神经系统副交感神经的中枢部分，也是负责帮助我们“放松和消化”的部分。这种反应[1]，由控制面部表情和语言的其他神经推波助澜。

如果无法得到充分的安全感和安慰，或需要立即处理威胁，我们会经历“战斗或逃跑”反应。[2] 100年前，哈佛大学生理学家沃尔特·坎农做出了这个命名。“战斗或逃跑”反应源自自主神经系统的交感神经系统分支和杏仁核，杏仁核是边缘大脑或情感大脑中的杏仁状结构。所有脊椎动物都有“战斗或逃跑”现象，这一现象会增加肾髓质（位于肾脏顶部的小帽状结构）或肾上腺内部的活跃神经递质肾上腺素的分泌。

“战斗或逃跑”反应使我们的祖先能够与捕食者或自然灾害搏斗，并幸免于难。在情感和身体受到威胁时，在受到侮辱时，在回忆起（或预期到）痛苦事件时，我们都能感受到这种反应。“战斗或逃跑”反应在发挥作用的过程中，会压制副交感神经系统的“休息和消化”功能。我们每个人——在很多时候——都是要么战斗，要么逃跑。

“战斗或逃跑”反应使心跳和呼吸频率加快，血压升高，并把更多的血液输送到大肌肉，使我们能够成功地战胜捕食者或逃离它。与此同时，血液从双手和消化道流向别处，所以双手变得又冷又湿，而消化道的反应告诉我们，生死攸关之际，停下来吃点心是不明智的。

来自下丘脑的信号也会达到附近的脑垂体，脑垂体控制着内分泌系统中的所有器官：甲状腺、睾丸、卵巢等。20 世纪 30 年代，内科医生汉斯·塞里[3]指出，脑垂体控制的“压力反应”让我们准备好迎接生活带来的挑战。它释放促肾上腺皮质激素（ACTH），而 ACTH 反过来通知肾上腺外部或大脑皮层分泌皮质醇或其他“应激激素”。皮质醇能帮助我们保持水分，升高血压，并从细胞中调动糖分，激活和滋养我们，并刺激我们的心理功能。

如果“战斗”或“逃跑”都无法应对令人崩溃又无法逃脱的威胁（想想枪口下被强奸的女性，或者被困在燃烧的军车中的士兵，或你的宠物猫爪下的老鼠），生存机制的最后一招——“僵直”接管一切。僵直反应由位于脑干深处的迷走神经最古老的部分管控[4]，它会导致生理上的崩溃，并释放出让人对痛苦麻木的内啡肽。在僵直状态下，我们会出现超脱状态，这是一种自我保护策略，帮助我们脱离无助的、被蹂躏的身体，这种超脱被称为“解离”。有人在被强奸时感到“离开了自己的身体”，说的就是这种解离状态。“逃跑或战斗”反应及僵直反应至关重要，而且必不可少，但它们是为应对紧急情况而设计的，可以快速启动，也可以快速关闭。想象一下自然纪录片中看到的场景：一只羚羊正在非洲塞伦盖蒂平原的一个水坑里喝水。突然，一只狮子来了，羚羊立刻跑了。有两种可能的结果：要么狮子抓住羚羊，故事结束；要么羚羊成功逃跑，几分钟后又出现在纪录片中，快乐地吃着草。“战斗或逃跑”反应出现，完成它的任务，然后消失。

僵直也是如此。大多数时候，你的猫会乐于把老鼠咬死，然而，有些时候，它可能会失去杀戮的兴趣，放下吓呆的老鼠。老鼠摇了摇僵住的身体，苏醒过来，惊慌失措地跑开。

但对于我们人类而言，不管是身处战火，在虐待的家庭长大，忍受令人沮丧的婚姻，还是面对一个可怕的医疗诊断通知书以及痛苦的治疗，所引发的战斗、逃跑或僵直反应，以及压力带来的所有的生理变化，都能持续很长一段时间。

即使真正的创伤已经过去很久，这些反应仍然会持续。羚羊继续在草原上吃草，老鼠躲回到洞里，它们忘记发生了什么。而我们人类会与“狮子”或“家猫”——虐待者的残忍、失去爱人的痛苦、潜在致命疾病的威胁、强奸及其所带来的恐惧——同在。我们巨大而复杂的大脑可能会无休止地重复创伤记忆，重复那些失去、虐待、伤害或无助的感觉，以及随之而来的痛苦或耻辱。这些记忆会像最初的创伤那样深刻地影响着我们[5]，并且会显著延长和加重身心的痛苦。有些人因此沉浸在过去的创伤记忆中，无法自拔。

持续高水平的皮质醇可能会破坏海马体中的细胞[6]，而在我们的情绪大脑中，海马体掌管记忆和压力调节。另外，免疫反应还会受到削弱[7]和干扰，使我们更容易感染疾病，受类风湿关节炎等自身免疫性疾病[8]的影响。随着时间的推移[9]，长期慢性创伤患者的肾上腺“疲惫不堪”，无法对新的压力做出适当的反应。

并且，使人精力充沛[10]、感觉良好的神经递质多巴胺（在最初的创伤事件中多巴胺水平会上升）水平下降，血清素（一种能起到镇静作用的神经递质，在抑郁状态下有可能会缺乏）水平也会下降。因此，许多受过创伤的人[11]，会长期感到非常疲惫。

创伤还会削弱大脑皮层许多区域的功能[12]，与之相伴的就是影响我们的判断力、自我意识和同情心，重要的大脑连接可能被破坏。有时候，大脑的两个半球——更线性、更理性的左脑，以及更感性、更有空间感、更有创造力的右脑——之间的交流[13]可能会受到干扰，导致我们出现碎片感，无法整合想法和感受。创伤的视觉图像（形成于我们大脑后部的视觉皮层）可能部分或完全与大脑左半球颞叶的语言表达区（以发现者的名字命名为“布洛卡区”）脱节。因此，许多人被恐怖的画面所折磨，却无法用语言来表达。

时间一久，“战斗或逃跑”反应会干扰我们的生活，让我们常常感到力不从心。一点点小事就会让我们火冒三丈，无法冷静下来、恢复理智。我们无法集中注意力，难以放松入睡[14]，常常做噩梦，梦见我们所遭受的痛苦或可能再次发生的创伤。过去的丧失和未来的伤害，这些痛苦的画面不断侵犯平静的生活。如果创伤导致长时间的僵直反应[15]，随之而来的情感麻木可能会使我们远离那些我们曾经亲近的人。我们无法通过与他们分享我们的痛苦来寻求解脱。

哪怕我们的症状没有达到创伤后应激障碍的程度，创伤也会使得我们质疑自己是谁，以及我们为什么活着。通常，它混合了痛苦和困惑，以及要对发生在自己身上的事负责的内疚感。我们为自己和他人所造成的伤害感到内疚，内心充满了自责。

受创伤后，我们发现自己被束缚在过去，就像但丁所描述的地狱里的灵魂一样不断重复悲惨的命运。有时候，就像阿兹哈尔，死亡似乎是唯一的选择。在绝望的时刻，自杀的行为似乎是对绝望感的认可[16]，或者彰显了我们对那些失去的人的忠诚。每天，有 20 名美国退伍军人自杀。[17]

阿兹哈尔的创伤令人难以忍受，但它并非每天都在重复。当她第一次加入我们这个团体时，她非常痛苦，除了死亡，她觉得别无选择。但她没有遭受过父亲的背叛，这让她有了逃离创伤的可能。与之相比，许多美国儿童经常受到原本应该给予他们爱和支持的人的虐待和忽视[18]，这对他们大脑和体内生物化学物质的损害可能要更严重，所造成的心理后果也更严重和持久。在童年期频繁经历不良事件的成年人，其中 66% 的女性[19]和 35% 的男性患有慢性抑郁症，他们的自杀企图是没有这些不良经历的人的 50 倍。

儿童很容易受到伤害，因为儿童的大脑还在发育之中，所造成的生物损伤不但可能会更深入和彻底，也更难以逆转。由于幼儿无法理解正在发生的事情，也无法用语言来表达，所以很可能会像戴安娜一样，在无法理解也不能解释的恐惧和脆弱中长大，在支离破碎、令人恐惧的画面和感受中长大。所以，他们会毫无由来地对亲密关系感到害怕，对丧失或威胁非常敏感。

社会态度会让事情变得更糟。美国社会推崇粗犷的个人英雄主义，人们不敢承认自己的脆弱，脆弱让人感到不安和羞耻。在我所工作过的其他地方，比如以色列、巴勒斯坦、海地等地，强调“坚强”也带来类似的后果。我们在思想上隔离掉生活中不可避免的痛苦和死亡，以及它们所带来的创伤；在现实世界中，则是边缘化遭受创伤的人。

强奸案的幸存者，在儿童时期遭受过虐待和忽视的成年人，那些面临失去亲人的痛苦或者自己身患绝症的人，遭受侮辱与歧视的人，甚至那些经历了光荣的苦难的士兵，都尽量回避和否认他们的创伤。

然而，否认并不意味着不存在。相反，隐藏恶化了痛苦。不能对他人言说，不但加重了孤独感，增加了痛苦，也加剧并延长了生理和心理上的损伤。这反过来又更容易被未来的创伤及各种各样的外部环境和疾病——包括心脏病、糖尿病、免疫系统紊乱、癌症和酒精中毒——伤害，而慢性压力正是这些疾病的诱因之一。[20]

这个循环还在继续，仍然在伤害我们，也许还包括我们的孩子。创伤可以导致“表观遗传”的改变[21]——染色体结构的改变，这会影响基因的功能，可能会降低适应能力，导致个体更容易受到伤害。这些表观遗传的变化会遗传给孩子，并使他们像我们一样，更难以处理压力和预防疾病。创伤还会加快端粒的缩短速度。[22]端粒是染色体末端的结构，它会随着年龄的增长而缩小。这样一来，创伤和由此产生的压力很可能会缩短我们的寿命。

本书所介绍的综合性治疗计划直接处理创伤所引起的生物损伤。这些方法是战斗或逃跑、压力和僵直反应的解药。它们可以恢复受损的记忆力、注意力、自我意识、判断力和同情心。很多你们将学习的方法能促进新组织的生长，以及额叶皮层和海马体区域的脑细胞的生长。

本书是综合创伤治疗方案，能重建大脑断裂的连接，促进思维和情感的健康整合，它们将痛苦的创伤影像与能让你从中解脱的语言表达联系起来，把你从思维反刍中解放出来，使你摆脱那些把你与创伤捆绑在一起的、无望的、自我挫败的思维循环。

这项治疗计划也有显著的长期效果，生活将从中受益。它有助于预防因创伤而容易罹患的慢性疾病。它将重新连接你的直觉智慧，指导你解决那些似乎难以解决的问题，并使你更容易亲近他人，感受来自他们的爱和你对他们的爱。它将是一种强大的力量，可以延长你的生命，同时确保你不会把表观遗传的弱点传给你的孩子。

当消化系统被围攻

当专家们讨论创伤造成的生物损伤时，他们几乎只关注大脑的生物化学反应、生理机能和结构。他们忽视了创伤对胃肠道的影响，虽然可以理解，但的确考虑不周，也很短视。创伤会破坏我们的消化系统[23]，正如它破坏我们的思维和感受一样，可以想见，这同样是危险的。我们可能会注意到自己食欲减退，或者对食物非常渴望，出现腹痛和腹胀，以及便秘或腹泻。肠道出现的问题会对大脑造成进一步的损伤，随着时间的推移，这种额外的损伤会给肠道和大脑带来更多问题。

稍后会介绍这种恶性循环的生物学原理。我之所以对此做详细的说明，是因为这些信息非常重要——其中有很多是新的知识，而且你不大可能在任何一本其他关于创伤的书中看到它。在后面的章节中，我将告诉你如何使用食物和保健品来打破这个循环，逆转对肠道和大脑的损害，增强生理和心理的适应性。

对消化系统的损害始于头部或消化的心理阶段，指的是我们如何看待和选择食物，以及我们的进食方式。

有时候，尤其是当我们感到创伤剧烈到无法承受，又无法对它加以控制时，就会完全失去食欲。什么食物都没有吸引力，一切都味同嚼蜡。这在僵直反应占主导地位时很常见，但也可能因长时间的战斗或逃跑所带来的焦虑和不安而出现。

更常见的情况是，在经历创伤后，我们倾向于强迫自己快速进食，渴望食物所带来的情感和生理上的满足感，于是经常会选择“慰藉食物”（之后我将做解释）——它能短暂地减轻我们的压力，但之后压力会倍增。

一旦我们吃得很快，口腔里的酶就没有时间进行消化工作。消化道的其他部分也受到影响，必须更努力地运转。这导致我们会吞下使胃膨胀的空气。

压力也会导致胃部消化不良，甚至对吃进去的食物产生抵触情绪。盐酸从胃上升到食道，引起胃灼热。胃灼热并不意味着盐酸过多，事实上，盐酸有利于消化和吸收对大脑来说重要的营养物质，如非常重要的维生素 B_{12}。许多人的压力感[24]，实际上是盐酸缺乏。如果我们服用质子泵抑制剂[25]（PPIs），如奥美拉唑，以减少胃灼热的症状，结果却会进一步损害消化系统，并使自己更容易被创伤影响。

有时，随着时间的推移，压力会导致胃溃疡[26]、胃壁和十二指肠（小肠的第一部分）穿孔，甚至引发严重的胃出血。

盐酸帮助胃肌把食物分解成块状液体，然后进入小肠。小肠是一根约 6 米长的管子，更多消化和吸收营养物质的工作在这里进行。

压力对小肠有多方面的影响。它会破坏小肠绒毛[27]，即小肠内皮细胞的手指状微小突起，并干扰对减轻压力很重要的维生素和矿物质的吸收。

压力也能放松连接内皮细胞的"紧密连接"。[28]一旦这些连接变得松散，健康的肠道无法吸收的食物物质分子就会穿过现在有"漏洞"的肠道，进入血液。这些分子[29]包括来自小麦和其他谷物的一种会在我们身体各处（包括大脑）引发破坏性炎症反应的蛋白质。反过来，这又会导致创伤后的焦虑和抑郁。

压力还可能干扰消化酶的产生，它们由肝脏和胰腺分泌到小肠。压力会干扰排毒过程，而原本肝脏通过这个过程保护我们免受有害的食物副产品和环境毒素的侵害。

压力和创伤对微生物群也有强大的影响[30]，微生物群是生活在小肠中数以万亿计的细菌。创伤可以把这个充满活力的动力源泉从一个有益的、保护性的朋友，变成一个危险的敌人。

当微生物群处于平衡状态时，它是"好"细菌，比如来自乳酸菌和双歧杆菌家族的细菌，在消化和整体健康方面发挥着重要作用。微生物群有助于维持肠道结构的完整性。它在免疫功能中发挥着重要作用，在合成维生素 B 族和维生素 K 方面也发挥着重要作用。有益细菌对产生短链脂肪酸也至关重要，而短链脂肪酸是大肠内壁细胞的主要能量来源。

在压力下，好细菌数量减少[31]，而致病的、引起感染的"坏"细菌数量增加。

微生物群在维持大脑功能、帮助我们成功应对压力和创伤方面发挥着特别重要的作用。健康的微生物群刺激迷走神经（90% 的迷走神经纤维承担着将信息传送回大脑的作用），以达到最佳的减压效果。它还确保迷走神经带回大脑的信息要促进神经细胞的维护，以及愈合受损的神经元。

微生物群还会以其他方式调节我们对创伤和压力的反应。它直接接触生活在小肠内壁的一亿个神经元（比我们的脊髓还多），而这些神经元产生的神经递质，包括血清素、多巴胺、去甲肾上腺素和内啡肽，对应对压力和稳定情绪至关重要。

创伤也会给消化道末端——结肠或大肠——的功能带来负担。结肠负责清除消化废物，确保足够的水分被重新吸收。正是在这里，未消化的纤维被细菌发酵成短链脂肪酸（如丁酸），保护结肠内壁。

在感到压力时，结肠不再缓慢而有规律地收缩——这些收缩能保证肠道运动良好，反而会因便秘和/或腹泻而抽筋。在压力下，结肠中的细菌可能会迁移到小肠[32]，导致小肠细菌过度生长（SIBO），这种情况与抑郁症有关，而且会加剧心理压力。

对慰藉食物的极度渴望

创伤与食物的相互作用非常强大，这一点根植于生物进化论。我的同事克莱尔·惠勒博士用一幅漫画来说明这一点。画上有一个面带微笑的女人，她身着20世纪50年代的裙子，手里拿着一个布满糖霜的蛋糕，老一辈的人可能会把它和广受欢迎的食品推销员贝蒂·克罗克联系起来。“压力”（STRESSED）这个词用大写字母拼写，这幅画巧妙地告诉我们，调转字母拼写顺序，反过来就变成了“甜点”（DESSERTS）。

这在进化上是有道理的。如果我们需要逃跑或与捕食者战斗，就需要快速补充能量，吃能很容易分解成单糖、葡萄糖的食物，为艰苦运作的心脏、肺和被激活的肌肉提供能量。我们还需要确保有足够的额外能量以备不时之需，因此会调动葡萄糖分子的能量，并以糖原的形式储存在肝脏中。

在面对伤害或难以承受的压力时，同样的事情也会发生在我们现代人身上。正如我所解释的，皮质醇升高，让我们知道自己的心脏、肺和肌肉需要来自糖的能量，大脑必须得到充分的营养。这时，我们会寻找容易被分解成糖的食物——甜的、高脂肪的、咸的混合物。[33]

这些高能量但营养不良的食物，比如，通心粉奶酪、巨无霸汉堡、一品脱冰激凌和一大桶汽水等，带来高糖分的刺激，能降低已经升高的皮质醇水平，刺激多巴胺（能让人感觉良好的激素）的分泌，压力因此下降。吃糖及很容易分解成糖的食物时[34]，色氨酸更容易进入大脑，释放更多令人情绪镇定、改善情绪的血清素。

简单地说，这些含糖、高脂肪的食物的确能直接减少一些创伤的心理后果。[35]高脂肪的碳水化合物已被证明会损害短期和长期记忆，也包括创伤事件的痛苦记忆。而甜味食物会增加内源性阿片肽的含量[36]，内源性阿片肽就像吗啡一样，是身体自带的镇痛药物。此外，这一情绪优化及镇静的过程可能会被慰藉食物带来的美好记忆和联想放大——母亲，或者其他一些关爱我们的成年人，曾用同样或类似的菜肴来安慰我们。

不幸的是，如此吸引人的短期解决方案可能会带来严重后果。对人类和动物的研究表明，高糖、高脂肪的饮食很容易上瘾。[37]而且，随着时间的推移，慰藉食物最初带来的良好感觉会逐渐反转：皮质醇水平上升，大脑血清素水平可能会下降，多巴胺和内啡肽被耗尽。脑源性神经营养因子[38]（BDNF）——健康脑功能和神经元修复再生的重要成分——在创伤后减少，慰藉食物会进一步消耗它。这对海马体的损伤尤其严重。

与此同时，我们所吃的慰藉食物，加上我们寻求解脱的压力，会在全身引发严重的炎症。随着时间的推移[39]，炎症可能会导致抑郁、焦虑，以及心脏病、糖尿病、关节炎和癌症。

持续吃慰藉食物，加上持续的高压，也是导致体重增加的重要因素。这种危险的慰藉食物和压力的组合[40]，会形成大量的内脏脂肪，这些脂肪沉积在腹部和腹部器官（肝脏、胰腺和肠道）周围，还会形成腹部皮下脂肪。

这两种脂肪都会导致超重，而且很难减掉。内脏脂肪尤其危险，即使是看起来很瘦的人，也可能会沉积内脏脂肪。假以时日，它可能会增加血液中胰岛素和甘油三酯的水平[41]，而这两种物质会导致Ⅱ型糖尿病、心脏病和其他慢性疾病。堆积的内脏脂肪也会发生应激反应[42]，产生高水平的皮质醇，反过来又增加了内脏脂肪。

吃的慰藉食物越多，就越容易上瘾。一旦我们开始努力减少慰藉食物的摄入，感觉可能会更糟，甚至可能会出现真实的戒断症状，包括恐惧、烦躁痛苦、无力感和受害感，而这一切又会模仿和强化创伤引起的感觉，让我们在第一时间寻找慰藉食物。

这是一个威胁健康的恶性循环。但你要知道的是，你可以逆转这个过程。

我将在第十章给大家介绍创伤食疗方案：它是对创伤造成的内脏损伤和大脑损伤的解毒剂，能缓解或减少慰藉食物摄入所带来的戒断反应；修复受损的消化系统和大脑；补充失去的营养；增加微生物群中有益菌群的繁殖，促进创伤性脑组织的重建；减少内脏脂肪的堆积，有利于减脂。它能帮助你更轻松且快速地从创伤中恢复。它还可以使你变得比以往任何时候都更有复原力、更健康。

在下一章中，你将学习一种简单而有力的技术，它可以扭转创伤对大脑造成的生物损伤，最大化创伤食疗方案的效果；也让你更容易使用和受益于我要传授你的所有其他工具和方法。

03

软腹呼吸：平息情绪风暴

冥想是一种奇迹，它既不复杂也不深奥，却能真正让你更平静、更快乐。

软腹呼吸是一种非常棒的冥想方式，通过简单的冥想呼吸，你就能放松你的身体，平静你的思想，减少你的恐惧和愤怒，增强你的判断力。

冥想是治愈创伤的良药

冥想是创伤治疗的良药。正如你现在所知道的，创伤会在情绪大脑的杏仁核和交感神经系统中产生恐惧和攻击风暴。创伤抑制了位于大脑皮层额叶部分的执行功能，这些功能帮助我们形成人类特有的判断力、自我观察和同情心。创伤将我们与痛苦的过去捆绑在一起，并使我们不断地担心未来。创伤可能会抑制我们与他人连接的内在冲动，迫使我们害怕和回避那些关心、在意我们，已经能帮助和治疗我们的人。[1]

冥想将我们从那些枷锁中解放出来，把我们带回当下。

冥想既不复杂也不深奥。你无须改变你的穿着或你的宗教信仰，无须成为美德或耐心的典范，也不需要爬到山顶做这件事。重要的是，它实用，易学易做，并且有可靠的科学基础。任何人都可以学习冥想，并从中受益，对于不可知论者和无神论者也是如此。冥想并不需要有信仰基础。

做冥想，就是在扭转创伤所造成的生物伤害。冥想能平息情绪风暴，让杏仁核从狂乱中平复[2]，并且能平衡交感神经系统的“战斗或逃跑”反应与副交感神经系统迷走神经的“休息和消化”功能。

科学已经证明，经常冥想能增加迷走神经的“张力”[3]，也就是提升它的功能水平。这会让你有更好的自我调节能力，记忆力得到增强，思维变得更清晰，处理生活压力的能力得到提升，也能更快地从愤怒和痛苦中恢复过来。冥想不仅能缓解迷走神经的紧张，还能激活面部表情和语言神经系统，使我们更容易识别和欢迎他人想要给予的支持。

冥想可以增强海马体的功能[4]，海马体是大脑中平息焦虑和巩固记忆的关键结构。冥想同时也是在修复受损的大脑连接，重建受损和被破坏的脑组织。近年来，包括哈佛大学的萨拉·拉扎尔和布里塔·霍尔泽尔在内的研究人员反复表明，各种冥想都能促进大脑前额皮质受损区域新脑组织的生长[5]，这些区域与自我觉察、周密的思考判断和同情心有关。

40 年来对冥想的研究表明，冥想具有预防身体疾病的能力，可以有效地降低高血压和炎症[6、7]，而炎症是导致许多慢性疾病的原因。

冥想可以帮助我们活得更长寿、更平静、更快乐和更健康。加州大学旧金山分校的研究人员，包括埃丽莎·埃佩尔和诺贝尔奖得主伊丽莎白·布莱克伯恩，已经证明冥想有助于保持端粒的长度。端粒是染色体末端的结构，会随着年龄的增长而缩短，在压力影响下缩短得更快。而定期冥想会降低压力，保持并增强端粒的长度[8]，或许还能延年益寿。

我们也可以把冥想的好处传给未出生的孩子。正如哈佛大学和加州大学旧金山分校的研究人员所表明的那样，冥想可以帮助扭转创伤造成的表观遗传损伤[9]，增强我们抵抗压力和复原力方面有益的、可遗传的变化。

并非只有藏族僧侣或长期冥想者能从冥想中获益。在拉扎尔的一项研究中[10]，刚刚开始冥想的人——就像你们大多数人一样，在经过 8 周的强化课程后，大脑结构发生了显著的变化。在芬纳尔的另一项研究中[11]，刚开始冥想的人和经验更丰富的冥想者一样，在仅仅 20 分钟的冥想后，就能放慢呼吸，降低心率、血压，平复愤怒反应。

很多关于冥想的研究都是针对每天冥想 40 分钟或更长时间的人进行的。然而，根据最近的研究以及我自己的经验，强烈建议你进行短时间的冥想，因为同样可以从中获得类似的益处。

最重要的是：冥想是种奇迹。

冥想应该是我们所有人的“治疗选择”，它能治愈创伤、塑造复原力、预防疾病、提高幸福感和延长寿命。

毫不夸张地说，如果冥想是一种可以申请专利、有利可图的药物，那么地球上的每一位医生都会为每一位走进诊所的病人开这种药，但你不需要等医生给你开处方。冥想很容易学，任何人都可以冥想。我将在这一章教你如何冥想。

冥想的益处和疗效可见于世界各地的历史。“冥想”（meditation）和“医学”（medicine）都来自梵文和希腊语的词根“medi”，它的意思是“采取措施”和“照顾”——这是对科学和医疗艺术的准确概括。事实上，冥想是世界上所有伟大的治疗传统的核心要素，包括希腊的希波克拉底创建的医学。

冥想有很多种，它们是在不同时代、不同社会、为不同目的而创造的。在古印度的一部密宗经文[12]（*Vijñāna Bhairava Tantra*，梵语“Tantra”的意思是“方法”）中，描述了108种不同的冥想：在吸气和吐气的时候冥想，在呼吸的间隙冥想，等等。的确，冥想几乎可以涵盖人类所有的思想和活动，包括性爱。我个人最喜欢的一句话是“坐在摇摇晃晃的牛车上，走进摇摇晃晃中”。

虽然冥想有很多形式[13]，但它们可以归为三类：聚焦、正念和表达。

印度教的曼陀罗或声音冥想都是聚焦类的冥想方式。专注于一个视觉图像，如圣人的画像、一座山、一朵花，或专注于一个声音，也是聚焦冥想。

正念冥想起源于佛陀悉达多·乔达摩，乔达摩称其为“内观”（vipassana），这是一个梵文单词，意思是“觉知”。2500年前，佛陀鼓励他的弟子们去觉知自己的想法、情感和感受的出现，让它们来，让它们走。在后面的章节中，我将告诉你如何将正念带入所有的日常活动中，比如坐卧行走、吃饭、洗碗，当然，也包括性爱。

表达式冥想，也就是希亚姆教我的那种，是我们这个星球上最古老的冥想，时至今日，它仍是许多原住民和部落生活的重心。在接下来的章节中，我们将练习一些表达式冥想，用它温暖因创伤而僵硬的身体，赋予身体能量，打开因恐惧而封闭的心灵。

在此，我想教你一种聚焦类冥想，这是我们所有工作的共同基础。它的名字是“软腹”，因为当你用鼻子慢慢地、深深地吸气，然后用嘴呼气时，你的腹部会变得柔软而放松。就像它的名字，这个方法朴实无华，没有教派之分。它很强大，能够放松身体、让大脑苏醒、让心灵平静、增强连接、赋予希望。其实，婴儿就是这样呼吸的，腹部随着每一次呼吸起伏。

40 年前，我从鼓舞人心的心理学家、冥想老师史蒂芬·列文那里学到了软腹[14]。从那以后我就一直做软腹呼吸。通常，在我的办公室、研讨会、培训，以及我和我的同事们所带领的无数团体中，这是我教授的第一个技巧。

第一次做，你就能感到“软腹”的好处。70% ~ 80% 的人——即便是那些失去家庭成员、正在为失去的情感而悲伤、与癌症抗争、在自然灾害或刚刚在强奸中幸存下来的人——都报告了积极的变化。仅仅 8 ~ 10 分钟，紧绷的肩膀就会放松下来，心跳变慢，自我憎恨的想法也会减少。人们会说他们比之前感到平静和快乐，情绪稳定，感觉生活在当下，内心也更有希望。如果入睡前再练习一次，大部分人的睡眠质量也会有所改善。

例如，2010 年海地地震一年后的 7 月，在海地南部海岸的艺术家和工匠之城雅克梅尔，我和我的团队进行了一次培训。那天早上，我们在 40 摄氏度的小学礼堂里被高温烘烤着，一名严肃、结实的男人走到麦克风前。和我们一样，他也汗流浃背。他的身体微微摇晃了一下，就像是站在船的甲板上。

“我的名字叫巴提雄，”他用海地的一种当地语言说道，那也是我们培训用的语言，“我是附近的一个农民，也是社区的一位负责人。关于软腹练习，我有些话要说。昨天我还对它心存怀疑。我是一个务实的人，也是一位基督徒，我不知道它会不会起作用。尽管如此，我还是非常喜欢做这个练习时的感觉。我的脖子因为愤怒而紧绷，现在终于放松了。我的心里一直在担心我哥哥被地震毁掉的房子，担心他们没有足够的食物，担心那些美丽的树木能否存活，现在我心里逐渐平静下来。我回到村子后，召集了所有人，教他们软腹练习，我和他们说‘试试吧’，就像你对我们说的一样，‘然后，你自己来决定’。今天早上，在村民们去田地之前，我又召集了他们。许多人说，这是他们在地震后睡的第一个好觉，孩子们没有像以往那样哭泣，也没有尿床。这些证据让我现在相信软腹呼吸是有用的。谢谢你。”

软腹呼吸的步骤

好吧，关于冥想和软腹，已经说得够多了。让我们开始练习。

当我带你完成这些步骤时，我会提醒你，软腹正在改变你的生理机能——放松你的身体，让你的大脑平静下来，让你更容易与那些能帮助你治愈伤痛的人建立连接。重复这些生物学事实能够鼓励你，帮助你加深对软腹的练习体验。

让我们开始吧。

找一把你喜欢且坐得舒服的椅子，你可能希望周围有一些能让你感到平静、舒服的东西：一件艺术品、一张爱人的照片、几朵鲜花。如果灯光暗一些会更好。

第一次，我将引导你进行 8 ~ 10 分钟的冥想。当你第二次做的时候，你可以去心身医学网站，跟随我的指导。或者你可以把我写在这里的话说给自己听，比如你可以用一种鼓励和安慰的语气，缓慢而清晰地录下我的话。几次之后，你就会掌握生理学部分，不再需要我对它的描述。你可以使用厨房计时器，确定结束时间。

现在意识到你自己坐在椅子上，慢慢地深呼吸，用鼻子吸气，用嘴呼气。让你的腹部变得柔软。让腹部在吸气时鼓起来，在呼气时放松。你可以在吸气的时候对自己说“软”，呼气时对自己说“腹”。这将帮助你集中注意力，并提醒你，你希望你的腹部柔软放松。

这是一种专注冥想，因为你的注意力聚焦在呼吸上，聚焦在“软”和“腹”这两个词上，聚焦在你腹部上下起伏的感觉上，随着每次呼气，腹部会变得更加柔软。

如果你觉得闭上眼睛更舒服，那就闭上眼睛。这会屏蔽大量的外部刺激，可能会帮助你更加放松。

如果脑海里浮现一些想法，那就让它们来，让它们去。轻轻地让你的思绪回到“软——腹——”“软——腹——”中。

当你用鼻子吸气、用嘴呼气时，腹部变得柔软放松，更多的空气进入肺部底部，也使得更多的氧气进入血液，而这些氧气将滋养你身体的所有细胞。

像这样吸气和呼气，放松腹部，能激活迷走神经（vagus nerve）。在拉丁语中，vagus 的意思是“漫游”。迷走神经是第十对脑神经，又长又宽，有许多分支，从你的腹部穿过你的胸膛，回到中枢神经系统，再到大脑。也许你还记得，它是对抗交感神经系统“战斗或逃跑”反应和压力反应的解药。

缓慢而深入地用鼻子吸气、嘴巴呼气，能激活迷走神经，放松身体的大肌肉群，减慢心率，降低血压，促进消化。

迷走神经也能降低杏仁核的活跃度，杏仁核是情绪大脑中与恐惧和攻击性有关的部分。它有助于促进额叶皮层的活动，额叶皮层是大脑中与判断、自我觉察和同情心有关的区域。迷走神经有一个分支会刺激面部表情和语言肌肉的活动，这些肌肉帮助我们记录和回应他人言语和面部表情。

在软腹呼吸的过程中，你能放松你的身体，平静你的思想，减少你的恐惧和愤怒，增强你的判断力。你变得对自己和他人更有同情心，让自己和他人更容易、更紧密地连接在一起。

慢慢地深呼吸，用鼻子吸气，用嘴巴呼气，让腹部柔软放松，为全身肌肉的放松做好准备。我现在要帮你放松肌肉。每次我引导你的注意力到某个肌肉群或身体的某个部位时，慢慢地深呼吸两次，然后去体会这些肌肉的放松。

慢慢地深呼吸，当你呼气时，感受骨盆和臀部的放松。现在再慢慢地呼吸两次，感觉你大腿和膝盖的放松。现在是你的小腿和脚。再呼吸两次，当你呼气时，感觉背部的放松。再呼吸两次，呼气时放松胸部和肩膀。继续慢慢地深呼吸，放松。

当你继续呼吸时，感觉上臂的放松，你的前臂，你的手。每次呼气，你会感觉更放松。再呼吸两次，当你呼气时，去感受颈部、面部和头部肌肉的放松。继续慢慢地深呼吸几分钟，每次呼气时都去体会全身放松。

为了鼓励和加深这个过程，继续在吸气时候对自己说“软”，在呼气时对自己说“腹”。

如果脑海里有想法出现，那就让它们来，让它们去。轻轻地让你的思绪回到“软——腹——”上。

8 ~ 10 分钟后，慢慢地、轻轻地睁开眼睛，让你的注意力回到房间里。

我建议你从每天做一两次软腹呼吸开始，每次 8 ~ 10 分钟，熟练之后，可以调整练习的时间，可以增加也可以减少——每天一次或多次练习，取决于你的需要和你可利用的时间。

如果能有一个特别的地方，一个你可以关上门、一个人待着的地方，专门用来做软腹呼吸将会非常好。至少，你可以安排一个固定的时间来做。规律的时间和固定的地点能让练习更容易。而且，你会知道自己要做的是软腹练习，这给了你一些期待，给了你一个可靠的缓解压力的方法。而且，它还能给那些因创伤干扰而紊乱的日子带去有安抚作用的稳定感。

我喜欢用“软腹”这个词，因为它能直接提醒我需要放松的身体部位，以及我想要创造的感觉。但是，如果由于某种原因，经过一些练习，你发现这个词对你来说真的很难，你可以用其他的词来帮助你做这种缓慢的深呼吸。前几天，南达科他州松树岭保留地的一位老师说，她的三年级学生喜欢在吸气的时候说“玫瑰香”，在呼气的时候说“吹灭蜡烛”。

你可以在任何时候做软腹呼吸：焦虑或情绪激动的时候，在超市排队变得越来越不耐烦的时候，或者在交通堵塞的时候（这个时候可不要闭上眼睛）。软腹可以帮助你从痛苦的、重复的想法和记忆中解放出来，减轻你对发生在自己身上的事情的关注，不管是认为自己有多“糟糕”，还是认为自己的处境看起来有多绝望。正如海地农民巴提雄所发现的那样，它有益睡眠——如果你在半夜醒来，它也能帮助你继续入睡。

如果你对坐着进行软腹呼吸感到烦躁，可以先站起来四处走动，做做家务，散散步，或者可以做我在下一章介绍的摇摆舞动，然后再坐下来做。也许可以在散步后，坐在公园的长椅上进行练习，或者在咖啡馆、图书馆、教堂，当然也可以等回到家后。运动会降低紧张感，因而更容易放松。

这样的呼吸方式，伴随着你柔软放松的腹部，是扎根练习。在全身肌肉放松的状态下，你将连接到身体的平静和稳定之处，你可以感到来自大地的支持。

注意，当你做软腹呼吸时，不要试图抵抗不愉快的想法或强迫它们离开。这只会加深你的痛苦，会使你与它们的冲突持久化，实际上还会强化你所经历的创伤的记忆。

冥想并非心无杂念，尽管这样的美妙时刻有时会出现。冥想允许各种想法——包括那些令人不安的创伤记忆和再经验——在那里。冥想的理念是，让所有的想法来，让它们去。

威斯康星大学的理查德·戴维森的研究及许多人的经历清楚地表明[15]，像“软腹”这样的冥想练习具备消融创伤的力量：令人不安的想法渐渐地不再能控制你，如戴维森所说的“不那么浓稠”。你的大脑变得清晰，运转性能更佳。情绪变得饱满。你意识到可以自己帮自己。而且，你和他人相处会更舒适，对他人有更多的感激之心。

与我共事的许多人一开始都认为软腹呼吸很奇怪，不太可能有帮助，或者不值得花时间去练。但当他们体验过之后，想法就会发生改变。

即使医学院的学生每天挤出十分钟的时间做冥想仍会感到焦虑，但他们发现软腹呼吸能提高他们的工作能力，让注意力变得更集中，更容易吸收信息，学习效果和睡眠质量也随之提高。当他们做软腹呼吸时，会感到焦虑减少，学业成绩提升，对自己的职业前景更有信心。一笔小小的时间投资，可以得到丰厚的回报。

在后面的章节中，你会遇到很多人，他们在童年和青年时期经历过创伤，他们每天都做这个练习；当刺耳的话语或拒绝引发过去的痛苦时，再做一次。阿兹哈尔教她的家人如何做软腹呼吸，并和他们一起做。

如果你经常做软腹呼吸[16]，将能降低你的压力激素水平，改善情绪，提高注意力和睡眠质量。软腹呼吸会帮助你对之前可能引发创伤的可怕情况做出回应，而不是反应。它能让你第一次体验到从创伤性记忆、强迫又痛苦的想法中，从经常依附于这些想法的内疚感中，从对未来会再次经历创伤的极度担忧中解脱出来的自由。

除了这些直接的好处，还有额外的祝福：它告诉你，每次你这样做的时候，你不是无助或无望的。只要花几分钟集中精力，你就能改变你的感觉、思维和看待周围世界的方式，并与他人建立连接。“软腹”创造了平静的思维和充满希望的态度，它们共同构成了肥沃的土壤，滋养着你将要学到的其他创伤治疗技术。

每隔一两天，就会有人像巴提雄那样惊讶又高兴地告诉我这个练习的好处。

不久前，谢莉——一位 51 岁的寡妇来看我。一个月前，我在一个简短的关于悲伤和哀悼的研讨会上遇到她，当时她的脸上布满斑点，身材走形，整个人萎靡不振。她双腿交叉，焦虑地坐在那儿，不停地把腿抬起、放下，眼睛盯着地板。然后，她透露说："我的血压高得可怕，我快得糖尿病了，我睡不着，而且我想我会死于胸口痛——有时我很痛苦，我想快一点儿死去。"

现在她正坐在我的办公室里，脊背挺直，衣着整齐，神情机敏地看着我。我几乎认不出她来。她仍然在哀悼几年前去世的丈夫，担心刚刚离开家、独自生活的儿子，孤独地生活在空荡荡的家中。而她的老板既专横又不欣赏她，让她感到恼火。尽管如此，她正在努力度过这片混乱，而不是被它们吞没。

"当我在工作室做软腹呼吸时，"她告诉我，"我感到很平静。在你和我们谈论这件事的时候，我意识到'我一直在战斗或逃跑'。坐在那里，即便是第一次练习，我的思维也开始慢下来，我老板的形象似乎变小了。然后我突然想到：'你可以拥有健康。'我因此而开始。我决定每天都做这个练习，有时候一次，有时候两三次，甚至五次。这就像清理我的大脑，让新的想法进来。然后我开始慢慢地深呼吸，抬起头来，这样我就能看到我周围的'真实世界'。我曾忘记了那些美丽的植物，甚至忘记了人们。我的血压下降了，我不再吃药，晚上开始能睡着觉了。这感觉很好。'这就是我，'我想，'我有感受，甚至有愉快的感受。'这让我感到高兴，然后我就给你打电话了。"

就在我编辑这一章的时候，我收到了特里的一封邮件，她是一位 40 多岁的会计师："尽管学习软腹呼吸最初看起来很可笑，但这是我学到的最有用的东西……回家后我每天都在练习。从去年六月我丈夫自杀以后，我发现哪怕是跑步——我一直以来都很喜欢的运动——也变得很困难，尤其是当我的心率加快达到某个程度时，关于那一天的所有记忆会在一瞬间浮现，让我喘不上气来。软腹呼吸很有帮助。哪怕是在跑步的时候，我也可以做这个练习……我已经跑了五六次了，一次也没有出现会导致呼吸困难的惊恐发作。

我知道对我来说，这只是康复过程的开始，但这是向前迈出的一大步……我永远心怀感激。”

有人会问，“软腹”和“正念”一样吗，还是有什么不同?

这是一个好问题，我的答案是：所有形式的冥想，包括我稍后会教你的表达式冥想，比如摇摆舞动，最终都鼓励时刻放松地觉察，即正念。我要教你的所有技巧，包括绘画和意象，在大自然中散步，选择、准备和品尝健康食品，探索身体中紧张不安的地方，培养感恩和宽恕之心等，也是由正念促进，并扎根于正念。用正念的方式去做这些事情，能让它们从不受欢迎的琐事，变成有趣的、令人满意的挑战，以及有效的自我照料和治疗工具。

软腹呼吸能镇定你的大脑，增强你的感知能力、判断力和同情心，让正念变得更为容易。它是正念的基础。

“软腹”给我们的礼物——平衡和舒适的感觉，让我们更容易拥抱希望，而希望是一种强大的治愈力量，我们将在下一章中探索和启动它。你将看到，希望将激励和支撑我们人生旅途中的每一步。

04

拥抱希望：有希望，创伤就是有限的

……

遭受的创伤再可怕，也不意味着人生真“完蛋了”。

当你从绝望中走出来，拥抱希望，一切就真的会好起来。

……

不再绝望，痛苦总会结束的

创伤带来的最可怕的折磨是绝望感，我们害怕它带来的痛苦永远不会结束，害怕我们将永远陷入它的恐惧之中，承受无尽的折磨。软腹呼吸练习让大脑镇定下来，给我们一个喘息的机会。我们可以像谢莉和特里那样意识到，我们可以，至少在短时间内可以，阻断创伤的侵袭，驾驭对它的恐惧。我们知道从中解脱并非痴人说梦，而是我们切实的体验。

软腹呼吸给我们带来的一线希望是一个启示，是一种承诺，是结束我们最为痛苦的折磨的开始。现在我们内心很清楚，如果一个改变是可能的，那么其他的改变也是可能的。现在，我们已经准备好把希望变成现实。

希望包括我们对某事将要发生的期望和愿望，进一步来说，我们相信所发生的一切将以某种方式为我们所用并使我们受益。

希望是一剂良药。

在过去的 60 年里[1]，科学研究表明，安慰剂这种没有生物活性但注入了治疗希望的糖丸，有着相当于有生物活性的药物的 30% ~ 70% 的疗效。

这种让人充满信心的糖丸可以改善哮喘患者的呼吸状况，减轻心脏病发作时的剧痛，可以缓解焦虑[2]，改善抑郁时低落的心境，消除创伤后应激障碍的印记——恐惧。

最近关于安慰剂的生物学研究可以帮助我们理解其中的原因。安慰剂会影响我们大脑中许多负责调节疼痛、焦虑、情绪和期望的部位[3]，包括前额皮质、扣带回和海马体。安慰剂反应释放出强大的能够起到镇定、减轻疼痛、改善心情的神经质地——多巴胺、内啡肽和血清素。有一些研究表明，安慰剂反应占抗抑郁药物效果的82%。

当然，安慰剂不仅仅是糖丸。安慰剂的定义包括所有“治疗过程中的非特定因素”，比如，我们相信给我们开这种药并提供治疗建议的医生，以及我们寻求帮助和治疗的机构。威廉·奥斯勒——或许是20世纪最杰出的内科医生，曾发现很多人之所以被圣约翰斯·霍普金斯治愈，是因为他们相信那个庄严的医疗机构，而不是它的任何治疗过程。

希望极大地改善了人们在生活中的表现和疾病的康复状况。[4] 心怀希望的儿童和年轻人能够更专注于成功，而不是失败，他们的学业和运动表现更佳。[5] 那些心怀希望的学生通常不会把成绩不好等同于个人能力不足，他们更倾向于集中精力努力提高自己，或制订其他学习计划。有一项研究发现，“高希望”能解释大学生运动员成绩差异的56%。[6]

希望的力量会随着年龄的增长而持续。心怀希望的成年人更灵活、坚定，更有想象力，在工作中的表现更好。[7] 而心怀希望的老年人对压力事件的反应要小得多。希望能减少慢性疼痛带来的痛苦，还能延长罹患癌症等致命疾病的人的生命。总之，心怀希望的人活得更久。

正如我所建议的，相比于崇信药物和医生，为自己创造积极体验能带来更可靠和持久的希望感。在我们感到软腹呼吸所带来的变化时，希望就随之而生。定期这样做会大大增强我们的希望感。如能成功地运用其他的自我照顾技巧，效果倍增。

别人的成功也能激发我们更多的希望感。对一个身处黑暗中的人而言，他人的成功可以照亮甚至改变其生活。50多年前，我的朋友珍妮就是这样照亮了我的人生，从而改变了我。

20世纪60年代，我还是哈佛医学院的一名学生，我觉得儿外科的医生很神奇，他们用精湛的技术和温柔的态度为年幼的孩子治疗心脏、大脑和骨骼。我的老师和实验室导师要么曾获得过诺贝尔奖，要么即将获得诺贝尔奖。在我绝望的时候，鲍勃·科尔斯递给我一条救命绳——心理治疗；而埃里克·埃里克森——西格蒙德·弗洛伊德和安娜·弗洛伊德的学生，鲍勃·科尔斯的导师——当时是我的导师。然而，当我回首往事时，我认为我最伟大的老师是 23 岁的珍妮，你们可能谁都没有听说过她。

珍妮是我医学院同学迈克的女朋友，是他在肯塔基州认识的一位小学老师，现在他们一起生活在波士顿。在一个很偶然的场合下，我认识了她，我喜欢她那种自然真挚、轻盈明亮、充满活力的班卓琴一样的鼻音，以及她给迈克和我的生活所带来的那种友好周到。我记得在一个昏暗的冬日下午，我和她曾一起在冰封的芬威球场上追逐海鸥，一顶羊毛帽随意地盖住了珍妮的一头金发。天气很冷，我们呼出的气体凝结成霜。

有一天晚上，一辆卡车撞坏了迈克的大众甲壳虫。迈克没受什么伤，但珍妮——那个喜欢跑步和跳舞的女孩，那个在黑板上画画、带领全班做手工、喜欢拥抱自己班上小学生的女孩——从脖子以下瘫痪了。对一个如此年轻、健康、善良的人来说，这是非常可怕和无法接受的事情。

当我听到这个消息时，我哭了。现在想起这件事，我又哭了。

珍妮从死亡线上挣扎回来后，病情一稳定，我就去探望了她。珍妮所在的医院和许多康复中心一样，建在非常偏远的地区。有时候我搭便车去看她，有时候坐电车穿过波士顿去看她，在漫长的路途中，我常常在想，珍妮及她所面临的灾难性的创伤对她和她的人生意味着什么。我在思考，她如何能在这种情况下活下去，以及她为什么还想活下去。我趁机也在思考我的人生意义究竟在哪儿：我为什么要忍受枯燥乏味的讲座和实验室，它们似乎根本帮不了那些受伤的人；为什么我再也不能珍惜，也不愿维持我和女友的关系。

我坐在珍妮的床边，她的微笑瞬间就驱散了我不断积累的忧郁和自怨自艾。她心情低落，浑身瘙痒但又不能抓挠，那些瘙痒像地狱一般折磨人，让人绝望。她经历了十几次高度困难、让人精疲力竭却只能保证最低限度康复的肌腱移植手术，而她从未退缩。我坐在珍妮的床边，穿过静脉导管和支架握住她冰冷、僵硬、因肌肉萎缩而瘦骨嶙峋的手，一起聊天。

珍妮，一动也不动地每时每刻都面临着挑战，令我惊讶的是，她对围绕在她床边的医生、治疗师和护士们的爱和失去深表同情，他们就像是熊熊炉火前冰冷的旅行者一样，围绕在她的床边。在她向我分享了他们的故事之后，她问我的感情生活怎么样。她说她希望有一天，无论她要接受怎样的手术——我几乎无法想象——只要能让她重新回到课堂教书就好。

说完，她用吸管吸了几口果汁，然后用嘴——双手还无法动弹——指着学生们为她画的画。

我对悲剧如何改变珍妮感到惊讶，她曾经是我的玩伴，而此时，她是我的老师。在最极端的压力下，她的活力变成了惊人的勇气。她那颗善良的心现在很自然地、真挚地对人们敞开。我想，这是人类可以达到的境界。而我能和她坐在一起，见证她是谁，这是多么神奇和幸运。

这是多么好的礼物啊。和珍妮在一起，给她一点儿小小的帮助——帮她挠痒，倾听她说话，做她的朋友，做一个她可以信赖的人，这是正确的，也是值得的。和她在一起的这段经历，也给了我一些我能成为治疗者的暗示。伴随着我对珍妮的惊叹，我开始感到希望几乎可以战胜一切，也许这样的改变对我们所有人都是可能的，而我可以促成这件事。

亲爱的读者，我在你们身上所鼓励的希望不是一种假设，不是抽象的概念，也不是盲目乐观。我知道，在遭受可怕的伤害和失望之后，在面对不可避免的损失和死亡的桎梏时，人们会感到沮丧和愤怒。我知道，不管有没有付出行动而带来的无尽的罪恶感和羞耻感，以及没有表达出的爱，都会抹杀当下的快乐，给未来蒙上无法穿透的阴影。我从过去 50 年的精神病学临床工作中遇到的那些痛苦的人身上认识到这一点。而且，就像你们中的许多人一样，我在自己的生活中，从我所爱的人的死亡中，从我自己不可挽回的错误中，特别是从我不情愿地、被迫与一个比我的生命更珍贵的孩子的分离中，认识到这一点。

这本书里的许多人，在他们第一次见到我的时候，在他们开始这个疗愈创伤的计划之前，都曾感到绝望。

在来到我办公室的前两周，60 岁的简被诊断出癌症，而且是处于无法手术的癌症四期，此外，她还发现结婚 30 年的丈夫一直有外遇。

在未婚夫死于车祸的几个月后，在朋友和家人眼中，30 岁的帕特丽夏“一直处于震惊之中……像僵尸一样生活……无法做任何事，也没有任何感受”，当然也绝不可能走近另一个男人。

詹森曾是一名特种兵军官，他深受死亡和毁灭的折磨，坚信自己“把（我的）灵魂留在了伊拉克”。

在成为一名自我毁灭的青少年和一个充满恐惧、常常绝望的成年人之前，上小学的玛雅被一连串的“叔叔们”强奸，而她做妓女的母亲靠出卖肉体为生。

药物成瘾的霍华德坚信，他永远都是一个被药物麻醉的“精神病人”、一个失败者。

许多次，我被这些和其他可怕的故事所震惊，被那些佝偻着背、面色苍白、神情惊恐的人们所震惊，被那些萦绕在绝望的人们心头、沉重不堪的话语所震惊，被他们固执又冷酷无情的信念所震惊。他们坚信任何事情都不会改变，也永远不可能改变。但是和他们坐在一起几个小时后，邀请他们分享他们的痛苦，帮助他们发现自己的承受力、智慧和幽默，看着他们重新活过来，教会了我不要被吓倒，也不要气馁。我发现，巨大而不可预测的变化可以降临到他们这些人身上，甚至更多人身上，就像它曾降临到珍妮、戴安娜、阿兹哈尔和我身上一样。

绘画练习：表达自己，治愈自己

我请你想象这样的画面，你的希望正在成长，就像一株干涸的植物，能够在最干旱、最荒芜的土地上找到水源。我现在邀请你用图画来发现这个真理，去看到你的想象力可以帮助你让希望的诺言成为现实。这些图画建立在放松和软腹呼吸所带来的希望的基础上。它们将帮助你摆脱你对自己能力的怀疑，带来不一样的感觉。它们会告诉你，即便现在你感到空虚绝望，仍然可以想象改变。

这些画也将作为一条基线，就像阿兹哈尔的画，用来衡量你的进展，因为你可以克服和超越创伤。

绘画是一种最为简单、可靠的方法，帮助我们避开杏仁核所产生的恐惧，以及“理性”的左半球对希望的怀疑。它们使我们能立即进入右脑直觉智慧的巨大宝库。

绘画对所有人来说都很容易，也是一种安全又有趣的表达和分享自己内心想法的方式，我经常在与儿童和成年人的第一次个体咨询或者团体咨询中使用。任何人遇到实在无法解决的问题时，我都会推荐他们使用这个方法。我自己也经常使用这个方法。

也许在我提到画画这件事情时，你会立刻回想起童年时期，你的三年级老师格伦迪女士或者家人对你早期艺术尝试的贬低。但是，嘿，每个人都有一个格伦迪女士。我们可以对此一笑而过，因为每个人都能画一些东西。如果你是“艺术家”，你的画可能具有代表性。如果你不像我和其他人那样熟练，你可以画简笔画或抽象的线条或斑点。这些都很好。我们要画三幅画。你所需要的不过是三张白纸，A4 纸张大小就可以，以及蜡笔或记号笔（我更喜欢记号笔，因为它们色彩鲜艳，而且能画出很粗的线条）。然后，快速作画。这样，这些未经大脑理性审查的画作，能真实地、令人惊讶地揭示你自己的想法。绘画能激发你羞于见人的想象力、你的直觉，这些替补球员上场，将在你的生活中发挥创造性的指导作用。

每幅画大约画 5 分钟。

好的，我们现在开始。

闭上眼睛，以 2 ～ 3 分钟缓慢的软腹呼吸开始。放松，吸气时重复“软”，呼气时重复“腹”，注意你的想法、情绪与感受的浮现和离去，轻轻地让你的思绪回到“软腹”。

现在睁开眼，画第一幅画，也就是画“你自己”。不要想这意味着什么，只是去画，让你的手带领自己。第一幅画会让你纠结，甚至嘲笑你的自我意识，但它会把你带到纸上。这与绘画技能无关。没有打分，没有评价。只是去画。

一旦你完成了第一幅画，你可能会说：“哦，是的，那是我，或多或少吧。”现在把这第一张纸放在一边。

第二幅画是“你最大的问题”。虽然这可能会很痛苦，但它很有用。确定问题所在是非常有价值的，即使它只是众多问题中的一个，也会让它变得真实和具体。把它画在纸上，你就把它从你头脑中的一大堆让你不知所措的困惑和烦恼中抽离出来了。你可以直观地看到你在面对什么。

再做几次深呼吸。

在第二幅画中，弗里达——一位中年女性，她画了一幅素描，画面是她那死于服药过量的女儿躺在坟墓里。弗里达把自己画成一个火柴棍一样小的人，独自跪在附近。一切都是灰色或黑色的。“我迷路了，”她说，“孤独，脆弱，无助。”

赫维——海地的一名保安，向我们展示了一个花朵凋谢、植物枯萎的花园。“我妻子在地震中遇难，”他解释道，“我们的房子和花园都被毁了。从那以后，我的生活就只剩下虚无了。”

在第二幅画中，忙碌的律师事务所合伙人、年轻的高管、单身母亲和医学院学生们常常坐在冷酷的钟表下或者监狱里。

谢莉——一位患有卵巢癌的中年女性，她画的自己像一根棒子，腹部有一个红色的斑点。我问她那是什么，她说：“不，不是癌症。”让我和她都惊讶的是，那是她对丈夫不忠的“愤怒”。

威尔是拉科塔族的一位长老，他的女儿在一场车祸中去世。他的画面上是“因仇恨和侵略而死亡”的大地母亲。

第三幅图是“你的问题解决了”。你可能会抗议“不可能”，“我刚刚丢了工作，没有希望了”，或者“我丈夫死了，孩子们不再爱我了”。别担心，我不是要你用逻辑列出可能性，而是让你的想象力呈现答案。再一次地，只是去画。让你的直觉引导你找到颜色，移动你的手。

有时，第三幅画似乎只能看到黑暗的失败，而不是光明。弗里达的女儿在坟墓里，她把自己画在床上。把这些画在纸上是痛苦的。这当然不会让一切都变得更好，但这绝对是来自她直觉的信息。这让她知道：“我需要休息一段时间来照顾自己。”

不过，更常见的是，第三幅画既生动又具有启示性，希望的曙光初现。一位孤独的单身母亲坐在公园的长椅上，和朋友愉快地分担照顾孩子的责任；

一名医学生背着一堆书，走向体育馆，画面里没有时钟和酒吧；一名十几岁的女孩向家人和朋友寻求帮助，以驱散她遭受性侵后的耻辱和焦虑。

在谢莉的第三幅画中，她正坐在她丈夫的对面，用代表受伤和愤怒的红色火焰与他对抗。她的眼睛明亮。“我看起来精力充沛，”她说，“我也感觉到了这一点。我想我以前害怕过。现在我知道我该怎么做了。这是唯一的道路，唯一能解决我和丈夫问题的方法。我必须让他知道发生了什么。”

在赫维的第三幅画中，花儿在生长，蔬菜在发芽。他说：“第一次，我意识到我的花园可以重新生长。我的生活还可以继续。”

威尔——拉科塔族的长老，正在向地球母亲举起他的手臂。现在我们的星球是心的形状，闪耀着光芒，没有哭泣，承诺给“我们所有的孩子”留下爱和关怀的遗赠。

在你画完自己的画之后，花点儿时间看看它们。

你在画面上看到了什么？注意图形的形式、颜色、相对大小和位置。每幅画的基调是什么？

你对第一张画中你画自己的方式感到惊讶吗？很小还是很大？没有脚或者缺了头？微笑或悲伤？你是一个人，还是和别人一起？这幅画告诉了你哪些看待自己的方式？你的画面里少了什么？你是否忽略了你性格的某些方面，比如令人钦佩的品质？

那么第二幅图中呈现的问题呢？这一幅画是对生活中最为痛苦的状况的描绘。是对限制和约束的一种可预见的承认，比如时钟、监狱和成堆的未完成的作业？还是一个来自无意识的惊人礼物，就像谢莉愤怒的火焰？你以前知道这个问题的存在吗？在画面上看到它，能帮助你理解和处理它吗？

你是怎么看待第三幅图——解决方案的？从中看到了你的思考和智慧吗？它是否为你指明了一个新的方向？

这可能是一个切实可行的解决方案——向朋友求助来克服孤独；去健身房释放压力，让自己的身体感觉更好；和家人朋友分享羞耻感，让身体放松。可能就像谢莉一样，要直面你一直回避的事情。你的解决方案也可能会像弗里达一样，带你回到内心深处，进行情感重组。它还可能会让你对生活有新的承诺，新的关注，就像赫维和威尔那样。

花点儿时间思考你的画。

你想采取哪些行动步骤？弗里达确实给自己留了些时间。谢莉诚实地对丈夫说，他必须和她一起去看心理医生。赫维在自己的花园里种上了新的花卉。威尔致力于将传统的拉科塔人对地球母亲的崇敬传授给部落的孩子们。

无数压力大的人、各个年龄段的人，都在绘画的指引下打开内心，让身体恢复活力，进行创造性活动，迎接被遗忘的朋友，拥抱家人的陪伴，乐于照料自己，关爱他人。他们已经能够接受自己所画的东西，这些画作包含他们自身问题所带来的痛苦和约束，以及他们未来可能的生活面貌。

有些人会立即着手，有些人会循序渐进地开始。

你可以把你的画挂在墙上、冰箱上，或者放在电脑旁，它们带着可能性欢迎你，鼓励你前进。无论如何，请保留它们，把它们放在安全的地方。在这本书的结尾，我们将再次回到这三幅画。

在你面对困难时，在你感到被恐惧压倒、不确定如何行动时，在你无法做你需要做的事时，甚至哪怕你只是需要看到希望的样子时，都可以尝试画这三幅画。

05

摇摆舞动：畅快地释放压力和情绪

舞蹈是一种很棒的疗愈方式。

通过摇摆舞动，放开自己，释放压力，让疲惫的身体充满活力。

一种有效的表达式冥想

1993年3月的一个寒冷潮湿的早晨，美国轰炸机在马其顿的斯坦科维奇难民营的上空轰鸣，联合国的卡车轰然作响地穿过一排排没有尽头的帐篷，我在我的工作坊为一群人做治疗，参加者为200名科索沃的阿尔巴尼亚人，他们逃脱了塞尔维亚的种族清洗。

和往常一样，我以软腹呼吸开始。然后，我要求大家举手表决，我的翻译帮我把英语翻译成阿尔巴尼亚语："你们中有多少人注意到什么变化了吗？"在这里，就像其他战后地区甚至战区一样，大约有70%或80%的人举起了手。

"什么变化？"我问。

人们喊出他们的答案，"更平静""放松""我的身体没那么紧张了""坏想法少了""不那么冷了"——此时有人笑了。

我向大家解释"战斗或逃跑"反应，并询问他们是否经历过这种情况。我毫不费力地就得到了答案。他们感到自己心跳加速，几乎每个人都有睡眠问题，老年人的血压非常高。狭小寒冷的帐篷里充满了愤怒，原本耐心的母亲也变得易怒，会打不听话的孩子。

我继续问："有没有人对'战斗和逃跑'反应或软腹呼吸有任何疑问，或者任何你想分享的担忧？"

在很远的地方，在大帐篷的后面，一位面色苍白的圆脸男人举着手站了起来。"医生，"他说，"非常感谢你来帮助我们。三个月前，我目睹我的21

名家人被塞尔维亚准军事部队屠杀。我无法忘记这个画面。只要我醒着，我总能看到那个画面，孩子们流着血摔倒在地，我的妻子试图掩埋尸体。这画面出现在我的梦里，我们做呼吸练习的时候，这画面还在。我该怎么才能忘掉它呢？”

我的思绪停滞了。我的心跳如鼓，盖过了我说话的声音。最后，我告诉他，他所说的这一切让人很难过，深深地触动了我，我很荣幸他愿意与我分享他的痛苦。我告诉他：“我不知道我能帮上什么忙，但我确实希望你和我们一起待在这个工作坊里。”

“谢谢你，医生。”他说着坐了下来。

我断断续续地开口说话，他的面容一直在我眼前，我想，他是个“悲伤的人”，有着难以想象的痛苦。

我停下来，慢慢地深呼吸，这一次是为了平息我自己的震惊，以及我因自己无能为力而产生的悲伤。

当我平静到可以说话的时候，我再次开口：“我知道你们中许多人的脑海中充满了挥之不去的可怕记忆，内心充满了悲伤。我知道你们有些人感到身体虚弱僵硬，无法行动，甚至没有感觉。这些都是创伤的结果。我们现在要做些事情来摆脱战斗或逃跑的紧张感，放松僵硬的身体。它也许能帮你摆脱一些愤怒，提高一些能量，甚至解除一些困扰你的烦恼。我们要做的，专业名词叫作‘表达式冥想’。它是地球上最古老的冥想方式之一，我们所有的祖先都做过。在发生可怕的事情时，或者可怕的事情即将发生时，他们会让身体动起来，以释放紧张的情绪，表达他们的感受。你们愿意这样做吗？”我对他们喊道。

到处都有人举手。我希望他们能热情投入。也许，此刻，我只是这个有着 7 万名难民的沉闷、混乱的帐篷小镇上的一个消遣。

“在第一阶段，我们会随着快节奏的音乐摇摆身体 6 ~ 8 分钟。然后我们会停下来，静静地站几分钟，放松，集中注意力，去体会，注意自己的身体和呼吸。然后，会有新的音乐。你要做的只是让身体随着音乐动起来。我不说‘跳舞’，因为那样你脑子里就会想到华尔兹、萨尔萨或滑步舞。”有人笑起来。

“有人可能会担心：‘我跳得太差劲了。’有人可能会考虑如何秀自己的新舞步。”更多人笑起来。

“这与那些舞蹈或任何特定的舞蹈无关，也与舞技无关。只是跳你自己的。我们每个人都是与众不同的，每个人看起来都有些不一样。我们有不同的基因、不同的指纹、不同的面容、不同的思想、不同的偏好，所以如果这里有200个人，就会有200种不同的舞蹈。”

“现在我要教你怎样摇摆。”我一边说一边爬上了卡车车厢，这样帐篷后面的人也可以看到我，“双脚分开，与肩同宽，稍微弯曲膝盖，放松肩膀。现在，从你的脚开始摇摆，一直到你的膝盖和臀部，直到你的整个身体都在摇摆。”

我一边说一边做，我在那些饱经风霜的脸上看到了怀疑：一个成年人，一名医生，在做这种事？与此同时，我从美国带来的医生和治疗师团队走向四周，和我一起摇摆。

很快，几乎每个人都一边走来走去，一边摇摆自己，一边大笑。“太好了！”我喊道，“你们真棒！这只是练习，我们很快就会正式开始。现在放松一分钟。”

“现在，这是一个实验，”我接着说，“你们可能还记得，在科学课上，每个实验都有‘条件’，你必须遵循实验要求，才能确保实验顺利进行。而我们这个实验只有一个条件：闭上眼睛。这样你就不会偷看你旁边的人，然后心想‘我真想教那个女人怎么摇摆’或者‘我永远不可能跳得像他那样好’。暂时忘掉其他人，不要去评判和比较。这个舞蹈，只是为你自己。”

最边上的几个人困惑不安地走来走去，看起来很不自在，但其他人都做好了准备。我说：“缓慢地深呼吸一两分钟，正如我的老师希亚姆过去常对我说的那样，感谢大自然给了我这样的经历。现在开始。”

音乐响起来，节奏快速强劲的电子乐响彻巨大的帐篷。“从你的脚开始摇摆，通过膝盖、臀部和肩膀到胸部。让摇摆掌管一切。放松你的肩膀。很多人肩膀都很紧张。”我轻轻哼着歌，指导他们如何做，耐心地劝说他们。越来越多的人加入进来：成群的男人像手提钻一样移动；戴着头巾的女人聚集在一起，从上到下摇摆着身体；而孩子们摇晃着胳膊和腿，像是祈雨仪式。

“摇一摇你的头。松开你的下巴。很多人的下巴都很紧张。如果有声音从你嘴里发出，那就由它发出。”现在有人喊叫出来，有人怒吼，还有一些尖叫声。“如果你觉得自己很傻、很无聊或很累——那就继续做下去。让你全身摇摆起来。好！好！就这样继续。”我拼命地摇摆，我的头左右摇摆着，我一边笑着享受摇摆，一边鼓励我的新伙伴们。

大约四分钟后，就在大家都准备休息的时候，我喊出了剩下的时间：“还剩三分钟。”——四处有人发出呻吟声。“如果你觉得累了，或者觉得无聊，那就加快步伐。继续摇摆，继续摇摆，摇摆得更快。好，好，还有两分钟。”——我正在倒数。“继续，太好了。一分钟。百分百的努力……三十秒。停！”音乐停止了，所有摇摆着的人也停了下来。

“现在保持安静。注意你的呼吸，放松。注意你的身体，注意你的呼吸。”我们呼出的热气向帐篷顶飘去。

两三分钟的沉默之后，我再次开口，宣布：“当音乐响起时，让它带动你。”

先是几个激动人心的和弦，然后是吉米·克里夫的声音，他的声音既坚定又愤怒，乐观又充满希望，敦促我们继续前进。这是雷鬼音乐，他唱着：“如果真的想做到，你可以做到。”

老年人在原地踏步。年轻人踢着腿，同时摆动着胳臂。一些人忍不住睁开眼睛，抓住同伴——大多数情况下是男人和男人在一起，女人围着女人，而孩子则四处旋转。

几分钟后，这首歌结束了。但有些人仍在继续自己的动作，他们排成了阿尔巴尼亚传统舞蹈的队形。

很多人大声地交谈。女人们在笑，男人们捶打着彼此的背。原本看起来像是睡着的人都醒了，眼睛明亮。

空气中充满了感激和疑问。“我终于能放松了。”“我又能感觉到我的身体了。”“一天中什么时候做这件事最好？”“我能教我祖母吗？”

我回答说：“早上，或者任何你紧张的时候。”“而且，是的，这也适合你的祖母。”

之后，一些人在我附近徘徊，他们想向人倾诉更多事情。我倾听他们的讲述，回答他们的问题。

当人群渐渐散去之后，我看到那个“悲伤的人”静静地坐在一旁。他向我的翻译打了个手势，说他想和我合影。

我坐在他旁边，我们互相搂着彼此的肩膀，我问他为什么想要与我合影。

“有几分钟，”他说，“在开始摇摆之后，在跳舞的时候，那些可怕的画面和想法从我的脑海中消失了，三个月以来这是第一次。它给了我重生的希望。”

我不知道这个悲伤的人后来怎么样了，用医学术语来说，我没有“跟进后续进展”。不过，有时候，当我在其他灾难频发的地方工作时，看着我们拍下的照片，我会想起他，照片中的我们互相搂着对方的肩膀，他的脸上露出一丝微笑。在这些新地方，我经常听到后续报道，证实了希望带来的力量持久有效，摇摆舞动带来的突然的祝福也同样如此。

可以肯定的是，经常做摇摆舞动，以及其他表达式冥想与体育锻炼，比如散步、慢跑和瑜伽，都会带来相同或相似的益处，我们将在后面的章节进行讨论。这些益处包括一些生物学上的变化，比如，促进让人感觉良好的神经递质（如血清素、多巴胺和内啡肽）的分泌，促使海马区产生新的神经元，减少焦虑，提高对压力的适应能力，改善情绪，缓解和防止抑郁，改善睡眠和记忆力，提高集中注意力的能力。

但这些结果只是表达式冥想这样的快乐治疗方式的一部分。在一开始，我们需要刻意地练习，久而久之，这种表达式冥想会变得更自由、自发。

虽然说科学界对这些方法的了解还处于探索阶段，但我们人类在这些方面的集体经验可谓广阔无限——在世界各地的各种文化中，数以万计的人们用这些方法进行了自然实验。这些历史悠久的方法可以改变和延展我们的意识，帮助我们从恐惧和自我怀疑中得以解脱，打破限制和削弱我们及我们所处的社会的信仰、思想和情感结构。

这些传统治疗方法来自世界各地的古代医治者，而情感宣泄是西方心理治疗的现代表现形式的核心，比如格式塔和生物能疗法及它们的后继者等“以身体为导向”的心理治疗。摇摆舞动可能是最简单和最有效的表达冥想，几乎一直是我的首选。亚洲、非洲和美洲的原住民通过跳舞来摇晃身体，将部落成员从恐惧和抑郁中解放出来，促进情感表达，提升“生命能量”——卡拉哈里沙漠的布须曼人称之为“N/om”，它能治疗精神、身体和情感。

摇摆会打破自我保护的、沉重的绝望感，放松僵硬的身体，让疲惫的身体充满活力，就好像是直接利用了进化赋予我们的一种修复性的生物机制。如同所有的动物在逃离危险后，会先抖一抖身体再进行正常的活动，对于那些在战斗的人或成功逃离捕食者的人，以及那些因恐惧而动弹不得的人来说也是如此。想象一下这样的画面，你的狗刚结束了一场愤怒的对抗，或者一只老鼠刚从猫的嘴边死里逃生，它们都会摇一摇自己的身体，然后跑开。

彼得·莱文长期研究以身体为导向的疗法[1]，他认为，摇摆有助于从“恐惧麻痹”的僵直状态切换到更为平衡的“战斗或逃跑”反应状态，在这种状况下，意识和想象力得以恢复，社会交往也有了可能。

第二阶段，站着不动，体验并觉察你的呼吸和身体，这是一个非常宝贵的时刻，通常会让人第一次体验到正念放松。

摇摆舞动的第三阶段允许你表达摇摆带来的隐藏在内心深处的情感，当你以满足身体表达自我需求的方式舞动时，你会欣喜地体会到重获的自由。

诺贝尔奖得主伊利亚·普里戈金针对化学反应中“耗散系统”的研究[2]，为能量动员、打破紧张、表达式冥想（如摇摆舞动）提供了一个有用的视角。普里戈金观察到，在某些“远离平衡”的点上，物理和化学系统的扰动，即“摄动”，可以带来深刻的富有创造性的变化。混乱带来一种新的、更加整合的秩序。这是一个自然发生的过程，是一个系统（化学或物理）不受约束的进化的结果，也是这个系统和它周围的世界进行能量自由交换的结果。

我觉得这个比喻很清楚。在经历创伤时，身心成长和进化的自然过程会受到抑制，肌肉紧张而紧绷，呼吸浅促，思想和情感受到限制而变得狭隘。表达式冥想，如摇摆舞动，创造了“远离平衡”的状态，打破固定的生理、心理和情感模式。混沌随之产生，随之而来的是创造一个更加开放灵活的新秩序的可能性。

我和我的同事向成千上万的儿童和成年人传授过摇摆舞动，包括沃尔特里德陆军医院里想要“减压”的士兵和平民、医学院阶梯教室里紧张的专业人士、经常面临危险和死亡的消防队员与警察、轮椅上的截肢患者和卧床不起的病人。我们在各种场所传授这项技术，如旅馆、教堂、战争中的避难所、郊区居民的起居室——他们的孩子在校园枪击案中遇难。

一旦克服了对被嘲笑的恐惧，叛逆的青少年、坐立不安的医学生、冷峻的士兵、成绩斐然的职业母亲、紧张易怒的华盛顿律师，甚至自负的政客都学会了摇摆舞动。孩子们都喜欢它，常常教自己的父母做。父母也经常把它传授给压力大的孩子。如果你每天都做摇摆舞动，你会对自己有新的发现，你将能从创伤的桎梏中夺回你应有的情感和身体主权，获得一种全新的自由感。

让你在绝望中看到希望

多年以来，对许多人来说摇摆舞动都是一个转折点，即使在绝望之中也能让他们看到希望。

达茜参加了我周末关于创伤和转变的团体咨询。她 31 岁，聪明迷人，穿着裁剪考究的卡其裤和笔挺的衬衫，显得很有风度，但看起来并不开心，局促不安。当我解释压力的生物学原理时，她点头表示理解。达茜的确是一名现代骑士，她是一名消防员，并且是南方某个城市的第一位女消防员。她像骑士一样认真，全副武装。

她用一种干涩而紧张的声音说："我的身体，在我不得不跑进着火的大楼时，运转良好。但我无法感受到它。"自从她的男朋友和她分手后，她已经处于"解离"状态两年了。而情况在她加入现在的工作部门之后变得更糟了。"我是生活在男性世界里的一名女性。男人们会拍我的屁股，捏我的胸部。尤其是我的主管，他又高又壮，当我对他的触碰表现出生气时，他会无辜地笑笑，露出很受伤的表情，似乎对我的生气感到很惊讶。在我的职业生涯中，没有人会讨论抑郁症或者创伤后应激障碍，你也绝对不会出卖一名高级军官。

我感受不到自己的身体，也失去了我的声音。”达茜在最初的 30 秒里一直站着不动。然后，她开始不情愿地移动，起初只是晃动上半身，直到我提醒她，她需要从脚一直摇摆到膝盖和臀部。她尽职尽责地切换成另一种模式。她的速度快起来，手臂像风车一样旋转，同时双腿也向前迈开。在正念呼吸之后，再次开始摇摆时，她的脚步变得轻盈，面色红润。之后，她的声音变得更深沉洪亮：“我一直紧抓着一切不放，试图控制一切。这是两年来我第一次感觉到我的身体，真切地听到了我的声音，我感受到了，此时此刻，非常清晰，我再次感觉到了我自己。”

不仅仅是达茜这样想。

一位 65 岁的耶稣会牧师，同时也是乔治敦大学的一名院长，以严厉和喜欢责难人而闻名。让我惊讶的是，在迎新周的研讨会上，他和一群焦虑的医学院学生一起做摇摆舞动。我小心翼翼地看着身穿黑衣、戴着牧师的硬白领的他又摇又跳。我担心我欢迎医学生的活动会就此结束。但后来，他带着孩子般的惊奇说：“我已经有 50 年没有像那样跳舞了。”

100 名海地护理专业的学生在摇摆舞动中哭泣，自他们的 90 名同学（也是姐妹和朋友）在 2010 年的地震中遇难后，这是他们第一次哭泣。然后他们在鲍勃·马利（Bob Marley）的《一切都会好起来》（*Everything's Goin' Be Alright*）的歌声中又唱又跳，又哭又笑。

一名被关在圣昆丁监狱的黑帮分子发现自己在与其他 60 名囚犯一起摇摆的时候哭了，在结束后又面带甜蜜的微笑。

不久前，在南达科他州松树岭保护区的一个关于摇摆舞动的工作坊里，一位面容冷峻的越南老兵在完成练习之后，说起了肯·伯恩斯讲述越南战争的电视剧。“我经历了所有的情绪——愤怒、悲伤、害怕，但大多数时候只是很生气。当我摇摆的时候，我意识到，自战争以来的愤怒，让我已经失去了与自己、与地球母亲的联系。我只是一个空壳。然后，当鲍勃·马利的声音出现时，这么多年来第一次，我真的体会到放松的感觉。我觉得我和地球母亲的连接更紧密了。我知道我现在可以治愈我自己了。”

对成千上万的人来说，摇摆舞动已经成为一种日常活动，把他们从可怕的记忆中解放出来，使他们的身体充满活力，让他们的心灵越来越放松，在消除创伤后，可以享受每一刻。

在那场几乎致命的车祸前，莫伊拉是一名成功的、强大的高管，在处理官僚主义的障碍时无所畏惧，她顺利地打败了那些试图破坏她职业生涯的男人。但自从头骨骨折后，她对自己的能力产生了怀疑，她害怕冲突，甚至害怕社交。

在第一次做摇摆舞动时，莫伊拉心怀疑虑，压抑、焦虑，担心自己再次受伤。但做完后，她觉得“精力更充沛，也更放松”，并决定定期进行练习。不到一周，她就发现每日一次摇摆舞动，能有效提神。早上的摇摆舞动可以让她充满信心地度过一天。如果哪天她没有做摇摆舞动，她会感觉恐惧又回来了，这提醒她“站起来，开始摇摆”。

美国一名高级政府官员表示，由于经常摇摆舞动，他在做出可能牺牲或挽救成百上千的生命的决定时变得更为敏锐，而不是不知所措。霍华德——已经做了 25 年的表达式冥想，他喜欢摇摆舞动，因为这能消除他顽固的自我怀疑，并且“帮助我不那么严肃地对待自己”。一位上了年纪的女性，把让她蒙羞的帕金森病转化为一场充满活力的晨间庆祝活动。

经常练习的医学生告诉我，在考试前，当他们感到紧张时，他们有时候会去洗手间，锁上门，摇晃几分钟。为什么那样做？“注意力更集中”“考试更容易”“会感觉轻松一点儿”“少点儿担心”“成绩会更好”。

在我自己经历失败后，清晨的摇摆舞动让我哭泣，也让我更轻松地投入一天的活动中。

这一章要传递的信息是：你可以让摇摆舞动成为你生活中的启示和庆祝。任何人都可以做到这一点。

也许你一开始很抗拒、很害羞，看起来还有些傻傻的，但之后会充满活力，开心地笑。

摇摆舞动练习方法

现在，再次介绍整个流程。

如果你想要制作自己的音乐播放列表，那就在开始的时候留出几分钟的安静时间，这样你就可以放松下来，享受这段经历。你可以使用注释部分列出的“Kundalini”CD 的第一节[3]，或者可以替换为类似的没有歌词但有节奏的音乐。音乐开始时，跟随音乐摇摆五六分钟，然后安静两三分钟。之后，再来 3 ~ 5 分钟的音乐，让你动起来。

有时，我在第三阶段用非洲音乐，如尤索·恩多（Youssou N'dour）或者奥利弗·恩格玛（Oliver N'Goma）的音乐，他们用一种我听不懂的语言演唱，这些旋律让我充满活力、心情愉悦，非常打动我。正如你所读到的，我经常使用雷鬼歌曲，比如鲍勃·马利的《三只小鸟》(*Three Little Birds*)、《一切都会好起来》，或者吉米·克利夫（Jimmy Cliff）的《如果你真的想要，你可以得到它》(*You Can Get It If You Really Want*)。我从这些歌中听到乐观、鼓舞人心的信息。这些音乐就像来自大地，把我与大地连接在一起。

当然，音乐品位因人而异。你可以选择任何歌词和旋律对你有帮助的歌曲。几年前，我的私人诊所里有三个病人，她们不约而同地在第三阶段用了同样的曲子，卡莉·赛门（Carly Simon）的《你真自负》(*You're So Vain*)。毫不奇怪，因为她们都在处理感情中的伤害和背叛。这首歌让她们感受到了自己被埋藏的愤慨，并用身体表达并释放出来。

一段时间后，如果你感到特别沮丧或停滞不前时，你可能想要跳更长时间，那么每次可以做 10 ~ 15 分钟的摇摆舞动。

好了，现在开始。

首先，双脚与肩同宽，膝盖微微弯曲，肩膀放松。即使你独自一人，也要闭上眼睛，这样你才会不分心。如果你在保持平衡方面有困难，那么，你可以睁开眼睛，看着墙或窗外。慢慢地深呼吸一两分钟。就像希亚姆很久之前对我说过的，感谢大自然给了我这个动起来的机会，可以活动可能僵化或卡住的地方。

随着第一段有节奏的音乐响起，开始摇摆你的全身。从你的脚开始，通过你的膝盖、臀部、胸膛和肩膀，一路摇摆，充分发挥你的能力摇摆——用力地、强烈地。放松你的肩膀，随着摇摆上下抖动。摇一摇你的头。放松下巴，因为它承受了巨大的压力。如果有声音从嘴里发出来，那就让它出来吧。

如果你觉得很傻、无聊或疲惫，没关系，很多人都会有这样的感觉。你只需要继续。记得从脚开始摇摆，全神贯注地、更快地摇摆。让你的全身摇摆起来。继续。

现在，停止。注意你的呼吸和身体的感觉。深呼吸，放松。留意你的身体，你的呼吸。保持这种状态 2 ~ 3 分钟，呼吸，放松。

现在继续播放音乐。让音乐带动你，不要遵循特定的模式或舞步。遵从你身体的意愿，自由地、自发地运动。如果你感到尴尬或害羞，请注意不要受这些想法的干扰……继续动起来。你做这些只是为你自己。没有人在观察或评判你。

当音乐停止的时候，放松一会儿，站着，坐着，或者躺下。

之后，你可能想写下你的经历。

把摇摆舞动安排为早上的第一件事是很棒的，不过，你也可以在你感到精神萎靡的时候，或者任何你感到特别紧张或沮丧的时候进行。傍晚或者夜晚刚刚降临时也可以做，这样可以摆脱一天的负担。但是，不要在睡觉前做，因为这个运动太有活力了——除非你想在性生活前放松你的身体和清除杂念。

之后，一定要给自己一些时间，回想那些记忆、画面和想法，尤其是那些你感觉到和表达出来的情绪。在下一章中，你将开始使用新的工具来探索这些情绪，并学习它们教给你的新方法。

06

情绪无罪：承认自己的感受

情绪都是糟糕的吗？未必。情绪是一种自我保护机制，很多时候，它对我们有正面的作用。

情绪并不可怕，真正可怕的，是我们拒绝接纳自己的情绪。

为什么我们不敢表达情绪

不久前，我主持了一个由 50 名成功人士参加的团体咨询，参与者几乎都是女性，她们都很漂亮，大多在三四十岁，穿着打扮随意优雅，像是高中时代风云人物的成年版。我们做了一些缓慢、深沉的软腹呼吸，这平复了她们的焦虑，摒除了内心的杂念。有些人哭了，虽然不知何故。然后我们摇摆身体，舞出扭捏不安和紧张。许多人脸上绽放了笑容。在快结束时，我们观看了以阿兹哈尔为主的那一集《60 分钟》。

之后，其他十几位女性讲述了类似的被压抑的、需要被关注的创伤。听到这么多关于童年性虐待回忆[1]，我不禁怀疑，即使是令人震惊的报道——25% 的美国女孩曾遭受过轻视——是否也低估了现实情况。许多人还记得，父母要么过于专注自己的事业，要么婚姻出现问题，要么只关心陷入麻烦的儿子，以至于忽视了女儿。这些女性在学校里很刻苦，她们的努力也获得了丰厚的回报，不仅学业成绩斐然，而且有的人还是网球锦标赛冠军，有的拿到足球奖学金。总之，各方面表现都很卓越。高中毕业之后，她们在大学和研究生院也同样表现优异，在法律、商业、工程及蓬勃发展的初创企业中都取得了不错的成绩。其中很多人结了婚，有了孩子，也有一些人离婚了。

几乎所有的女性都表示，她们在工作坊期间，或者在更早的时候，在报名参加之前，就意识到自己遭受过精神创伤。“我意识到这行不通，”软件工程师帕特丽夏说，“我刚丢了上一份工作，这给我敲了警钟。每周工作六天，早 9 点到晚 7 点，优秀员工，我五年内赚的钱比我父母一辈子赚的还多。我知道这不是我的错，只不过又遇到一家创业公司倒闭。尽管如此，这仍然是一个打击。这种事怎么会发生在我身上呢？”

她觉得自己处境艰难，而这并不只是失业所造成的。“毕竟，我有十几个工作机会。”很久以前的一些痛苦现在被重新唤醒，被拒绝的感觉填满了她的身体，但她几乎不允许自己哭泣。她觉得自己做错了什么，或者说从未做对一件事。

“我不够关心父母，所以他们对我很冷淡。也许我在13岁的时候勾引了那个强奸我的男人。我感觉这些年来我一直在否认。你知道，我总说‘我很好，没问题’，带父母去度假吧，忘掉强奸犯吧，原谅那个说要离开妻子但最终决定和妻子在一起的男朋友，咬紧牙关挺过去。我意识到，是我，是我受伤了，现在我成了受害者。我不相信自己能做出正确的选择，我害怕接近任何男人。”

其他人在谈到被埋藏的创伤时，她们和帕特丽夏一样，都是“否认”，她们几乎都用这个词来描述自己如何保护自己免受痛苦，阻止痛苦浮现。然而，之后，创伤的其他症状会变得非常明显。有一位女士告诉我，“过度警觉”使得她害怕步行几个街区去上班。其他问题还包括难以集中注意力，工作和生活中弥散着混乱的感觉。她们意识到即便和丈夫或爱人在一起时，也无法放松警惕。

在听她们说这些的时候，我认为焦虑不安、想要获得成就感的紧迫感与令人麻木的自我保护融合在一起，覆盖、模糊和埋葬了她们的情绪，特别是悲伤、愤怒、恐惧和快乐这些情绪。心理咨询所带来的安全感，让她们能够面对这些，就像我们一样，如果她们想要感到幸福，成为她们本应成为的人，就必须首先体验那些长期被埋葬和否定的感受。

人们相信情绪会残酷而又永无止境地毁掉生活，同时情绪也是可耻的，因此害怕它们，压抑它们。“如果我开始哭泣，”其中几位女士和数百位男士告诉我，“我怕我永远都停不下来。”“我太生气了，”我听到许多人说，“我不知道该怎么办。我肯定不能谈论它。别人怎么可能应对得了？”

我和这些受过创伤的成功人士分享的经验，对我们所有人都很重要，那就是：我们的情绪不是我们的敌人。事实上，它们可以成为我们康复过程中的朋友和盟军。

情绪不是我们的敌人

我们中的许多人，就像我的工作坊里的许多人一样，认为情绪不仅危险，还是一种自我放纵。我们的父母要么以“刚毅”或“行为得体”为由压抑或否认自己的感受，要么在别人面前装作无事或坚强。父母及日后的老师和上司们，可能会把我们的感受斥责为对学业成就的干扰，对工作卓越的阻碍，对自身性格缺陷的忽视，而不是我们性格中有价值的方面。

有些人学会了忽略自己的感受，以适应另一个家庭成员的感受。酗酒的父母会经常大声强调和表达自己的感受，而他们的孩子会变得坚忍，富有支持性，留心父母情绪的细微差别，与此同时却压抑或否认自己的情绪。

创伤增加了我们处理情绪的困难。长时间的“战斗或逃跑”反应会使恐惧和愤怒上升到难以控制的程度，同时使情绪大脑和前额皮质失去功能，而正是这些功能让我们能正确看待创伤。我们用来处理难以承受的丧失和悲伤的防御机制，可能会导致我们远离自己的感受，变得麻木。它们阻碍我们接受、体验并最终从痛苦的感受中获得解脱，就像戴安娜和珍妮，这些防御机制也阻止我们获得快乐和爱。

这不仅限制了生活的可能性，还可能会带来致命的危险。包括50多岁的乡村校车司机马琳在内的许多家长告诉我，自杀的孩子“把一切都藏在心里”，直到压抑的情绪在自我毁灭的行为中爆发出来。而那些因他们的自杀而受到创伤的亲人们，也发现自己在逃避现在看来很危险的感觉。

在她那从阿富汗回来的儿子克莱开枪自杀之前，马琳透露：“我曾有一个自由的心灵，不害怕任何冒险。我不害怕跳伞，不害怕攀岩，不害怕爱上某个男人，不害怕心碎。随时准备好和朋友一起哭、一起笑、一起看电影。在克莱去世后我变成了一个控制狂。就像保罗·西蒙（Paul Simon）的歌曲《铁石心肠》（*I am a Rock*）所描述的那样，没有人能接近我。我必须知道电视剧的结局，比如我喜欢的《混乱之子》（*Sons of Anarchy*）。这让我太焦虑了，我必须提前阅读所有的剧情介绍。”

但情绪并不是真正的问题，它们是人类生活中非常自然的一个部分。问题出在我们所学会的处理情绪以保护自己不受它们伤害的方式上。

例如愤怒，它并非一定会致命，愤怒甚至算不上是危险。如果我们只是承认、体验和表达愤怒，就会发现愤怒就像一阵风。它会给我们带来冲击，但也会像风一样吹拂我们，让我们精神焕发，变得更轻盈、更清醒。另外，如果愤怒被压抑，再加上内疚和羞耻，它就会变成摧毁身体和腐蚀灵魂的怨恨。

失去亲人所带来的悲伤让人无法承受，完全承认它、体验它和分享它，会让我们疼痛和脆弱，但不会使我们停滞不前，陷入抑郁。它甚至能让我们对自己更仁慈，对那些同样面临丧失和死亡的人更有同情心。

只有当我们被困在自己的情绪中，无休止地重演它们，就像唱针在黑胶唱片上一直转动时，它们才有可能扭曲我们的心灵，损害我们的身体，侵蚀我们的关系。

这方面的证据越来越令人信服。20 世纪 70 年代，心脏病学家雷·罗森曼和迈耶·弗里德曼[2]描述了 A 型人格。他们推测，愤怒是导致 A 型患者心脏病、抑郁症和死亡发生率高的主要原因。最近，雷德福德·威廉姆斯[3]和他在杜克大学的同事完善了这些早期观察的结果。熊熊怒火的爆发和平息并非罪魁祸首，造成最大伤害的是长期的、让人感到无力的挫败感，以及郁积的、侵蚀生命的怨恨。

创伤经常引起愤怒。[4]这是有道理的。愤怒是“战斗”的情绪状态。如果创伤是由暴力或不公正造成的，则更容易引起愤怒。如果愤怒之火一直燃烧，随时准备爆发，才会导致问题。吉娜是一名高中生，她的哥哥在 2016 年的“脉冲夜总会枪击案”中被杀。她告诉我，她现在“对什么事都耿耿于怀”。我问了其他十几个遇难者的家庭成员是否有同样感受，大多数人都点头。

悲伤和恐惧也是如此。悲伤，即使是因死亡和失去亲人而引发的悲伤，令人痛彻心扉，让生命不再完整，但这也是正常的。悲伤令人不安，有时甚至会导致剧烈的生理和心理表现——副交感神经“僵直”，情感麻木，哭泣，绝望，昏昏欲睡，对曾经带给我们快乐的东西漠不关心。一旦这种状态持续，就会更严重地损害身心健康。正如一个世纪前弗洛伊德所观察到的那样[5]，急性的、自然的“哀悼”变成了慢性的“忧郁症”，也就是我们现在所说的“重度抑郁症”。

这种状况通常伴随着创伤，它影响着近 2000 万美国人[6]，其特征是持续的绝望。对自己或世界缺乏持续的兴趣和愉悦感，觉得一切都不会改变。羞耻，自责，睡眠困难，食欲下降，性欲缺乏，以及关注死亡和濒死体验。是抑郁，而不是悲伤让我们更容易患上心脏病、免疫系统紊乱、易感染、罹患糖尿病、药物滥用和早逝。

恐惧，以及由此引发的“战斗或逃跑”反应，都是自然和必要的。恐惧是一种重要的进化产物，让我们警惕食肉动物和潜在的危险。恐惧确保我们在面对可能的伤害时谨慎行事。

但是，当驱使“战斗或逃跑”反应的恐惧远远超过它的起因时——当我们带着凶猛的狮子走出丛林，进入安全的牧场、进入日常生活时——它就会引发自我限制，导致自我毁灭。

在经历造成头骨骨折的车祸后，莫伊拉，这位成功的高管变得害怕开车，也害怕坐在副驾驶的位置。事实上，只要进入新奇或陌生的环境，就会在一定程度上唤起她在事故发生时的无力感。长期未解决的恐惧，把一个自信、坚定、善于交际的女性拖入犹豫不决、充满怀疑的孤立状态。

许多从战场归来的退伍军人，因为恐惧而变得很容易被激怒。他们无法分辨路人无辜的眼神和敌人的监视，也无法分辨不经意的碰撞和致命的袭击，他们总是在准备战斗或发动攻击。

与你的情绪做朋友

许多人，比如戴安娜、帕特丽夏和莫伊拉、消防员达茜、士兵克莱和他的母亲马琳，一直试图消除或征服恐惧、愤怒和悲伤，但又一直为它们所困。

也许你在工作效率或与这些情绪无冲突共存方面取得了一些短暂的进步。但是，就像他们一样，你为此付出了高昂的代价——永远警惕和过度控制，过度疏远和谨慎，一直感到恐惧，甚至在亲密关系中也是如此。而且，如果你觉得自己完全没有能力处理生活带来的冲突和担忧，你可能会变得绝望。真实或想象的拒绝让戴安娜想要吞下毒药，或者把头放进烤箱；在与女友激烈争吵的愤怒之下，克莱举枪自杀。

然而，有一些赋予生命活力、减轻创伤的替代方法，可以帮助你安全地表达和处理情绪，并从情绪中获得学习：这就是自然的心理复原过程，它能建立和维持你的心理和生理完整性。接下来是一个与你的情绪成为朋友的过程，让它们成为你创伤治疗的伙伴。我、我的团队及那些我们培训过的人，已经把它传授给了成千上万的孩子和成年人。起初，这种“与情绪建立友谊”的过程具有挑战性，但是它简单明确，随着时间的推移，用起来也越来越容易。

这个过程包括三个部分：放松我们的情绪，觉察到它们，以及情绪表达。在不同的时间点，你可能更容易接受这三部分中的一个，发现它是个更好的起点。每个部分都会推动下一个部分，形成良性循环。

它看起来是这个样子的：

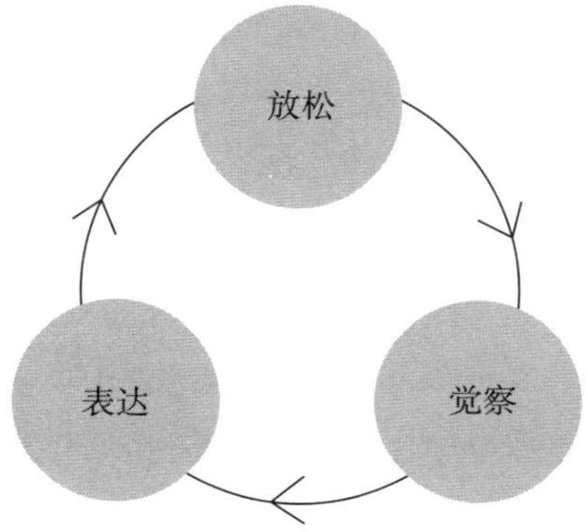

在让我们已经学过的技术——软腹、绘画、摇摆舞动——带来切实的治疗效果之前，还有很长的路要走。当然，随着我们讨论更多的技术，你也会

想要把它们加入进来。

放松

冥想是基础。软腹呼吸可以平息压力反应，让我们更容易接受并正确看待自己的情绪。它能增强海马体和额叶皮层的活动[7]，让我们对自己的情绪有新的认识，更容易将它们与我们的记忆和正在进行的体验结合起来。

一旦大脑功能被软腹呼吸重启，我们就能一点点地平复痛苦的记忆和对恐惧的预期。现在我们的情绪感受为我们提供信息，但不会让我们无法承受以至于让我们无法思考。我们的自动化反应更少，而响应更多。

摇摆舞动用强烈的、颠覆性的努力和自由运动，帮助我们摆脱压力和紧张，带出并释放情绪。这种表达式冥想利用运动把我们带到一个放松、平衡和接纳的状态，就像我们在做软腹呼吸时发现的那样。这两种冥想都告诉我们，情绪只是暂时的势不可当，它们真的只是来去匆匆。

觉察

放松打开了意识之门。软腹呼吸、摇摆舞动都为我们提供了安全的有利条件，让我们能够体验和观察自己的情绪。缓慢而深沉的呼吸让我们可以看到自己的情绪像泡沫一样升起，像云朵一样飘过。在我们摇晃释放它们时，会感到它们像风暴一样奔腾而起。

在做这些冥想时，我的情绪会翻涌而出，这让我想起《奥德赛》中的一个情节：奥德修斯能够安全地聆听美丽但致命的塞壬之歌。通常，塞壬之歌的旋律会诱使水手们溺水而亡。然而，智慧女神雅典娜让他的船员们堵住自己的耳朵，而奥德修斯被告知要安全地聆听塞壬之歌。雅典娜教导说："让你的船员把你绑在船的桅杆上，这样，你的听力就不会受影响，你可以听到塞壬之歌。"

专注式和表达式冥想及它们所提倡的正念既是我们的桅杆，也是把我们绑在桅杆上的绳索。它们使我们能够安全地听到、接受和学习塞壬充满威胁和破坏性的情绪之歌。

想象练习也能帮助我们意识到埋藏已久的情绪，而不会被它们淹没。在

“拥抱希望”那一章，你所画的第二幅图里，你或许能发现以前未被谈及甚至未被承认的恐惧、悲伤或愤怒。

也许面对以前回避的事情会让你感到满足，谈及自己被抛弃和害怕的部分时还有了一点点的成长。稍后，我们将使用其他技术来调动我们的想象力，帮助我们接受自己的情绪。而现在，请记住，你可以用绘画来表达情绪，并找到超越它们的方法。

表达

弗洛伊德有一篇著名的文章[8]，讲的是把痛苦的情绪和体验带入我们的意识，并通过语言表达出来的重要性。他说，这是一个“宣泄”（cathartic，这个词在希腊语中的意思是“净化”）的过程，它对治愈由压抑情绪积淀而来的伤害非常重要。这些伤害包括畏惧回避、抑郁、性功能障碍，以及由心理引起的身体残疾，如痛苦和瘫痪。

弗洛伊德的见解在西方精神病学史上引发了一场革命。这一洞见是原始文化的遗产，它参考了希腊神庙中的治疗仪式及古代雅典剧院观众的集体体验。

感谢 21 世纪的现代科学，不仅解释了为何情绪表达有治愈的力量，还佐证了促使我们这么做的古老智慧。

表达内心的想法可以让焦虑不安的杏仁核平静下来[9]，并让大脑中被创伤损害的部分重新在线：赋予我们的经历以意义和背景的背侧前额皮质，保存并塑造记忆的海马体，以及促进自我意识、判断力和同情心的内侧前额皮质。把我们看到的、感觉到的但藏在心里的东西用语言表达出来[10]，有助于激活布洛卡区，也就是负责语言表达的左颞叶，它滋养了布洛卡区和视觉皮层之间的愈合连接。而视觉皮层是产生混乱、恐怖的源头，里面充满以前无法表达的画面。

欢迎并表达自己的情绪，就像古希腊人在圆形剧场观看戏剧，是在邀请这些痛苦的感受占据我们一段时间，然后再离开。这么做的同时，我们释放了被痛苦所掩埋的同情、爱、喜悦和创造力。

70 年前，一位农民在上埃及的一个山洞里发现了一幅有着 2000 多年历史的卷轴，它以一种紧迫而令人信服的方式描述这个愈合的过程：“耶稣说：

‘将内心呈现出来，它将拯救你。如若不然，它将摧毁你。’”

再看一下这个循环图，可以作为简单的视觉提示。

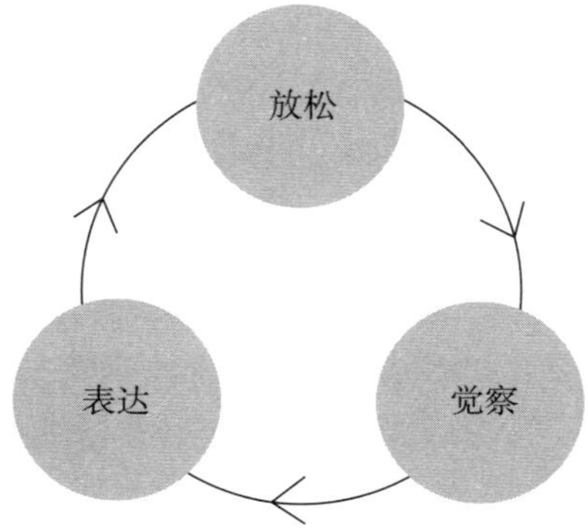

记住这个圆。你可以把它画出来，贴在冰箱上或者电脑旁。迎接你的情绪，把这个治疗过程作为一个可信赖的实践。试用它，享受它。

用语言表达感受，与自己对话

语言、绘画和运动都是表达情绪并从中学习情绪的有效方式，也是抚平伤痛，与情绪成为朋友的有效方式。在下一章，我们将集中学习如何与他人分享我们的故事。稍后，我们会一起用绘画和肢体语言来表达情感。我们还将使用意象引导，为我们提供线索和指导。而现在，我想教你两种新的方法，用书面文字来表达、放松和开始意识到自己的情绪。

写日记

可以从写日记开始，简单地记录下你的感受。这种方式安全又私密，而且非常有效。

这个方法很简单：根据你自己的品位买个日记本——优雅的皮面线装本

或简单的线圈笔记本。在封面写上你的名字，每篇日记都要写上日期。只是写下你的感受，不做任何检查。每天都做，哪怕只是写下一句抗议：“我受不了写这个令人讨厌的日记！”

在写的过程中，你会发现那些痛苦和快乐的经历，以及随之而来的情绪。有些情绪会在页面上鲜活地翻滚。另一些被遗忘、被压抑的情绪，或以前被认为是奇怪的、可耻的、自怜的情绪，可能需要努力才会发现。当你把它们写下来的时候，你会有一种放松和释放的感觉。你内心的堵塞现在就在那张纸上。

得克萨斯大学的心理学家詹姆斯·彭尼贝克和他的同事们针对写下情感经历所带来的身心益处[11]，做了很多的研究。每天 20 分钟的写作，只要坚持三四天，或者一天三次、每次 20 分钟的写作，就可以反复有效地降低受创伤之人的压力激素水平，改善抑郁者的情绪。用文字表达情绪还产生了其他可评估的好处：缓解哮喘患者的呼吸困难情况，减轻疼痛，提高关节炎患者的活动能力。

在经历创伤时，我们中的许多人都害怕被创伤所引发的情绪淹没。我们常常羞于与他人分享这些情绪，以及触发它们的事件。正如我们体验到的情绪自我表达的治疗益处，写下事件和感受会带来一种可以控制自己感受的安全感。和我一起工作的每个人都写日记，也许一开始的时候内心有抵触，但后来会发现它的确非常有用。

写日记会使你的感觉有了形式和意义。经历创伤后，日记会让你从可能威胁到你的空虚中创造出一些东西。写作能证明你确实能做些什么。许多有过创伤体验的人，在开始写作时精疲力竭、绝望不堪，10 分钟或半个小时后，他们重新感到了活力。我发现，即便是在最孤独的时候，写日记也是我最忠实可靠的伴侣。它能让我集中注意力，打断短暂的思维反刍，产生意想不到的见解和答案。日记本的存在令人欣慰，甚至是对它本身下了定义：这是我的日记本，也能安慰到我。我随身携带它，它由我所写，我写故我在。就像我之前提到的，我也用它记录我所采取的自助策略。

与情感对话

用积极的语言表达你的情感，也可以在争辩的同时表达。就好像你是

（女）牛仔，要套住每一头任性的小牛。从马上跳下来，绑紧它，仔细观察它。坚持不懈地问，它在传递什么信息？如果你这样做了，你会发现，像难以驾驭的小牛一样的情绪也是可以被抓住的。直面情绪，你可以学会更多东西。

我们将用书面对话来完成这项工作。这是一种多用途的探寻方法，你可以用它探索任何你想要了解的症状、问题。它可以用来了解某种身体症状，比如疼痛、活动受限、胃部不适；了解某个已出现的心理障碍，比如对事物、酒精的渴望或强迫性思维；探寻生活中出现的问题，比如一段感情中的困境、有关虐待的记忆、无法开始的项目等；还可以探索我们在此处要关注的情绪，比如恐惧、愤怒、孤独或挫折。

你所需要做的就是写一封信来表示你的某种情绪，某个代表你的情绪。然后，一旦你确定了要探索哪种情绪，想象它正坐在你对面的椅子上，而你正要和它进行对话。

假如我正在和我的悲伤对话，我是 J，我的悲伤是 S。我闭上眼睛，做几次深呼吸。睁开眼睛后，我开始写作，让对话展开。我先问一个关于我情绪的问题，让它回应。然后我继续问。就这样循环往复，写下我的问题和我得到的回答。

在做这个对话时，请相信你的直觉和想象。尽可能快地写。不要抑制自己，如果答案不令人满意，那就要求对方澄清。坚持这么做。你有权利知道你为什么会有这种感觉，以及你能做些什么。

接受你的对话所揭示的一切，即便它不那么中听。也许因为我来自纽约，我的情绪经常是对抗性的，回应的声音很顽固、讽刺。这是我的潜意识狡猾地利用我的肌肉让我明白一些事情。

我学会了让自己不再感到被冒犯，而是享受这种令人振奋的幽默所带来的视角，以及伴随笑声而来的解放。

继续你的对话大约 10 分钟，或者直到你自然地想要停下来的时刻。

这里有一个例子。杰克，35 岁，成功的杂志艺术总监，有着幸福的婚姻，但心有忧惧，他与他的无力感对话。他解释说："这真的就是我那虐待我的父亲在和我说话。"他用"J"代表"杰克"，用"I"代表无力感。一开始，他发现自己只是和父亲——最初让他感觉能力不足的那个人，而不是这种感觉本身——进行了一次痛苦的对话。尽管如此，结果仍然令人满意。

J：为什么我能力不足？

I：因为你令人讨厌（这就是我爸爸的话）而且很烦人，你不是我所期望的样子。

接下来，杰克父亲不停地重复着他很久以前对杰克说过的那些充满愤怒和贬低、令人憎恨的话："你应该跳到湖里，把自己淹死。""你什么都不是，你根本就不应该出生。""你是个可怕的人。"而杰克指责他父亲冷酷无情、没有责任心，也努力展示他自己的能力和善良。

这段对话让杰克放松了一点儿。站在想象中的父亲面前与他争辩，对杰克而言是一种解脱。"这些东西就在我心里，但我从没有对他说过这样的话。这让我感觉很好。就像你度过了漫长的一天，出去跑了一圈，外面非常热，或者下着倾盆大雨。你回到家，长舒一口气'啊……'"但杰克知道他心里还有更多东西，于是向我求助。

"这一次，"我对他说，"你要和你实际的情感对话，和你的无力感对话，而不是那个让你感到能力不足的人对话。"

这一次的结果更有意思，对杰克的帮助也更大。

这里的J代表杰克，I代表无力感。

J：你是谁？

I：你的一部分。

J：你为什么在这里？

I：我想让你失败又痛苦。

J：这很可怕。为什么要这样做？

I：没有我，你早就死了。

J：什么？怎么可能这样？

I：我一直让你着急，忙着讨好别人，做个好孩子。要不然，你爸会把你打死。

J：但那是很久之前的事情了，我现在是一个成年人。

I：所以？

J：所以，为什么我现在需要觉得自己能力不足呢？

I：你可以拿我当借口躲起来，逃避困难，这样你就不会失败。

J：但我已经厌倦了。我已经厌倦了害怕。

I：所以？

J：我怎么才能获得自由呢？

I：别担心我。你知道，当你跑步或冥想时，我不会打扰你。

J：这倒是。

I：所以多跑步，多冥想。只要用余光瞟一瞟我就可以了。你是个大个子，而我呢，其实身材矮小。你没必要把我的话当真。

J：你的意思是，当我觉得自己能力不足时，甚至可以自嘲。

I：这个主意不错。

其实，杰克笑着给我讲述了这次对话。

一次又一次，就像杰克一样，你的对话会告诉你，你需要知道为什么情绪持续令你痛苦，它给你带来了什么，又带走了什么。如果你坚持这样的对话，你的问题情绪也会告诉你该采取什么措施来处理它。

当你写下自己压抑的情绪时，毫不夸张地说，你实际上在把你受损的大脑重新组装起来。当把自己的创伤放在更大的生活背景下后，你很快就会意识到："这件事曾发生在我身上，但并不是现在。我不只是有这些痛苦的情绪，我不只是有这些痛苦的过去。这些情绪和创伤是我生活的一部分，我可以从中吸取经验。但它们并不是全部。"

随着时间的推移，你会越来越习惯写下你的情绪。你可能会发现，就像杰克一样，一种领悟会引出另一种领悟。你在纸上写下的越多，你就越想告诉别人你的感受和发现。我们将在下一章讨论与他人分享的巨大益处，以及一些让你更容易分享的方法。

07

连接：寻求人际关系的帮助

寻求外界的帮助，寻求他人的支持，让我们感受到，安慰和支持就在身边。

与他人的连接，可以让我们快速康复

总有一些时候，我们需要寻求帮助，与他人建立联系。人类的这一重要特性，源自我们的生物本性。[1]

如果没有母亲或其他照顾者的悉心照料和抚育，婴儿很难存活下来。从20世纪30年代的勒内·斯皮兹开始[2]，许多研究人员观察到，如果没有温暖的、人与人之间的接触，即使是那些吃得饱、穿得暖、住得舒适的婴儿也可能会日渐虚弱，甚至死亡，斯皮兹称之为“院育症”。我们可以在一些孤儿院，或者那些用忽视耗尽孩子生命的家庭里，看到这样垂死挣扎的孩子。

在经历创伤时，我们对连接的需求会被重新唤醒。记住，我们对创伤的第一个生物反应程序是伸出手，环顾四周，寻求支持和安慰。即便这种冲动暂时被战斗或逃跑冲动所压制，或因麻木和退缩而无法动弹，但并不会消失，而是变得更加强烈。

从医学文献中我们了解到，社会支持[3]——与他人的连接——有助于预防疾病，当我们生病时，社会支持能让我们更容易、更快速地康复。研究还发现，善于交际的儿童明显更能承受早年生活的压力。[4]而缺乏社会连接被证明与吸烟一样[5]，是导致早逝的一大风险因素，它所引发的死亡风险是肥胖的两倍。

在经历创伤时，社会支持尤为重要。创伤不仅使我们变得麻木、情感隔离[6]，还使我们失去社会能力。即使我们在理智上知道还有其他人被忽视或虐待、事业遇阻、痛失爱人或子女[7]，但仍然觉得自己是唯一遭遇这些不幸的人。这种孤立感是创伤自我保护生物学的一个直接后果[8]：当我们为自己的生命而战时，信任他人对我们有害无益；当我们被无法逃避的威胁压垮时，满脑子只想着撤退，顾不上和他人建立连接。我曾在一场造成数千人死亡的战争余波中，看到幸存者的孤独、失落和悲伤，生物反应限制和阻碍了他们。

疏离感和无力感会因为他人的忽视、无视或对我们所经历的痛苦的贬低而变得更加严重。被强奸或遭受过性虐待、性骚扰的人常常会被质疑，受到“受害者有罪论”的攻击。被父母一方虐待的孩子往往被另一方忽视，不愿面对现实或采取行动改变状况。再比如，士兵和枪击事件的目击者经常被建议“忍耐”。

许多人告诉我，尽管创伤令他们很痛苦，但对他们而言，分享创伤会让他们更痛苦。创伤本身反而不会贬损人格，破坏力相对较小，对心灵的伤害也要小得多。

当我们终于能够与那些相信并同情我们的人建立连接时[9]，一切都开始改变了。在与他们分享自己的故事时[10]，我们感到安全。如果这一切发生在治疗师那儿或治疗团体中，那将是很美好的时刻，我们将在后文中讨论。朋友、家人、牧师和警察也会提供避难所。许多人和我们一样有困难、被伤害，感到困惑、脆弱，他们知道我们在经历什么，往往能够在我们的创伤康复之旅中支持我们。

不管男人、女人和孩子，在与他人分享时都会觉得自己值得被倾听，自己的悲伤和痛苦可以被理解、值得被关注。通过分享自己和自己的故事[11]，我们也克服了对评判的恐惧，克服了骄傲，克服了由羞耻助长的创伤所带来的隔离感。

这些有爱心、值得信赖的人让我们知道，关爱自己是正确的也是值得的。我们开始意识到，如果这些人能够欣赏我们，欣赏我们所有的笨拙，欣赏我们不那么可爱的痛苦和羞愧，那么，也许我们也可以欣赏自己。借由他们的凝视，我们看到自己变得更为友善和慷慨。过度的自我保护减少了。分享烦恼，能减少烦恼。

我第一次明白这点是在20多岁的时候，那是在20世纪60年代。当时，我还在寻找一种全身心投入医学院学习的方式。过去的恐惧和伤害让我感觉像跟女友分手一样痛苦。

我和新朋友谈起我的遭遇，起初有些犹豫。我很羞愧，为自己没有他们想象的那么酷而感到羞愧。但同时，我也感受到了他们的理解对我有多么重要。虽然当时我无法用语言表达出来，但我觉得如果他们能接受我，我就能更好地接受自己。

我的朋友们对我如此失落感到吃惊，他们对我很友好，反过来，他们也对我敞开心扉。我的脆弱变成一种邀请，让他们变得更为开放，与我更亲近。不管是具有世界级头脑的政治学家马歇尔，还是经常发表文章、喜欢揶揄人的作家朱迪，抑或是身材健美的历史学家巴里，没有谁对我的发现感到陌生。不管是聪明、机智还是美貌，都不能使他们免除儿时的恐惧。即便是现在，在骄傲的外表下，他们也可能像我一样被过去所困扰，对自己感到不确定。我为他们难过，但总算松了一口气！我意识到每个人都在受苦，我们所有人都有创伤。分享彼此曾经的遭遇，让我们更亲密，而亲密感就像是一剂温和的良药。

还有威廉·艾尔弗雷德，他曾是我上大学时的英语教授。当我还是哈佛大学的本科生时，他是我敬爱的、鼓舞人心的导师，而现在他是我亲爱的朋友。

每当我在医学院里遇到困惑、需要人陪伴时，比尔总是“在家”陪着我，就这样过了35年，直到他去世。声音柔和的比尔，40岁不到就驼背、秃顶，显得相当老气。但他和蔼可亲、热情好客——不管是对诺贝尔奖得主、剑桥那些无家可归的人，还是像我这样压力繁重、常常不请自来的学生，都会吵吵嚷嚷地出现在他位于雅典街的家，敲开那扇温暖、黝黑的木头门。

比尔用布鲁克林牧师和政客们的故事来欢迎我，给我讲他父亲——一位无能但有趣的泥瓦匠——的最新消息，以及他对来自爱尔兰的母亲还有其他所有令人敬畏的女性先辈们的回忆。他也会留时间给我，让我讲述自己的悲欢离合，我可以感受到比尔善良的好奇心和他对我坚定的接纳。比尔总会倒几杯波旁威士忌，在他家颇有历史的炉子上，用一只铁锅煎着羊排，配着烤焦的大蒜。有时候我们聊天聊到天亮，然后一起步行去参加他从未错过的弥撒。偶尔，当我需要的时候，我可以在他家住上两三天。

我还有其他朋友，这些年来，他们帮助我度过了丧失和死亡的痛苦，无论男女，他们都可以和我谈论任何事情。当我安静、瘫痪的母亲即将去世的时候，乔治和玛哈坐在我身边，紧紧抱住哭泣的我。在母亲的追悼会上，他们用有趣的故事抚慰我。这样的朋友是治疗创伤的终生宝藏。

如何寻找能真正支持你的人

在与病人第一次会面时，我总是问他们，做什么事情及谁能帮助他们感觉更好一点儿。有时候答案呼之即出。那么，我会鼓励他们去做已经在做的事情。

面对这个问题，40 岁的律师特蕾莎笑着说："当我被吓倒时，你教我的软腹呼吸让我平静下来。还有瑜伽。当然，还有我的朋友芭芭拉。我期待她给我打电话，或者来看我。我有时一团糟，有时反复地自怨自怜，但她一直在我身边，她爱我，她不会把我讲的一切都当真。我们是朋友。"

如果对方说想不起来什么，我建议做一个简单的实验来帮助找寻答案。如果你愿意，你现在也可以做。方法如下：

花几分钟时间做缓慢、深沉的软腹呼吸。当你的思维开始变慢、身体开始放松时，问自己几个简单的问题："我想拜访谁，或者看见谁，给谁打电话，给谁写信？谁会真的支持我？"

多萝西正准备离开她的丈夫——一名自私自利、沉溺于女色的参议员，在面对这些问题时，一开始她毫无头绪。当时她 60 岁，患有结肠癌，不敢独自生活，害怕失去参议员职位的丈夫所赋予的安全感、地位和权力。而且，华盛顿满是流言蜚语，她相信没有人能理解她，也没有人能保守她的秘密。

这是多萝西的焦虑意识在表达。但是做了几分钟的呼吸练习之后，多萝西放松下来，她的直觉给了她一个答案。当她睁开眼睛时，眼里布满了泪水。当天晚些时候，她打了一通电话给格蕾丝姨妈。格蕾丝姨妈听她讲了几分钟，她的回应在多萝西听来非常像是战争中的呐喊。“孩子，”她几乎直接喊出来，“对你来说，那个人从一开始就死了。”

尽管多年来，多萝西很少和格蕾丝姨妈交流，在她忙碌的、过于公开的生活中，她不信任任何人，但她发现自己信任这个女人。格蕾丝姨妈年纪太大了，对任何人都没有什么印象，而且是个坏脾气，不为传统观念所吓倒。她对自己的外甥女非常了解，她很高兴自己能对多萝西有所帮助。从那之后的很多年，她们几乎每天都在交流。

有时候我们需要的人会突然出现，而我们要做的就是在他们出现时识别出他们。当一位在工作中认识的男人邀请莫伊拉共进晚餐时，这位在车祸中头骨骨折的高管差点儿说“不”。自从事故发生后，她每天只是上班、下班。她觉得自己被毁了，缺乏能力，感到恐惧，并为自己的恐惧感到羞耻，因而经常拒绝参加社交活动。这一次，她听到我的声音在鼓励她，她相信了被软腹呼吸和摇摆舞动滋养的直觉。她和这位男士共进了晚餐，然后和一群同性恋者打高尔夫球。这是她摆脱恐惧和僵直状态的第一步。

我建议你像莫伊拉一样，假设你生活中出现的每个人都能带给你一些东西。在任何情况下，这种观点都是有价值的，而在你受到创伤或情绪低落时，在你贬低自己、自己的生活和生活本身时，它尤其有用。

如果你愿意，至少作为一个实验，把那些在你的生活中出现的人视为潜在的支持和指导的来源，这样你就会自动化地评价自己和他人、他们的世界和生命本身。人们的存在不再只给你带来负面的影响，不再是简单地提醒你的不足、不幸，或别人对你做过的可怕的事情；他们是你的生活共同体的一部分，也是你的老师。这些相遇可以带来经验，即便在你最害怕、最气馁、最沮丧的时候，你仍然是一个学生，准备从生活中学习，准备成长和改变。

乍一看，这似乎很奇怪，甚至有些天真。尽管如此，我想你会发现，如果你接受这个观点，很多进入你生活的人会提供支持和指导，帮助你度过困难时光，超越创伤。

有一个众所周知的传说，可能会鼓励你欢迎那些出现的人。虽然它的内容与信仰有关，但确实是在说我们需要识别来帮助我们的人，需要准备接受任何可能带来帮助的人：

一个人漂浮在洪水中，他紧紧地抓着他房子的屋顶，祈求上帝的帮助。不久之后，一个木筏出现了，撑筏人问他是否要上来。“不，”他说，“上帝会照顾我的。”这个男人的房子又被水淹没了一些。过了一会儿，来了一条船。船长喊道：“快上船！”“不，谢谢，”男人说，“我在等上帝来救我。”船长摇摇头，继续前进。现在，这个男人的房子就要完全被洪水淹没了，他几乎已经无法再抓住屋顶，他只能更迫切地祈祷。一架直升机经过，再一次，他拒绝了。

溺水而亡之后，他进了天堂，骄傲地告诉上帝，他一直忠实地等待着他的拯救。迎接他的是上帝雷鸣般的斥责：“你这个白痴，你以为是谁把木筏、船和直升机送来的？”

我们受到的创伤越大，就越焦虑、恐惧、麻木和退缩，就越有必要让别人看到我们、倾听和认可我们，让他们了解和关爱我们真实的样子。

这就是我的朋友玛雅的经历，她觉得自己的童年生活在一个不断扩大的巨大“鸿沟”中——一个贫瘠且缺乏关爱的空间。

玛雅的母亲是位酗酒的妓女，沉迷于给她钱的男人。玛雅不知道自己的父亲是谁。在她 3 岁时，她看到母亲的哥哥开枪自杀。

从那时起，玛雅就知道，她的生存取决于找到“填补鸿沟”的人。而且，在她最需要他们的时候，这些人往往就会出现，她把他们当作“人间天使”。

其中的第五位是她楼上的邻居。“一个周六的早晨，我独自一人站在门前的台阶上。像往常一样，孩子们在取笑我。在试图逃跑的过程中，我打破了公寓门上的玻璃，碎玻璃划破了我的手。我知道我妈会狠狠地揍我。这时，我的邻居来了，她擦干净地板，修理了窗户，包扎了我手上的伤口，带我到楼上吃午饭。她在我们这幢楼里只住了五个月，但我一直保留着她送给我的小戒指。当她离开时，我在她怀里哭泣，她抱着我，她的话让我能一直坚持活到现在。‘你是个好女孩，如果可以的话，我会带你一起走，但我不能。你要学会如何照顾自己。活着就是一切。而且——’她又加了一句，‘你也可以信任其他人。’”

几年后，玛雅用纯真的希望唤起了另一个女人的善良，那是一家商店的店员。

“我曾经看过一个电视节目，叫作《一天女王》。我看到那个节目里的女性，就会想象她们是我的母亲。有一天，我对一个店员唱了那个节目的主题曲《加冕之歌》，然后邀请她跟我到后院去参加一个‘加冕典礼’。她来了。在接下来的一年里，她几乎每天都来。”像那些善良的“女王”一样，这位店员和玛雅在一起，帮她做作业。

玛雅的麻烦并没有消失。她仍然为她的母亲感到羞耻，为她自己受到那些“叔叔”的欺骗感到羞耻。他们付钱给她母亲，让她们二人提供性服务。玛雅用割腕自杀、服用过量药物来“惩罚”自己。但不知何故，她总能找到某个人帮她渡过难关，填补这个鸿沟，重新回到生活中。多年来，她不断地练习转化创伤的技巧，不断地寻求帮助，而这也帮助她继续治疗自己。

记住，总有人会安慰和关心你，他们可能就在你的身边。

与人接触还有一个意想不到的好处。如果你留意，就会发现在“你需要得到他人的帮助”和“他们愿意提供帮助”之间，会形成一种平衡，这就像是个奇迹，你的求助对于愿意帮助你的人而言，是珍贵的礼物。

芭芭拉很高兴成为特蕾莎的朋友，多萝西给格蕾丝的生命带来了意义，比尔似乎很喜欢有我在身边。也许，对于很久之前的邻居来说，给予玛雅爱，与玛雅感受到被爱同样重要。在这位邻居生命的最后几天里，已经长大成人的玛雅去看望她，玛雅告诉她，她的善良意义非凡。这位人间天使微笑着说：“现在我知道我曾经帮助了一个人，我可以平静地死去了。”

特蕾莎、多萝西、玛雅和我有时都是用意象引导来帮助我们决定向谁伸出求助之手，以及如何寻求援助、何时寻求援助。在下一章，我们将探索如何使用这种古老而有效的技术来调动我们身体的治疗反应及直觉力和理解力。

08

内在引导：让想象带你走出创伤

意象是潜意识的语言。通过意象练习，可以帮助你由内而外地改善身心功能，减少焦虑，缓解压力和痛苦。

在这一章中，你将学习如何运用意象治疗创伤。

意象可以帮助我们减少创伤后的症状

意象是潜意识的语言[1]，它可以是听觉的、动觉的、味觉的、嗅觉的，也可以是视觉的。意象非常有力量，当我们在脑海中形成意象时，大脑中与这种感觉相关的区域就会活跃起来，就好像我们真的在看、在感受、在品尝、在听或闻外面世界的某个东西一样。意象也会唤醒被创伤损坏或关闭的右脑的活动。[2]

形成意象的大脑中心[3]与包括杏仁核和海马体在内的大脑边缘系统或情绪脑密切相关，此外，控制自主神经系统及其战斗或逃跑反应和僵直反应的下丘脑，以及内分泌系统和免疫系统也都与大脑中心紧密相关。这些紧密关联的生物联系——常常只需要越过 1 ~ 3 个突触——让意象具备了非凡的力量：改善身体和精神功能，逆转创伤造成的伤害，并帮助我们开辟一条通往持续治疗、最终走向幸福的道路。

40 年来的研究表明[4]，我们可以有意识地利用这些联系来创造心灵意象：各个年龄段的人都曾运用意象来减少焦虑、缓解疼痛，增强消化能力和免疫力，促使精神集中，以及缓解抑郁。

意象可以减少创伤后应激的生理和心理症状[5]，降低创伤事件带来的紧张感和记忆强度[6]，使人们能以正确的方式看待它们。调动直觉和想象力，你所创造的意象可以为你提供指导，把创伤从灾难转化为机会。

想象一个柠檬

第一个意象实验将让你直接体验到意象如何影响你的自主神经系统，并通过它，影响你的生理功能。我喜欢从这个实验开始，因为它既可以让你在运用意象时感到舒适，还能让你立即感受到意象的力量。

如果你想用最有效、最有创意的方式使用意象，你需要放松一点儿。因此，再一次，我们将从软腹呼吸开始。下面，简要回顾一下如何来做。

以舒服的姿势坐着，用鼻子吸气，用嘴呼气，让你的腹部变得柔软，放松地坐在椅子上。感觉自己和椅子连为一体。感觉你的背靠在椅背上，感觉自己坐在椅子上，脚踩在地板上。让你的呼吸加深，让你的腹部变得柔软。让各种思绪自由地来，自由地去。温柔地把你的思绪拉回来——回到“软腹”。持续两三分钟。继续呼吸，缓慢地、深沉地。

现在，想象你在厨房里。它可以是你自己的厨房，也可以是别人的，或者是你刚刚创造的。环顾四周，它是什么样子的？你在那儿是什么感觉？

想象你站在砧板前，砧板上放着一个又大又熟的柠檬。拿起柠檬，感受它的触感、重量和表皮的纹路。看着它，它是硬的还是软的？也许你会想拿着它在自己的皮肤上摩擦一下，那是什么感觉？它闻起来怎么样？吸一口它的芳香。

把柠檬放回砧板上。现在，拿把锋利的刀把柠檬切成两半。分开这两半，看看被切开的表皮，也许有几滴亮晶晶的果汁。注意柠檬的果肉、表皮的白色里层，还有果核。现在，把其中的一半再一切为二。

想象一下，现在你正拿起其中一块。再次闻一闻它，感受它在你手中的感觉。

慢慢地把它送到嘴边。接着把它放进你的嘴里。现在，咬一口柠檬，你的牙齿是怎样咬碎柠檬肉的？柠檬汁怎样流进你的嘴里？

注意你的嘴里发生了什么，你的面部有什么变化，你的身体有什么感觉？

把柠檬放回去。深呼吸几分钟。睁开眼睛，写下你的经历。

柠檬的味道如何？是怎样的颜色和质地？把柠檬拿在手里是什么感觉？它是光滑的，还是粗糙的？

柠檬摩擦你的皮肤是什么感觉？闻到它是什么感觉？然后，你咬了一口它，那是怎样的感觉？你有没有感到你的嘴唇，也许是整个脸都皱了起来？也许口腔分泌了许多口水，甚至你会被酸得有些发抖。写下你所有的经历。

唾液分泌和皱眉是由自主神经系统调节的功能。通过创建这个意象，你已经直接接触并影响了你的自主神经系统。如果你真的咬了一个柠檬，你可能会有很多类似的反应。

我记得有一次和一群美国退伍军人一起做这个练习，他们大多是头发花白的老年人，性格坚强。我一直在和他们谈如何通过身—心的方式，以及调动想象力来减轻创伤后压力。他们靠在椅子上，双臂交叉放在胸前，好像在说："是，是，当然。"

想象一颗柠檬，想象咬它一口，这改变了一切。

"该死的，"他们中的一个人说，"这真的有用。"我认为，他这是投了一张信任票给我。

自体生物反馈疗法：控制我们的身体反应

许多年前，玛丽·李·埃斯蒂教给我一种简单的方法，让我意识到压力和创伤的生理后果，以及如何利用意象来修复它。这就是自体生物反馈疗法[7]（Autogenics and Biofeedback Therapy，ABT）。

你用语言所创造出的意象，是为了给你的自主神经系统提供温和而坚定的指令。它们"告诉"迷走神经系统平静下来，做它自己的工作。生物反馈是用来衡量所产生的变化的方式。通过记录手指的温度，来判断你所说的语句是否产生了你希望的放松效果，因为它会随着你平衡和调整"战斗或逃跑"

反应而升高。

一开始我很怀疑，它看起来像是一种笨拙的现代版冥想。但我做了一次，又做了一次。结果令我惊叹，重复六个“自生”语句轻而易举地改变了我的生理状态——增加迷走神经张力，平息交感神经过度活动，提高手指温度，放松下来。

从那时起，ABT 就成为我们的培训、团体和临床工作中不可或缺的一部分。起初，我也觉得这个过程有些机械。很多人，尤其是头脑冷静的人，比如工程师、医生、律师和军人，会马上接受它。效果立即可见，而且一目了然，甚至孩子们也很喜欢它。

我将告诉你们一些关于自体生物反馈的知识。然后，带领你们体验一次。

20 世纪 20 年代，德国神经学家和精神病学家约翰内斯·舒尔茨发展了自生训练。[8] 显然，舒尔茨是在阅读了有关印度瑜伽修行者控制生理机能、大幅度降低心率、降低血压和提高体温的能力的文章后产生了这个想法。舒尔茨认为这些变化都是迷走神经张力增强的结果。因为，他认为在一个放松的状态下，任何人都可以指导自己的迷走神经系统产生所需的轻松感。

他和普及了自生学的心理学家沃尔夫冈·卢特一起，开创并完善了一系列能引发副交感神经刺激变化的语句，例如，通过说“我的胳膊温暖而沉重”来放松血管。

舒尔茨最初用了六个语句，我对它们稍作修改。不过，后来发展出了更多语句，以鼓励生物变化和促进治疗效果。多年来，在这个领域有成千上万的论文发表[9]，不过，大部分发表在欧洲的学术期刊上。这些研究针对的是它在降低血压、减少疼痛、增强免疫功能、减少焦虑、改善心情方面的作用，而效果最为显著的是治疗偏头疼和雷诺病血管收缩导致的手脚冰冷。

生物反馈法，一种利用感官记录的信号来控制我们认为无法控制的生理功能的方法，是在 20 世纪 50 ~ 60 年代由美国几个不同的团体发展起来的。耶鲁大学尼尔·米勒博士[10]和他的同事们在动物实验中发现，通过反馈有关它们生物功能的信息，狗和老鼠可以“学习”控制心率、血压、唾液分泌和尿失禁。后来，他又证明人类也可以做到这一点。

大约在同一时间，物理学家埃尔默·格林[11]和他的妻子兼心理学家艾丽丝前往印度，拜访瑜伽修行者，亲自观察他们控制生理功能的能力。瑜伽修行者所做的改变给格林夫妇留下了深刻的印象：他们把心率从每分钟 50 次降低到 15 次，呼吸从每分钟 12 次降低到每分钟 3 次，还可以随心所欲地升高或降低体温。

格林夫妇继续在堪萨斯州托皮卡市的门林格尔诊所对瑜伽修行者进行研究。很快，他们就对普通人能否在仪器设备的帮助下意识到他们的生理功能，并取得类似的结果产生了兴趣。格林夫妇决定使用温度反馈，也就是热生物反馈，来实现这一目标。

这对富有创造力的夫妻，凭着直觉决定把他们读到的这些自生短语和他们正在研发的生物反馈程序结合起来。ABT 就这样诞生了。这个方法简单而优雅：先观察你手上的温度，做一些深呼吸放松放松，对自己说一些话，睁开眼睛，检查温度有没有发生变化。

格林夫妇的女儿帕特·诺里斯和她的丈夫史蒂夫·法里安都是心理学家，他们耗时数年研究这种疗法的效果。还有玛丽·李、埃尔默、艾丽丝，我的这些同事和朋友，在自我照料的道路上富有远见。

做 ABT 练习

为了做 ABT 练习，你需要订购一些对温度很敏感的生物反馈仪器。[12]

在等待你的仪器送到前，你可以练习一下我将要提供的自生语句。

即使没有生物反馈设备，这些短语也是在压力环境中让自己平静下来的好方法。它们可以非常有效地修复睡眠问题，请允许你在重复这些短语时打瞌睡。

每一次做这个练习，你都是在重新发现和体验运用想象来控制自主神经系统。

一旦你的生物反馈仪器到了，你就可以做完整的 ABT 练习。

它就像我儿时记忆中的情绪环，会随温度而变色。在一节很具挑战性的微积分预备课上，你的交感神经处于亢奋状态，双手冰凉，情绪环可能呈现黄色、棕色甚至黑色。而当你看到暗恋对象时，双手温度上升，它的颜色就迅速变成了绿色、蓝色或深紫色。这里的原理是一样的。

我想请你拿起生物反馈仪器，把它放在你非惯用手的拇指和食指之间。现在看看你的仪器，记住它的颜色是什么。

慢慢地深呼吸，腹部放松。几分钟后，你可以开始重复自生短语。慢慢地逐句对自己说，每个短语重复 6 次。之后，再花 30 秒左右的时间深呼吸，然后注意你的感觉，睁开眼睛，看看它的颜色。

这里的核心是放松。当然，你要改变仪器的颜色来证明你已经放松了。我知道，这很矛盾——在放松和尝试改变之间。我建议你带着要改变的意识，然后随它去。把放松、专注的注意力冥想练习带入这个练习中。记住，这是一个实验。你希望你能放松下来——不管发生什么，都会很有趣。

这里有六个语句：

我的手臂温暖而沉重（停顿）……………………………我很平静

我的双腿温暖而沉重（停顿）……………………………我很平静

我的心跳平静而有规律（停顿）…………………………我很平静

我的腹部散发着温暖（停顿）……………………………我很平静

我的额头清凉（停顿）……………………………………我很平静

我的呼吸平静而有规律（停顿）…………………………我很平静

每个语句都重复 6 次，注意你的感受。然后，睁开眼睛，再看一次那个生物反馈仪器。

很多人都发现自己变得放松了，生物反馈仪器的颜色也发生了一些变化：从棕色或黄色变成了绿色。有些人可能会看到更戏剧性的变化：片刻深沉的平静和同样深沉的紫色。还有一些人，尤其是过于努力或者因忧虑而不愿放松对自己控制的人，可能会感到紧张，体温反而会下降。或者，你觉得更放松了，但体温并没发生变化。所有这些反应都没有问题。

这样做的目的是注意到发生了什么，并把它写下来。整个练习大约需要15 分钟，你练习得越多，就越有可能产生明显的放松效果，以及颜色的变化。

这也很有趣，你可以一整天戴着生物反馈仪器，留意怎样的互动、预期、想法和感觉会改变它的颜色。这是一个知晓你生活中哪些方面压力最大的好方法，当你被创伤记忆触发时，它可以提醒你。你还可以让自己借助这些令人焦虑的想法和事件来练习呼吸。

安全岛意象练习：从当下的负面情绪中解脱出来

接下来，我们要做安全岛意象练习。当令人不安的记忆浮现时，或者你正面对一种唤起先前创伤的经历，又或者你在经历一段有压力的时期，这个意象对你来说尤其重要。

安全岛意象练习是利用快乐的记忆——或者对痛苦结束的想象——来创造一个地方，带来一种宁静平和的感觉。你在运用你的想象力，把自己从当前的焦虑、不快或危险中解脱出来，让你的精神和情感休息一会儿。当你成功地来到安全岛[13]，你会学习到，即便深陷创伤记忆的痛苦，即便感到无助，仍有能力为自己创造宽慰、快乐和安全。

几乎每个和我一起工作的人，都喜欢并受益于安全岛意象（顺便说一句，儿童经常比成年人更容易使用这个意象，以及其他意象）。然而，偶尔也会有人因为意象的出现而变得焦虑，如果你出现了这种情况，请睁开眼睛，不要强迫自己。

有些人，对他们来说确实没有安全可言。例如，那些感到无法离开一段充满暴力、虐待的亲密关系的人，或生活在战区的人。但他们至少在一开始可以尝试用“舒适”或“特殊”这些词代替“安全”。如果你是这样，那么你可以自由地使用这些替代词汇。即便如此，许多人也会一次又一次地发现他们能回到让自己平静和恢复活力的地方。

慢慢地通读几遍下面的说明，直到你熟悉为止。

然后，你可以自己录下这个练习。

你可以选择任何你觉得合适的音乐。聆听轻柔的音乐可以促进脑海中出现意象，比如我喜欢的一首曲子中，温柔的印第安长笛声能让我唤起一段平静的发现之旅。

当音乐响起时，慢慢地深呼吸，用鼻子吸气，用嘴吐气，放松腹部。这样呼吸几分钟。感觉你与你所坐的椅子相连，或者，如果你躺着（如果你不太困，躺着也可以），感觉自己与躺着的地板或床相连。深呼吸，放松，相信你的想象力会做它需要做的工作，它会带你到一个安全的地方，一个对你来说舒适的地方。深呼吸，放松。感觉你自己被你坐的椅子或者你躺着的地板、床支撑着。

现在，让音乐和你的想象力带你去一个让你感到安全和舒适的地方。它可能是一个自然环境，或一个你特别喜欢的场所。也可能在室内，一个对你来说感觉很好的房间。它可能是一个你很熟悉的地方，或者一个你从未见过的地方。允许自己去那儿，在那儿得到放松。

如果你碰巧发现自己在两个地方来回走动，也没问题。好好享受吧。过一会儿，让自己在其中一个地方休息。

看看你的周围。它是什么样子的？室内的风景怎么样？在那里有什么感觉？闻到什么味道？如果有声音，听起来是怎样的？

无论你坐在什么地方，靠树坐着，还是坐在你心爱的椅子上，看着美丽的风景让自己舒服一点儿。注意你穿的衣服和鞋子的样子。你是一个人，还是和别人一起？

如果你想从这个地方挪走什么东西，比如，一件烦人的家具，它挡住了你看风景的视线，那就挪走它。有什么是你想要带到这个地方的吗？如果有，那就带进来。这是你的安全岛，你的特别场所，你的舒服地带。你可以让它看起来和感觉起来都是你想要的那样。

深呼吸，享受这个地方，享受身体放松的感觉，享受你的安全岛提供的舒适。花些时间去享受它，几分钟或更久，深呼吸，放松。你要让自己知道，这是一个你想什么时候来就什么时候来的地方，是你可以放松、补充活力、感受安全的地方。

现在，你知道你随时可以来，慢慢地，把自己带回到你开始的房间。从意识到你正坐在椅子上或者躺着开始，深呼吸，与你所在的位置相连。再深呼吸几分钟。慢慢睁开眼睛，让你的注意力回到房间里。

现在花点儿时间写日记。以下是一些需要考虑的问题：去你的安全岛有什么困难吗？你从一个地方换到另一个地方了吗？你去哪儿了？安全、舒适或特别的地方是什么样的？你周围什么样子？有声音吗？它的感觉和气味如何？还有其他人吗？你穿着什么衣服？你是坐着、躺着还是站着的？你带进来和带出去了什么？在你自己的安全岛上放松时，你是什么感觉？

当你写下这一切的时候，请记住，你总是可以去那个地方——或者另一个你可以找到的安全岛——不管什么时候，只要你需要它，只要你想，它就在那儿等着你。你还要知道，即便第一次使用这个意象有些困难，但在第二次或第三次练习时，通常就能找到一个让人安心、平静的安全岛。

在你感到焦虑和沮丧时，在你沉浸于过去或预期的伤害和丧失时，安全岛意象可以让你放松和安心。我经常使用它，不管是遭受虐待的人们、难民，战争中受到惊吓的孩子，还是那些抑郁或不快乐的人，效果都很好。它会告诉你，即便在不知所措的情况下，也有可能做到平静和自我控制。

与你的智慧导师会面

经过一些引导意象的练习，现在你已经准备好迎接你的智慧导师了。你很快就会发现，你的安全岛绝对是这次会面的绝佳地点。

传统医治者——西伯利亚的萨满、拉丁美洲的巫医、北美洲的巫医、非洲的巫医以及古希腊的医生——几千年来都在使用这种意象。卡尔·荣格将这种临床实践引入现代精神病学和心理学。[14] 40 年前，我第一次从鲁斯·卡特·斯特普尔顿那里学到了“智慧导师”这个比喻。[15] 鲁斯·卡特是一位信奉新教的牧师，也是吉米·卡特总统的妹妹。从那以后，我一直在和我自己的智慧导师见面，在同样长的时间里，我也一直把遭受过创伤的人介绍给他们自己的智慧导师。

对于本土医治者来说，智慧导师的言语是与心灵世界的交流。[16] 有些人确信，当他们遇到自己的智慧导师时，他们正在接触一个更大的力量。在荣格看来，智慧导师是集体无意识的一部分[17]，荣格相信它是我们所有人都能获得的地球思想和经验的巨大宝库。大多数科研人员认为，智慧导师是一种“内在导师”[18]，来自右脑，是我们自己无意识智慧、创造力和直觉的一种表现。然而，因为我的智慧导师经常非常正确，以至于我有时怀疑我是在和一些远比我聪明和有知识的人进行交流。

这些解释和许多其他解释可能是有用的和真实的，但你不必相信它们中的任何一个，就可以从智慧导师意象那里获得益处。你需要做的就是带着开放的心态，实验式地获得这种体验。

和安全岛意象一样，通读下面的文字，直到你熟悉它们，直到你对这些文字感到舒服，然后用合适的音乐录制它们，或者你可以使用我在我们网站（cmbm.org）上录制的版本。最好是记录下安全岛意象，然后继续使用智慧导师意象，这样你就可以轻松地过渡。一段时间后，你会发现不被打扰地做这些事情会加深你对这两件事的体验。

留出 20 ~ 30 分钟的时间和你的智慧导师见面，写下你的经历。确保光线柔和。关上门，这样就不会有人打扰你了。如果你需要，就贴个提示。坐在舒适放松的椅子上或躺下。

就像你创立安全岛意象那样，按照我在练习中给你的指示，探索和体验你的安全岛。它可能是同一个安全岛，也可能是另一个不同的地方。

在你找到并探索安全岛之后，也许是重新安顿和充分体验你的安全岛之后，做一些缓慢的深呼吸，准备迎接你的智慧导师。

以下是你需要记录的新指示。

出现在你的安全岛的智慧导师或者说内在导师可能是一位智慧的老人，可能是女性，也可能是小孩，可能是你认识的人或你在书中读到过的人，也可能是第一次在你的想象中浮现的人。智慧导师可能是人类，比如一位朋友、直系亲属或记忆模糊的祖先，也可能是宗教书籍、童话故事或异教神话中的神。它还可能是你从未见过的动物、精灵或生物。无论是谁，或出现什么，都可以是教导你的智慧导师。

慢慢地深呼吸一两分钟，放松腹部，邀请你的智慧导师出现。接受任何人或任何事情的到来，即使对方看上去令人吃惊或奇怪。你的智慧导师在这里教导和支持你丢失的部分、你害怕的部分，或者你的好奇心。你可以把这位智慧导师看作你那部分意识的代表，他知道你需要什么，他在这里帮助你尚不知道的部分。让你的智慧导师出现在你的想象中，也许是一只飞过的鸟、一个出现在你身边的人或者一个轻声对你说话的声音。

把你自己介绍给你的智慧导师，并请智慧导师也把他自己介绍给你。等待你的智慧导师用语言、手势和表情与你交流。

现在，向你的智慧导师请教一个问题，或许是一个已经困扰你一段时间的问题——关于你目前生活中的困难，或者一些痛苦压抑的记忆、感受或想法，或者一个突然出现在你脑海中的问题。你可以问任何问题。

等待答案。答案可能清晰又有力量，也可能很古怪，甚至，至少现在，令人费解。接受任何答案和任何形式的答案——文字、图像、声音、感觉、某种印象。这仅仅是与你内在智慧沟通的开始，它将慢慢成为一个可靠的导师。

如果你想澄清什么，就直接问你的智慧导师。让对话持续几分钟，提问，注意倾听答案，问更多的问题。

当你听到你需要的，或对话似乎结束了——这可能需要 5 ~ 10 分钟，甚至更久——感谢你的智慧导师，和他说再见。要知道，在任何时候，在你需要帮助的时候，你可以回到这个地方，再见到这位智慧导师，或其他智慧导师。在你超越创伤的过程中，你的智慧导师随时都在你身边。

现在意识到你自己坐在椅子上或是躺着，用鼻子深吸气，用嘴呼气。继续深呼吸，慢慢地。让你的腹部柔软。去体会你的背靠在椅背上，你坐在椅子上，你的脚在地板上，或者去体会自己是躺着的，地板、沙发或床支撑着你。深呼吸，腹部放松。慢慢地，当你准备好了，睁开双眼，意识到你回到了此时此地。

花点儿时间把你的体验和你的智慧导师记录在你的日记里。

以下是你写日记时要考虑的一些问题：你的智慧导师来了吗？你看到、听到或感觉到你的智慧导师了吗？是谁？当你第一次遇到他时，你的反应是什么？是惊喜、感激、不安还是别的什么？

从我们潜意识中浮现出来的第一个智慧导师几乎总是最适合这个时刻的人。但你可能很难确定一个。这也没关系。若有许多人出现，你拒绝哪一个，选择哪一个，为什么呢？你的智慧导师的名字是什么？

写下你向你的智慧导师提出的问题、你得到的回答，以及他给你的感受。尽可能逐字逐句地做。智慧导师说话的方式通常很明确。智慧导师当下给你的难以理解的回应，日后可能会逐渐变得清晰。

写下你和智慧导师的讨论给你带来了什么感觉、思考、新的想法等。例如："那位年长的智慧女性说我应该'改变一下我的工作'。一开始我以为她想让我改变工作中的一个方面，但当我问她时，她说我可能需要考虑换一个工作。"

有时，一开始的时候智慧导师没出现。注意你的所见所感。明媚的冬日景象可能会像一位睿智的老人那样带来领悟，也许你需要安静地思考。一种悲伤的感觉或许意味着你在接触一种你忽视了的情绪，你需要尊重它。当你第二次或第三次做这个练习时，可能就会出现一位可以与你交流的智慧导师。

出现保持沉默、拒绝回答或直接走开的智慧导师时，实际也是一种回应。他的"没有反应"可能意味着你已经知道了答案，可能意味着在给出答案之前，你需要做更多的努力，还可能意味着你只是需要多花点儿时间来思考你的问题。

有时候，我们会拒绝智慧导师的指引。我的一位病人对自己的力量、独立和特立独行引以为傲，当她看到一头温顺的鹿时，她非常震惊，感到被冒犯。她抱怨道："我想要一只母狮子或者一个聪明的女巫，不是斑比！"她把小鹿斑比赶出了她的意象，但没有其他东西出现，她"生气了"。

我认为，也许在这个时候，她需要的是一个温柔、有爱心的人，一位柔软的人，一位在此刻她需要看到、听到和学习的人。试着相信你内心的智慧吧，我劝她："放弃你的先入之见，听听小鹿斑比有什么要说的，好吗？"

无论何时，只要你感到困惑、沮丧或陷入困境，你都可以把安全岛和智慧导师结合起来做个实验。一开始，至少给自己预留半个小时。通过不断地练习，交流和记录有用的指导将变得更为容易，也会更快。一段时间后，你可能想尝试不做记录。不过，记得写下你得到的指导，并且留意随着时间的推移，它如何变化和发展。

与你信任的朋友分享你的意象也很有帮助。你可以通过大声说出你所看到和感觉到的，来获得对它们含义的新理解。分享可能会加深你和这个人的连接。对方只需要听着就可以了，不需要解释或分析。他们的一些善意的帮助可能会影响你的学习，也可能让你感到不自在，并引发你和朋友的关系出现不健康的失衡。你的朋友不是用来"治疗"你的，只是一个富有同情心的见证人，见证你是谁，见证你发现了什么。

通常来说，第一次做这个实验就会出现一位智慧导师。而他带来的信息是启示性的。简被诊断出癌症已经转移，她被吓坏了。一只坚强的老鸟（它看起来像一只火鸡）来指导简，这只鸟提醒她，离开丈夫后，她生活得比以前更充实、更无所畏惧、更自由。"勇敢地生活吧，"这只鸟告诉她，"是时候走出你的舒适区，去帮助别人了。"

詹森是一名伊拉克老兵，他被悲伤击垮，被内疚折磨，看到蛇在他死去的伙伴的头骨里钻来钻去。在他询问他的智慧导师时，他最初的恐惧消失了。"为什么你会死？"他伤心地问他的朋友。答案马上就出现了："这样你就可以活下去，帮助其他人。"

一个 10 岁的男孩在科索沃战争中失去了他的兄弟和父亲，他意识到一条大狗是他的导师。"你可以在睡觉的时候抱紧我，这样你就可以睡着了。"他的智慧导师告诉他，"在学校考试期间，我会和你在一起。"

有时候，智慧导师意象能唤起整幅场面。塔拉——一所高中的高年级学生——曾遭性侵，她母亲指责她、贬低她。她在祖母家的门廊上找到了一个安全岛，那儿有熟悉的烤馅饼的味道。她的祖母——她的智慧导师坐在椅子上轻轻摇晃。祖母一如既往地梳着一个灰色的圆髻。她拥抱塔拉，对她说：

“你妈妈不知道如何做得更好。我为你感到骄傲。现在你要为你自己感到骄傲。我爱你。”塔拉哭着讲述这一切。

你总是可以从你的智慧导师那里得到帮助和安慰，有时候还能获得奇迹般的智慧。多年来，我与许多遭受严重创伤的人一起工作，他们被丧失感、羞耻感和内疚感所驱使，想要结束自己的生命。第一次见到自己的智慧导师后，他们得到了指导和安慰，找到了重生的方法和途径，不再试图自杀。

以下是 14 岁的艾哈迈德的经历。就他的年龄来说，艾哈迈德块头很大，就像其他超重男孩那样，他笨拙又害羞。他向我讲述了他在意象练习和其他身心技能方面的经历——尴尬中带着一些好奇。

他所在的学校位于加沙地区北部邻近以色列边境的一个地方，学校的一名教师建议艾哈迈德加入一个心身技能团体。这位老师很担心艾哈迈德，因为近几个月以来，他在上课时似乎一直在走神，无法回答那些以前从未难倒过他的问题。有时，他在课堂上会睡着。老师想，也许这个小组可以帮助他放松和集中注意力。

艾哈迈德对学习身心技能持怀疑和不安的态度。他认为他的问题远远超出了老师或带领这个小组的咨询师所能解决的范围。他知道他不会和任何人谈论他最大的问题。不过，他是个听话的孩子，不想引起注意。

艾哈迈德很惊讶地发现自己喜欢上了他在第一次小组学习中学到的软腹呼吸。这似乎帮助他睡得更好，睡得更久，并且在课堂上也不再坐立不安。他还认为，这将帮助他在完成他认为自己被召唤的“使命”时感到自信。自生训练和生物反馈也让他感到愉悦。ABT 向他展示了他对自主神经系统的控制能力。

几周的软腹呼吸和 ABT 练习，建立了艾哈迈德放松下来的可能性，并使他有足够的信心创建智慧导师意象。然而，他对出现的智慧导师们和他们的回答毫无准备。

艾哈迈德告诉我：“第一个出现的智慧导师是我的祖父，我非常爱他。他对我说‘艾哈迈德，你是个好孩子’。”我很高兴听他这么说，但我还想要更多的东西。

“然后，某部经书出现了。我听到了关于寻找和平的段落，那些段落我认为我从未读过。接着，它消失了。

“还有第三个智慧导师，是我最好的朋友。看到他，我很惊讶，也很高兴，因为他已经死了。三个月前，我和他在边境朝以色列的坦克扔石头，一名士兵开枪打死了他。他死在我的怀里，他的头枕着我的膝盖，到处都是血，他的脸一片苍白。

“从那时起——这是我第一次告诉别人——我每周都向以色列的坦克投掷石块一两次，我希望士兵们会杀了我，这样我可以像个烈士一样死去，和我的朋友在一起。

“而现在，我的朋友来了。他好像又活过来了。我问他我该怎么做，就像我问我的祖父和那本经书一样。他看着我说：‘艾哈迈德，不要向以色列的坦克扔石头。这不是向我致敬的方式，那不是你的使命。我希望你长大后成为一个好男人，一个强壮的男人，结婚生子。然后，当你老了，你会死去。那个时候我们会在天堂里重逢。’

“从两周前的一天开始，我就没有再向以色列的坦克扔过石头。”

记住，即便你身处痛苦、混乱和危险之中，你的想象力也可以创造安全舒适的地方。如你所见，如果我们放松并集中注意力，它可以把我们的惯性思维和行为放在一个更大的背景之中，用早已被遗忘而现在又复活的可能性成就我们，让我们得以瞥见新的真理，那光芒如同群星闪耀。

09

善待你的身体

……

创伤会让我们不由自主地与自己的身体保持距离。

爱护自己的身体，是走出创伤的必要环节。

……

创伤会给身体造成哪些影响

创伤造成了身体的对抗。即便在威胁过去很久之后[1]，创伤仍可能让我们持续陷入“战斗或逃跑”反应的循环中，导致体内应激激素泛滥，损害海马体和前额皮质细胞，而这些区域对记忆力、决策能力和同情心至关重要。创伤还会削弱我们的免疫系统，使我们更容易受到感染，甚至引发癌症。此外，创伤会干扰睡眠，并导致令人虚弱的疼痛综合征。

创伤可能迫使我们与被侵害的身体保持距离。头盖骨骨折后，莫伊拉像患有创伤性脑损伤的士兵一样，思想混乱、情绪失控、身体麻木。许多被强奸过的人回忆[2]，在一种下意识的状态下，感到自己离开了自己的身体，这种解离是自我保护的最后一搏。之后，他们还会常常感到麻木，身心解离。有时这些麻木的人也会“忘记”发生的事情[3]，用压抑来保护自己免受创伤事件记忆的伤害。

慢性压力是创伤最持久的后果[4]，它还会暴露出以前被隐藏的生理易损性。它会导致血压和心率升高到危险值[5]，并在小肠中造成缝隙[6]，释放促炎症蛋白质到身体的其他部位。慢性压力还会导致胰岛素抵抗[7]和Ⅱ型糖尿病，以及偏头痛[8]。

有时，我们出现的症状和疾病表明[9]，过去的创伤和现在的问题之间存在明确的因果关系：复发性尿路感染和骨盆疼痛在遭受过性虐待的女性中很常见，就像第十三章中的玛雅和莎莉。阿萨还是个婴儿时就从颈部摘除掉一个癌变，成年后，一旦要在公共场所说话，他就会“哽咽”或声音嘶哑。

很多时候，这种联系似乎是象征性的，而不是字面意义上的，但仍然非常真实。在生命早期感到被忽视[10]和被遗弃的幼儿，有的会在儿童时期患上哮喘，有的甚至在成年后失去亲人时患上哮喘。他们呼吸急促，呼哧呼哧地大口喘气，听起来就像是在哭泣着寻求帮助。艾玛在离婚期间（她并不想离）就会这样喘气，她是一位能力卓越的公司高管，也是一位忠诚的妻子和尽职尽责的母亲。

所有这些对身体的影响，可能会因为创伤对大脑关键区域造成的损害而加剧，比如内侧前额皮质，它帮助我们留意身体正在发生的事情。创伤会让身体处于危险的失控状态，导致我们对正在发生的事情毫无头绪又无能为力。

如果我们想要治愈创伤可能带来的身体伤害，重新平衡因压力而紊乱的生理机能，并恢复身体状态，首先必须和我们的身体交朋友。这可能是一个渐进的过程，尤其如果你遭受过身体虐待、性虐待或患有令人痛苦的慢性疾病，就更需要对身体心怀敬意。我们在“摇摆舞动”一章开始了这项工作。现在，在“善待身体”这一章中，我们将更全面地讨论如何与自己的身体交朋友。

如何安抚身体，治愈自己

以下一些方法可以用来启动这个进程。

沐浴

就消除创伤和重建我们对自己身体的欣赏而言，沐浴是历经考验的传统方法[11]。原住民医治者经常用它来净化战士因受伤、杀害他人或者失去战友而导致的身心创伤。况且，洗澡的确可以让我们感到舒适和清洁。

长时间的热水淋浴固然很好，但正念沐浴更佳：慢慢地、心怀感激地在热水中浸泡 20 ~ 40 分钟，也许还可以再加上四五百克能放松肌肉的含镁的泻盐。舒缓和提神的精油，如薰衣草（在浴缸中滴 20 ~ 30 滴），也可以增强这种体验。

对 80 岁高龄的莎伦而言，洗澡是她每天的救星。洗澡给了她一个机会，让她再次认识自己的身体——由伤痛和疾病带来了失望、痛苦。当她用海绵擦拭那些给她带来麻烦的身体部位时，她会对它们说一些甜蜜的话语。“谢谢你，亲爱的腿。我知道我有时会因为肿痛而对你大喊大叫，但我依靠你帮我走下楼梯，在花园里干活。”

“这感觉有点儿傻乎乎的，”她坦白道，“但我从来不觉得自我憎恨有什么用。我的腿很享受洗澡，这让我很开心。”

解毒

顾名思义，有毒物质就是对我们有害的物质。身处压力之下[12]，大脑和消化道内有益细菌（微生物群）更容易受到有毒物质的攻击，它们还会过度消耗肝脏的解毒功能。

在下一章中，我将给大家介绍创伤食疗方案，它能大大减少环境毒素给身体带来的负担，也会大大增强你的排毒能力，提高你的生理和心理适应性。不过，你还可以采取一些其他简单的步骤来避免和清除毒素。

铝广泛分布于自然界，人们用它制造加工食品，以及抗酸剂和香体剂。大量摄入会毒害身体。有关铝损害大脑功能的研究尚未有统一的结论。一些研究人员发现[13]，铝含量与阿尔茨海默病之间有着高度相关；另一些研究人员则指出，两者之间并没有明确的因果关系。不过，使用铝制厨具并没有什么好处，可改用铸铁、搪瓷或不锈钢制品。

如果采用创伤食疗方案，自然就会减少加工食品中铝的摄入。一般你也不太可能需要铝含量很高的抗酸剂；至于含铝香体剂，当然也能找到替代品。事实上，如果你一直采用创伤食疗，你可能会发现你不再需要任何香体剂。

塑料。远离罐头食品，不要把食物放在塑料容器里。塑料制品（包括易拉罐内部的塑料）含有的双酚 A 能阻断神经细胞信号[14]，并可能损害精神和情绪功能。

有关排毒的其他一些提示

· 记住要深呼吸。肺是重要的排毒器官。缓慢的深呼吸会降低我们的压力水平，从而促进消化，让胃肠排毒更加有效。

· 运动到出汗。我们很快就会讨论到锻炼对排毒很有好处，桑拿浴也不错。我们的皮肤是解毒的重要器官。

· 多喝水。[15]把你的体重（磅数）除以2，就得到了你每天所需饮用水的盎司数（不包括果汁、茶和咖啡）。

· 在水龙头上加一个过滤器。[16]这样你就可以消除饮用水中高浓度的氯和任何对大脑有害的重金属，比如铅。

关于姿势

冒着听起来像你母亲的风险，让我邀请你站直，不是像哨兵那样，而是放松，膝盖稍微弯曲，抬起头，下巴与地面平行，肩膀轻松地向后伸展，慢慢地开始软腹呼吸。

虽然这么做并非出于审美的考虑，但你的确会看起来更优雅。我们所承受着的压力、沮丧、内疚或羞愧，压得我们弯腰驼背，只能浅浅地呼吸到胸腔，而不是深入到腹部。如果你采用了这种颓丧的姿势——我建议你现在试试，这样你就会知道我在说什么——你可能会感到有点儿沮丧和疲惫。笔直站立让你更有力量感，更警觉敏锐，对自己也更有信心。它能振奋你的精神和头脑。也许你需要一点儿努力去克服让你消沉的紧张和悲伤，然后改掉坏的姿势习惯。这值得一试。

如果你需要一些鼓励[17]，可以阅读一些近期关于姿势对态度和情绪的影响的研究，特别是来自新西兰的一项研究，它描述了良好的姿势如何改善人们抑郁的情绪和提高活力。

按摩和抚触

按摩是释放紧张和改善情绪的好方法，还可以重新体验到抚触的好处。有关按摩对缓解焦虑、抑郁和身体疼痛的科学文献十分丰富[18]，其中包括迈阿密大学研究员蒂芙尼·菲尔德的开创性研究。如果你害怕抚触，这项研究可以让你安心。

与遭受性侵犯的少女、少年犯、患有慢性疾病的成年人及遭受酷刑的人打交道的经验告诉我，按摩和其他形式的治疗性抚触具有巨大的修复能力。我和我的同事们还在美国的学校、妇女团体和难民营里教经历创伤的儿童和成人给他人按摩。我们看到了这种仁慈和慷慨的触摸是如何治愈给予者和接受者的。

运动和锻炼

我们所有人都可以动起来。即便是那些坐在轮椅和躺在病床上的人，也能从温和的拉伸、坐着或水平的摇摆舞动中感受到新的活力。而运动[19]，特别是精心设计的满足个人需要和偏好的个性化运动，能给你的创伤治疗带来广泛的身心益处。

即使你已经卧病在床、身心俱损，你也可以像身患癌症的参议员夫人多萝西一样，学着享受动起来的乐趣。经过一番颇有说服力的抗议之后，她开始步行半个街区到街角，然后逐渐增加每天的活动范围。

在克服上床躺下的诱惑后，多萝西感到自己更加机敏能干。在随手关上前门的那一刻，她感到精力更加充沛。随着每一次脚步令人满意地落在人行道上，一种成就感——甚至，她不得不承认是一种力量感——贯穿全身。

有一段时间，她会在白天闲暇时运动 10 ~ 15 分钟，后来她越来越喜欢这么做了，于是每天早上运动三四十分钟。

多萝茜享受秋天清新的空气，树木投在街道上的影子，鸟儿的叫声，孩子们上学的嬉笑打闹声。几个月后多萝茜告诉我：“你知道吗，它改变了我。我感觉更强壮，更有活力了，我不得不承认，我的心情更好了。而且，我也感觉到了自己。我从来没有为自己、为自己的身体花过这么多的时间，也从来没有遇到过属于我自己的挑战。”

有氧运动

有氧运动能增加被创伤耗竭的激素，比如多巴胺、血清素和内啡肽，它们有缓解压力、塑造心理适应性的作用。一些很有分量的临床研究表明[20]，各种有氧运动——包括慢跑、游泳和多萝西最终决定进行的快走——可以增加脑源性神经营养因子。该物质刺激新脑细胞的产生，改善海马体的功能，而海马体能调节创伤产生的压力。

临床试验也表明运动可以直接解决注意力不集中、疲劳、焦虑和抑郁问题。[21] 一项针对退伍女兵的有趣研究显示[22]，经过为期 12 周（每周 4 天，每天 30 ~ 40 分钟）的快速步行后，女兵的创伤后应激障碍症状有了显著改善。

最近对哈他瑜伽的体位法和瑜伽调息法的呼吸技巧的科学研究一再证明[23、24]，它们能改善创伤后应激障碍症状。中国的气功和太极有类似的益处。[25]

至于锻炼，我们不断发现它可以有效地预防和治疗创伤及慢性压力之后可能出现的各类慢性疾病[26]，比如心脏病、癌症、Ⅱ型糖尿病、关节炎和慢性疼痛等。

各种形式的锻炼都可以提升我们对身体的控制力，以及对身体的信心和愉悦感。对于许多像多萝西和莎伦这样的人来说，锻炼成为治愈创伤的强大的发动机，莎伦把她每天 20 分钟的伸展运动称为“我的信仰”。

正念锻炼

正念行走是一种愉快、健康的运动[27]，它能给你的生活带来更多的觉察和感激。佛教徒已经修行了好几个世纪。

它也很简单。以正常速度的四分之一缓慢行走。一边走路，一边留意你的想法、感受和感觉，并自言自语地说出来。例如，“脚落在地上……树上的树皮很有趣……感到阳光照在脸上……想到了我那虐待我的丈夫……我想知道为什么我要想起他来破坏这美好的一天……深呼吸。”

乔治敦大学医学院的一年级学生们常常对正念步行 20 分钟后的结果感到惊讶。“我从来不知道那个地方有一棵树。”其中一个说。“我以前从未见过那座雕像。”另一个人补充道。这些年轻人在这片土地上走过千百次，但他们不得不承认，“我从来不知道那座建筑在那里”。

可以用正念的方式慢跑、打网球、做瑜伽、打太极。珍娜——一位在童年遭受过性虐待的法庭书记员发现，正念举重——慢慢地举重，伴随着深呼吸，欣赏自己每一盎司的努力——缓解了她的紧张，释放了创伤带来的愤怒感，让她能以一种全新的目光审视自己的生活。每次治疗结束后，她都会感到轻松，身体舒畅，很少被愤怒、内疚和羞愧所控制。不祥的截止日期变得可控制。过去那些用语言性骚扰她的法官和律师让她感到害怕，现在他们看起来很可怜。过去，她只能默默隐忍，现在她敢谴责他们。

在照料自己身体的时候，再一次喊出我们的口号：个性化和独特性。我从来没有想到洗澡或伸展运动对莎伦如此重要，走路会给多萝西带来如此多的快乐，而珍娜会通过正念举重获得解脱。

研究表明，瑜伽能缓解创伤后遗症——的确如此，但如果你每次一想到要躺在垫子上就心生畏惧，那就没什么用了。找到一种适合你的运动方式，然后，练习，练习，再练习。

以任何你觉得舒服的方式开始，也许每天 10 分钟、15 分钟或者 20 分钟，或者一周运动三到四次，每次 30 ~ 40 分钟。逐渐增加时间。人类进化成狩猎—采集者，需要每日不断地弯腰、举起、搬运——当然，还有到处行走。这意味着我们的基因欢迎运动带来的刺激。[28] 有趣且重要的是，年龄越大，越能从运动中受益。

捶打枕头

正如你可能已经发现的，语言虽有效，但并不总能把我们从未表达的情感束缚中彻底解放出来。就像被桎梏的思想和被抑制的情感，比如恐惧和愤怒会使我们的肌肉打结。有时候，体力付出是松开这些结节和解放自己的最可靠的方法。

长期以来，捶打枕头一直是以身体为导向的心理疗法的一部分，它很简单——可能看起来很简单，也很奇怪——但很有效。如果你神经紧张、沮丧，或者心有怨恨、自怨自艾，那么你就是这个实验的最佳人选。如果你的肩膀很容易脱臼，或者你的上背部、头部或颈部有严重的损伤，那么它就不适合你。否则，你可以开始了。

方法如下。

在家中找一个没有人会打扰你的地方，你可以关上门，这样你发出的任何声音都不会打扰到你的家人。如果有人和你同在家中，你应该让他们知道，你发出的任何噪声都是无害的，他们不必担心。

现在跪在一堆枕头前（不是你睡觉用的枕头）。握拳，把手臂举过头顶。弯腰，把你的手臂和拳头尽可能用力地捶在枕头上。一遍又一遍，把你的整个身体，你的整个生命都投入进来，边捶边喊。计划好时间，这样捶打 5 分钟，并确保之后有时间休息。

一开始你可能会抗拒。一旦你开始了，你将不得不付出相当大的决心及努力继续下去。如果情绪上升缓慢，你甚至可能会感到更沮丧。没关系。继续用力，把情绪发泄在枕头上。

也许在某个时刻，你会开始有感觉。一开始可能只是对做这个实验感到愤怒，你的挫败感可能会增加。“我为什么要这么做？”继续捶打。一旦情绪开始爆发，只要你不强迫它回落，它就会一直来。继续加大捶打力度和速度，不管出现什么——愤怒、恐惧或疲劳——继续捶打。你可能会流泪，仍然继续。

你可能会感到失控。没关系，很好。你没有伤害任何人。你正在解开你身体的束缚，一拳一拳地释放你的思想。你瞬间的失控为你打开一扇门，让你更了解自己。

之后，你可能会很累，也许筋疲力尽，但也会很放松，精神焕发，甚至会因为新获得的自由而感到快乐。现在花点儿时间，坐着或躺着，深呼吸，让感受和想法不断涌现。把发生的事写在日记里。

我建议你每天都捶打枕头，直到你的愤怒、怨恨和恐惧烟消云散。这些年来，我已经捶打枕头很多次，我总是在极不情愿中开始，在感激中结束。

停下来，正念进食

吃，当然是生命必不可少的一部分。它是对味觉的款待，是与其他就餐者交流的机会，它给人精神上的喜悦。当然这也是一种基本的生理功能。创伤以各种方式扭曲和破坏了我们与食物的关系[29]，紊乱消化系统，损坏身体、情感和精神功能，而这些功能都取决于我们吃什么和怎么吃。

在下一章，我会提供创伤食疗方案，包括吃哪些食物、不吃哪些食物及原因，还有有关香料、药草和补品的资料。不过，首先我想给你创伤食疗的“秘密武器”，它在让你的身体恢复健康的同时，让你的精神恢复愉悦，家庭也重新变得和睦。如果大量使用，它将把你的健康饮食从一个乏味的任务变成一个美味的庆祝。

这个秘密武器，其实也不是什么秘密，它就是正念：对购买、准备和进食有关的每个活动都变得更有意识，也更敏感。正念进食会让你更清楚地分辨哪些是你出于习惯而做出的食物选择，哪些是商业诱惑促使你做出的选择，以及促使你做出这些选择的情感和联想。随着时间的推移，正念会帮助你在选择和准备食物时更独立、更有想象力、更有技巧、更快乐。你会发现哪些食物才是真正的美味。你会对各类食物对身体和精神的影响更加敏感。正念也能使即将与你分享的关于创伤治疗的食物和营养学知识更加实际和个性化。正念会使你所吃的食物、药草和香料的治愈能力得到增强。

你需要 15 分钟来做这个正念实验，完成这次品尝。

首先，把一颗葡萄，或者四分之一大小的香蕉或苹果放在一个盘子里，再在旁边放一块巧克力（黑巧克力更有营养，是更好的选择）。

现在，闭上眼睛，做软腹呼吸。鼻子吸气，嘴巴呼气，保持腹部的柔软放松。坚持 2 ~ 3 分钟。感觉你的身体和所有的肌肉在每次呼气时放松了下来。留意你的想法、感受和感觉。让它们来，让它们走。将你的注意力轻轻拉回到你的呼吸上。很快，你就会感到更放松，也更机敏。你会更有效地利用你所有的感官和你的想象力。

现在，睁开眼睛，看看盘子里有什么。注意你的想法。你更喜欢水果还是巧克力？当你选择其中一个时，会有什么记忆浮现？你将在盘子上看到的东西是否会引起担忧——例如，对“健康水果”和“罪恶的巧克力”的固有偏见或偏好？

现在，慢慢地，有意识地，拿起你最感兴趣的那个……把它拿在手里……感觉它的纹理。把它拿近一些，这样你可以看到它所有的表面细节……闻一闻，或者用它触摸你的脸和嘴唇……体会这是什么感觉。有没有任何想法、记忆或情绪出现？

现在，闭上眼睛，把水果或巧克力放进嘴里。但不要咬下去。什么感觉？你的嘴里发生了什么？味道和质地是怎样的？用舌头卷起它，和它玩一两分钟，慢慢地感受它。

开始咀嚼它……慢慢地，慢慢地——以你平常速度的五分之一或十分之一。继续咀嚼几分钟，慢慢地，兴趣盎然地注意所有的味道、质地和声音，留意你正在咀嚼的东西与过去、现在和未来有关的任何东西所产生的感受和想法。

慢慢吞咽，感觉被彻底咀嚼或融化的食物从口腔后部滑到喉咙里。咀嚼，直到所有的水果或巧克力从你的嘴里消失。

现在睁开你的眼睛，在你的日记里写下在这段经历中发生的一切。你为什么选择这个食物？它的气味、感觉、质地和味道是怎样的？味道是如何改变或保持不变的？描述所有出现的想法和记忆。整个经历是怎样的？它和你平时吃东西的方式有什么不同？你学到了什么？

结果往往令人大开眼界，有时令人大吃一惊。反复几次，人们就会发现对自己所吃食物的品味、欣赏真是少得可怜，而自己平常吃得又很快，有时甚至没有意识到自己在吃东西。许多经历过创伤的人开始意识到焦虑会加速他们的进食，并剥夺他们全部的快乐。有的人只是对这种体验到的快乐感到惊讶。

我永远记得在海地的一次培训中，一个身材高大的人站起来，用一小块香蕉分享他的经验。“我是在香蕉农场长大的，”他说，“我们家的农场有 24 种香蕉。从我出生到现在，60 岁了，我每天都吃香蕉，早餐、午餐和晚餐，零食也是香蕉。但我此前从来没有吃过香蕉。”说到这里，他突然咧开嘴笑了起来。

为了确保你已经掌握正念进食的内容，并从中获得最大的益处，隔一两天再做一次这个实验。另外，花点儿时间用心地、慢慢地、安静地、不分心地吃一顿饭。如果你和别人一起吃饭，邀请他们和你一起做实验。

你将开始摆脱旧习惯和食品制造商广告宣传的影响。你会重新注意到加工类食品上的标签，你可能会开始拒绝含有多种色素、调味品和防腐剂的食品，开始选择那些看起来很好、有益健康、味道也不错的食物。

在印第安纳州最大的社会保障医院系统埃斯肯纳茨健康中心（Eskenazi Health），我们以你正在学习的自我照料计划培训300名员工，他们中的许多人之后会再去教别人。他们已经开始用惊奇的口吻谈论正念进食给他们带来的变化。每次我回来，他们——医生、治疗师、保安——都拿出腰带给我看新的腰围。他们还告诉我，他们已经减掉几十磅的体重，发现了新的食物，药量减少或停用某些药物，感到了自己的活力。他们的胃现在能发出信号，告诉他们什么时候吃饱了，而他们会倾听这些信号。在用餐后，他们有一种平静的感觉。正念进食所带来的乐趣和他们在这个练习上的成功，鼓励他们坚持软腹呼吸、摇摆舞动甚至一个全面的自我照料计划。

在我们把这个项目引入埃斯肯纳茨之前，埃斯肯纳茨的4500名员工的医疗成本每年要增长5%；在纳入我们的方法之后，医疗成本只增加了1%。

埃斯肯纳茨健康中心的员工不需要金钱激励，也不需要叮嘱，所需要的只是在下一章中我向你提供的一些基本信息，以及对正念饮食的承诺。

就像埃斯肯纳茨健康中心的员工一样，你可以把正念带入你与食物关系的每个方面。欣赏切菜和装饰的过程，享受煎炸时的声音，选择从未用过的香料，创造和欣赏食物颜色、味道和质地之间的新平衡，准备食物的过程也会变得很有趣。

如果有时你发现自己吃得很快，忘记了品尝，不要责备自己。这种情况每个人都会遇到。做几次深呼吸，慢下来，去意识是什么让你离开了正念状态，是担心工作，还是餐桌上令人厌烦的谈话或者是一种让你想起过去创伤的语气？再做几次深呼吸，带着友好的愉悦回到你的食物中。

正念饮食不仅会改变你的食物结构和进食方法，改变你的体重和压力水平，有时甚至会改变你的世界。当我和孩子们谈论身心技能时，我会问他们最喜欢哪一种。2015 年，就在一次战争结束后不久，我向一个家被炸弹摧毁了的 8 岁的加沙女孩问了这个问题。她抬头看着我，确认我是否真的想听她的回答，然后咧嘴一笑。

“正念进食。”她说。

“为什么？”我问道，既惊讶又好奇。孩子们通常更喜欢软腹呼吸、摇摆舞动或者画画。

“因为，”她热情洋溢地继续说道，“当我们在团体里做正念进食的那天，东西吃起来非常美味。我回家以后，妈妈做的食物吃起来的味道也好多了。然后，我教全家做正念进食。”她张开双臂表示“全家”是一个很大的数字。

“他们也更喜欢食物了，”她停顿了一下，喘了口气，“而且，最棒的是，现在平静多了。战后，我的母亲总是很害怕，我的父亲神经非常紧张，常常生气。每顿晚餐都像一场小小的战争。但是自从正念进食之后，每个人都吃得很慢很慢，也更享受食物，我们对彼此都比从前友好了，不仅仅是在晚餐的时候。这就是为什么我喜欢正念进食。”

10

创伤食疗：改善情绪的饮食方式

选择自己的健康食物，利用饮食疗法，让你通过吃，变得快乐。

关于饮食疗法

关于创伤的书籍，即便是最好的书籍，也很少或根本没有提到创伤和慢性压力对消化道所造成的伤害，以及这些伤害又如何加重创伤对我们的思想、大脑和身体其他部分造成的伤害。很少有创伤领域的治疗师会给经历过创伤的来访者提供营养方面的指导，或者转介给营养师。这是严重的甚至是危险的疏忽。

本书第二章曾谈到创伤所造成的伤害。

这一章将告诉你需要知道用什么来逆转伤害并疗愈自己。它填补了这个领域的空白。

这一章读起来很容易，用起来也很简单，但它很长，到目前为止是本书最长的一章。这是因为我们吃的每样东西，都可以增强或阻碍创伤治疗。我想让你知道哪些食物对你最好，以及它们为什么对你最好。这样，当你在家里选择、准备食物或在餐馆点餐时，你就会清楚哪些食物有益于你的健康。

这些知识将提高你选择食物的质量，并最大限度地发挥这些食物的治疗潜力。

在阅读这一章之前，你可以快速回顾第二章的内容。这将提醒你创伤对消化系统的损害，并加深你对创伤食疗如何逆转损害的理解。

远离慰藉食物，帮助你减轻压力

这个创伤食疗方案旨在显著降低创伤造成的压力水平，并帮助逆转创伤可能对大脑、肠道和身体其他部位造成的损害。它可以改善你的消化能力，镇定你的心灵，平衡你的神经递质，并促进脑源性神经营养因子的分泌。

以创伤治疗的方式进食将逆转创伤引起的炎症[1]，并滋养你的微生物群。它会让你远离我在第二章中描述的慰藉食物上瘾状况[2]，并帮你减轻因压力饮食可能增加的体重。它会改善你的情绪[3]和思维方式，减少过去的创伤记忆带来的易感性，增加你面对当前和未来压力的心理适应性。坚持创伤食疗对预防创伤后经常出现的慢性疾病大有裨益。[4]

如果你一直在用慰藉食物进行自我治疗，健康饮食的最初几天可能会很困难。远离慰藉食物可能会让你感到疲惫和暴躁。[5]然而，五六天后，你的肠道会平静下来，便秘或腹泻的症状可能会消退。你会更专注，精力更充沛，焦虑烦躁的情况逐渐减少，入睡变得更容易。这些改变会强化你的动机，使得你能继续坚持创伤食疗方案。

以下是创伤食疗的基本规则，它们很简单，可以把它们当作菜谱的指导方针。慢慢地阅读和消化它们。一次又一次地重温它们，享受它们，让它们滋养你。

如果你偶尔偏离轨道，选择了一些不利于健康的食物，不要花太多时间责怪自己。做一些缓慢、深沉的软腹呼吸。弄清楚为什么会发生这样的事情。当你准备好后，继续开始。

吃天然食物

食物在加工过程中会失去重要的营养成分和大部分的营养纤维[6]，同时也被有毒的化学物质所污染——防腐剂、色素和调味品，这些物质吸引我们的眼睛，诱惑我们的味蕾，延长食物保质期，增加制造商的利润，却损害了我们的健康。

例如，研磨和漂白面粉会破坏小麦的细胞壁[7]，产生一种脱细胞的白色粉状碳水化合物，它会增加压力、刺激胰岛素需求、堆积脂肪，并且使小麦损失原有营养。(听起来不是很好，是不是？)精制面粉还可能会干扰瘦素[8]——一种由脂肪细胞产生的激素，它告诉大脑我们已经吃饱了，该停止进食了。

正如我们在第二章中所讨论的，最终你得到的只是慰藉食物的无营养热量。慰藉食物，比如苏打水、通心粉和奶酪，会让我们在一段时间内感觉舒适，给我们提供糖分和让人感觉良好的多巴胺和血清素，降低我们的皮质醇。但它们很快就会成为“不舒服”的食物，增加我们的压力，消耗多巴胺和血清素，增加皮质醇，干扰大脑和身体其他部位的创伤恢复。

一项又一项的研究表明[9]，各种各样的天然食物都更符合我们的遗传规划，可以逆转创伤，减少压力，预防和治疗慢性疾病，并延长寿命。

让不含淀粉的蔬菜成为你饮食的主要组成部分

这里有各种各样令人惊奇的、色彩丰富的有益健康的蔬菜，它们的口味和质地各有特点。请想象一下我所列出的每一种食物，回想一下它的样子、质地和味道：四季豆、西红柿、绿叶蔬菜、南瓜、洋葱、豌豆、黄瓜、芦笋、洋蓟、西蓝花、花椰菜、蘑菇。

它们都含抗氧化剂[10]，可以抵消压力带来的影响；还含有可溶性纤维，可以为微生物群提供有益细菌，保持大便通畅。它们的血糖指数都很低[11]，这意味着它们分解为糖的过程很缓慢，能为我们的细胞提供营养，减少而不是增加压力带来的负担。

每种蔬菜都含有植物养分或植物营养素[12]，对创伤恢复有特殊的好处。例如，许多种类的蘑菇[13]都可以强化我们被压力消耗殆尽的免疫反应；十字花科蔬菜，如花椰菜和西蓝花，可以改善肝脏排毒系统。确保不含淀粉的蔬菜——蒸、炒或生吃——占你日常饮食的30% ~ 50%。

含有淀粉的蔬菜

红薯是一种富含抗氧化剂和植物营养素的淀粉类蔬菜，是土豆、意大利面和米饭的理想替代品。以紫薯作为主要淀粉来源的冲绳人[14]，比其他依赖大米的日本居民活得更久、更健康。

玉米和豌豆[15]——常被贬低为“不过是淀粉”——实际上营养丰富，有益健康。土豆也是一样[16]，只要你不把它们煮得太熟，并且要连着皮一起吃，因为它们的皮富含营养和纤维。

土豆的主要问题是准备工作。烹饪过久的土豆（捣碎或烘烤）会损耗它们的营养，增加糖分。

不过，如果土豆烹饪后冷却，你会得到更多抗性（难以消化）淀粉，滋养你的微生物群。

炸薯片和炸薯条[17]含有 ω-6 油，大量的 ω-6 油会导致炎症。油炸也会产生丙烯酰胺（一种致癌物质）。[18]如果你真的想吃薯条或薯片，拿一小份，慢慢地、用正念方法吃，彻底地享受它们。我最近学会了这样做，我的一些朋友也跟我学会了。

松脆的生土豆不仅很好吃，还可以填饱肚子。你可以把它们磨碎，用柠檬、盐、胡椒、烹饪香草和香料调味，然后把它们放在沙拉里。

水果

水果含糖量高，但如果适量食用，对肠胃和大脑都有好处。水果含有多种植物营养素[19]，可以帮助逆转氧化应激和创伤引起的创伤。我喜欢浆果，尤其是蓝莓[20]，它是我们微生物群落中友好细菌超级喜欢的食物。

因为水果含糖，我建议少喝果汁——每天 8 盎司或 10 盎司的水中只占 1 盎司或 2 盎司果汁即可；只吃少量的干果，因为干果含有高度浓缩的糖分。可以用一点点杏子、枣或无花果，作为一种特殊的甜食。

你也可以用水果、坚果和香料来改变沙拉的口味，或者在烹饪时加入各种蛋白质。

谷物

谷物养活了地球上的许多人口。然而，它们也可能带来问题[21]，尤其如果你的肠道饱受创伤或长期压力之苦。

这是有道理的：在我们人类长达数百万年的饮食史中，各种谷物的出现有一万三千年的历史，而我们并没有很好地适应它们。谷蛋白含量高的谷物问题最多。谷蛋白是一类蛋白质的总称，使面包具有烘焙师喜欢的黏性和食客喜欢的耐嚼质地。特别是小麦，被培育成富含谷蛋白的谷类，人们不仅用它制作面包和蛋糕，还会把它添加在许多加工食品中。

患有乳糜泻的人[22]——大概每一百个人中就有一个——对谷蛋白有剧烈而有害的免疫反应。患有乳糜泻的人吃了哪怕是最少量的谷蛋白，也可能会经历腹胀、便秘或腹泻，以及肚子痛。如果你有这些症状，让你的医生检查你是否患有乳糜泻。你可以通过血液测试和小肠活检来确诊乳糜泻。

但不仅仅是乳糜泻患者对谷蛋白非常敏感。大约 6% 的美国人患有麸质敏感性[23]（NCGS），这是一种没有明确活检图像的肠道免疫反应。被 NCGS 刺激的细胞因子，即免疫细胞，会在肠道中产生类似乳糜泻的症状。它们还会破坏肠壁。[24]随后，谷蛋白颗粒可能会进入血液，引发身体各处的炎症反应，它们可能导致抑郁、焦虑和认知功能下降。

对于没有乳糜泻或非 NCGS 的人来说，谷蛋白也会增加压力对肠道的损害。如果我们曾经历过创伤，食用的谷蛋白可能会通过肠壁中因高压力造成的“渗漏”[25]，增加我们身体各个部位的炎症，包括我们的大脑。

最基本的要求是，在解决创伤和减轻压力时，远离谷蛋白，至少几个月。

许多遭受过精神创伤的人停止吃谷蛋白后——甚至是那些没有任何消化症状的人——发现自己更有活力、头脑更清晰，也更快乐了。如果几个月后，你想恢复吃谷蛋白，注意你身体的反应。如果你在吃了两片面包或一顿意大利面后感觉良好，你可以安全地食用含有谷蛋白的食物，但要适量。如果你感到反应迟钝或焦虑、关节疼痛、脚踝或身体其他部位肿胀，请医生检查你是否对谷蛋白敏感。

如果你需要放弃谷蛋白，不要沮丧。你可以食用许多非谷蛋白谷物和类似谷物，比如过去人们长期食用的一些美味，像苋菜、荞麦、野生稻米、藜麦，以及糙米和白米。现在市面上有大量的非谷蛋白食品可供选择，包括意大利面、面包和比萨皮也有非谷蛋白类的，这些都相当不错。经认证为无谷蛋白的燕麦也可以用于面包和燕麦片。

有机食物

有机食物肯定更有益于你的健康。许多研究表明[26]，有机食品的致癌性更低。而且，许多作用于植物的杀虫剂和除草剂可能会对我们的大脑、情绪和思维过程产生负面影响。[27]

然而，有机水果、蔬菜和谷物可能很贵。如果你使用美国环境工作组（Environmental Working Group，EWG）制定的指导方针，你可以在冒着健康风险的同时扩大你的食品预算，那么EWG强烈建议[28]把购买有机食品的钱花在“需要小心的12类”上，现在扩展到“需要小心的15类”，即含杀虫剂最多的水果和蔬菜。另外，你可以放心地吃“15种清洁果蔬”，虽然它们并非有机作物，但它们的有毒化学物质成分较少。下面附上EWG的图表，供你参考。你可以复印这张表格，放在你的包里。

清洁的15类	需要小心的15类
牛油果	苹果
甜玉米	草莓
菠萝	葡萄
卷心菜	芹菜
甜豌豆（冷冻）	桃子
洋葱	菠菜
芦笋	甜椒
杧果	油桃（进口）
猕猴桃	黄瓜
茄子	圣女果
葡萄柚	豌豆（进口）
哈密瓜	土豆
花椰菜	红辣椒
红薯	蓝莓（国产）
木瓜	莴笋

重新排列你的蛋白质顺序

植物蛋白

把菜豆和其他豆科植物（扁豆、鹰嘴豆和大豆）作为你饮食的基础部分。[29] 许多传统社会都这样做。豆类血糖指数低，富含维生素、矿物质和纤维。用盐、孜然和生姜浸泡一夜，会更容易消化。在烹饪时加入炒过的洋葱和大蒜，就像印度人经常做的那样，这会让它们更美味、更健康。

种子和坚果是极佳的蛋白质来源，富含大脑健康所需的脂肪（我将稍后详细介绍）。核桃、美洲山核桃、巴西坚果、杏仁，还有南瓜子、芝麻和葵花籽，都特别有营养。[30] 每一种都有其独特的营养价值（核桃中富含的 Ω–3 脂肪酸、巴西坚果中的硒、南瓜子中的锌等）。你可以自由搭配，经常食用。它们可以为水果、蔬菜和动物蛋白菜肴增添美味和健康。

鱼：最佳动物蛋白选择

鱼类富含抗炎的 Ω–3 脂肪酸 [31]，它是构成脑细胞膜的重要成分，优化细胞间的电信号传输，提升心理适应性和改善情绪。研究发现，鱼吃得越多，患抑郁症的可能性就越小。一项激动人心的实验表明 [32]，鱼体内富含的 Ω–3 脂肪酸，可以显著地减轻创伤事件后的压力。

小型鱼体内含有汞和其他重金属的可能性要小得多 [33]，这些重金属会毒害大脑，抑制创伤疗愈。凤尾鱼、沙丁鱼和鲱鱼是你最好的选择。鲑鱼、鲭鱼、鳕鱼和虹鳟鱼也不错。

海鲜，包括虾、贻贝、蛤蜊和牡蛎是蛋白质、维生素 B_{12} 和镁、锌等矿物质的重要来源 [34]，有益大脑健康。贻贝在口感和健康方面的作用一直被人们低估，而且它还有一个优点就是价格便宜。

鸡蛋

鸡蛋一直被错误对待，名声不太好。[35] 但事实证明，它所包含的胆固醇，以及通常饮食中的胆固醇不太可能是心脏病的风险因素。另外，鸡蛋富含氨基酸，而氨基酸是构成人体蛋白质的基石。

如果你能负担得起稍高的价格，请确保你买的鸡蛋是“散养”的——生蛋的鸡可以自由活动，没有被关在笼子里喂食谷物、激素和抗生素。你可以看看鸡蛋上有没有“人道认证”和“动物福利认证”标签。

你也可以自己养鸡（我已经养了 10 年的鸡）。这样的鸡蛋很好吃，给人的感觉和在商店买的鸡蛋完全不同。寻找、发现并吃掉鸡藏起来的蛋，还会让人体会到真正的满足感。了解鸡独特的习性也会带来很多乐趣，晚上赶它们回鸡舍的过程，可以说是一项有些傻气但又其乐无穷的运动。

肉类

有条件的时候，我们以狩猎采集为生的祖先会吃肉[36]，我指的是野生动物的肉（动物直到一万至一万五千年前才被驯养），这些肉脂肪含量低（野生动物总是在运动），当然也没有激素、化学物质和抗生素——而这些东西使现代饲养的牛、猪、羊和鸡变得肥硕，同时也污染了它们。

野生动物肉的脂肪成分与我们的遗传规划和健康需求相吻合[37]：促炎 Ω-6 脂肪酸与抗炎 Ω-3 脂肪酸的比例为 3 ∶ 1，而不是我们在现代牛肉中发现的 10 ∶ 1，这是很危险的比例。现代肉类还含有饱和脂肪[38]，这些脂肪违背我们的遗传规划，滋养肠道中的有害细菌，产生毒素，导致肠道渗漏，大大增加了我们本来就有的压力。

用草或有机饲料喂养的猪、牛、羊和散养的鸡的肉的脂肪含量会少得多，Ω-6 脂肪酸和 Ω-3 脂肪酸的比例也会更接近我们的基因所能承受的水平，而且不含化学物质[39]、抗生素和激素这些对我们有毒的物质。而且，动物被杀死前会释放出大量的压力激素，如果散养它们[40]，并以人道的方式迅速杀死它们，那么食用这种肉类就不会增加你的压力。

与其让吃肉成为一种习惯，不如让它成为一种享受。少吃肉可以改善你体内微生物的平衡和健康，减少身体中促炎 Ω-6 脂肪酸的负担，对你的整体健康有帮助。减少肉类摄入量，能降低各种慢性疾病（如抑郁症、心脏病、癌症和糖尿病）的发病率。而且，你可能会更享受你吃到的肉。如果你决定不吃肉，你可以从豆类、种子、坚果、鸡蛋和奶制品中获得所需的蛋白质。

脂肪

选择脂肪和食用油时要慎重，它们可以成为治疗创伤的强大盟友。橄榄油，一种健康的单不饱和脂肪，是我做饭和沙拉的首选。它是地中海饮食中的主要食材[41]，多次被证明有助于预防抑郁和炎症，以及心脏病和中风。特级初榨橄榄油[42]——第一次冷压得到的橄榄油——对健康最为有益。它也可以用作味道浓烈的黄油的替代品。

其他健康的油类包括椰子油[43]（一种饱和脂肪）、核桃油、牛油果油和芝麻油。[44]芝麻油烤出的面包味道很好，也可以单独或与其他油一起少量食用。

植物油，如玉米油、大豆油、棉籽油、红花油和菜籽油——通常用于袋装薯条、薄脆饼干和曲奇——被作为食品和沙拉的健康用油出售。但事实上，它们不是。它们的 Ω-6 脂肪酸含量很高[45]，会加剧创伤引起的炎症。它们在烘焙过程中通常被氢化——也就是说，它们添加了一个氢原子——以防止食物变质。然后它们变成了反式脂肪，这显然是不健康的。科学研究表明，反式脂肪会导致抑郁和记忆障碍，以及心脏病、高血压和糖尿病。[46]

牛奶和奶制品

我们被告知——主要是乳制品行业——牛奶是一种“完美的食品”。婴儿喝的母乳与成人喝的动物奶完全是两回事。尤其是有亚洲或非洲血统的人，往往有乳糖不耐受状况[47]，可能很难消化牛奶和奶制品。

此外，乳糖和人体微生物群之间的相互作用会产生副产物[48]，这些副产物会让人肠道紊乱。如果肠道因压力出现渗漏[49]，这些副产物可能会进入我们的血液，在我们的大脑中引起炎症反应，加重创伤造成的损害。

哪怕是喝牛奶、吃奶酪没有副作用的人，如果经历过创伤或正承受着巨大的压力，我建议在几个月内远离或减少牛奶和奶制品的摄入量。压力水平下降后，可以在饮食中重新加入牛奶和奶制品。从酸奶开始，它富含有益细菌[50]（乳酸菌和双歧杆菌家族），能促进消化。如果一切顺利——没有胃肠道症状、头痛或精神模糊——那就试试你最喜欢的奶酪，或者，如果你仍然喜欢又怀念牛奶，那就偶尔喝一杯全脂牛奶，它可能比低脂牛奶更健康。

纤维素和发酵食物

纤维素和发酵食品、益生元和益生菌，都是治疗创伤的有力盟友。

让我们从纤维素开始，它分为可溶和不可溶两种。不可溶性纤维包括包裹谷物的麸皮[51]、坚果、种子、豆类，以及各种水果和蔬菜的外皮。不可溶性纤维通过肠道时并未被消化，但能吸收水分，并增加粪便的体积。可溶性纤维也会增加粪便的体积，它存在于谷物中，也存在于水果、豆类等食物中。含有它的食物都是益生元[52]，也就是说，它们能促进我们体内益生菌的生长。

为了帮助我们理解纤维素，我将再一次把我们与狩猎采集的祖先及当代的原住民进行比较。他们饮食中的植物、种子和野生动物每天含有多达70 ~ 80克甚至100克的纤维素——差不多一颗棒球的分量。[53]当我们压力大的时候，会经常选择慰藉食物，事实上，标准的美国饮食（主要是加工食品）只有10 ~ 15克纤维素——比一个乒乓球还小。即使我们的压力很小，纤维素的缺乏也会使我们容易生病。而当我们遭受创伤时，低纤维摄入量可能会带来更大的危害[54]，使我们无法应对压力，甚至更容易患上慢性疾病。

益生菌是人体菌群中的健康细菌。[55]我们可以通过食物和保健品摄入它们。益生菌与纤维素协同工作，恢复微生物群的健康平衡，减少压力引起的肠道炎症，帮助修复肠道渗漏。益生菌通过迷走神经将信息发送到我们的大脑，调节应激反应，减少焦虑，增加海马区脑源性神经营养因子的水平——至少在动物实验中。[56]

发酵食品起着益生菌的作用。它们包括酸菜[57]、泡菜、味噌、酸奶和发酵饮料。事实上，任何经过发酵的蔬菜、豆类或水果都可能含有益生菌。你可以检查食物标签，确保它们含有“活”菌——能增加益生菌自然存在的微生物群。益生菌已多次被证明可以改善抑郁症患者的情绪，缓解他们在压力下的焦虑。

益生元是植物纤维，能滋养我们微生物群落中的有益细菌。洋葱、大蒜、芦笋和洋姜都富含益生元。由于益生元能显著增加菌群中益生菌的数量，因此具有与益生菌相同的有益作用。

除了吃富含纤维素、益生元和益生菌的食物，我建议早餐食用富含纤维的奶昔并补充益生菌。

每天早上可以用多种材料制作蔬果奶昔。我喜欢先用三分之一的水加三分之二的豆奶，杏仁、蓖麻、芝麻、腰果和米浆也可以。我还会加上富含抗氧化剂的蓝莓[58]、草莓和覆盆子，还有黄瓜、芹菜、胡萝卜、牛油果，偶尔也会有其他水果和蔬菜及坚果。我会加两到三汤匙富含纤维素和 Ω-3 脂肪酸的植物种子，我很喜欢奇亚籽，但亚麻籽和大麻籽也很好。一个便宜的搅拌机就可以搞定这一切。一到两杯 10 盎司的奶昔会给你的一天带来美味、健康、振奋人心的开始，而且会让你有饱腹感。

在你应对创伤或长期压力的最初几个月里，我建议你每天服用两次益生菌胶囊，它包含有数十亿的乳酸菌和双歧杆菌。已用于研究的品牌包括生命花园原益生菌结肠护理（Garden of Life RAW Probiotics Colon Care），MegaFlora 益生菌和 Renew Life 新生命终极 300 亿益生菌（Renew Life Ultimate Flora Extra Care 30 Billion）。

甜味剂

慰藉食品和标准美国饮食之所以不利于健康，其罪魁祸首是添加糖和加工食品中迅速分解的糖分。正如我所解释的，糖在消耗我们的能量之前，可以短暂地提高我们的能量水平。[59] 糖具有成瘾性，会刺激内源性阿片类物质的产生。当我们沮丧的时候，糖会让我们暂时感觉良好，但很快就会导致情绪低落。在一些动物实验中，糖被证明比可卡因更容易上瘾。[60]

糖会直接导致体重增加[61]，还会促进瘦素阻抗性，从而让我们意识不到自己吃饱。糖会增加胆固醇和甘油三酯[62]，并刺激微生物群落中不健康的、增加压力的细菌的生长。

普通美国人摄入的过多糖分[63]（每天 19 茶匙，每年 60 磅）会持续加剧应激反应，并导致各种重大的慢性疾病，包括Ⅱ型糖尿病、心脏病、中风、癌症和抑郁症。

水果和块根蔬菜中也含糖[64]，但它们的高纤维含量和营养素可以减轻糖分带来的损害。餐桌上的糖[65]、烹饪中的糖，以及最令人不安又最难以察觉的在无穷无尽的加工食品中添加的糖，变成了一种危险的、导致压力的、损害健康的毒药。如果你吃精加工的食物，请仔细查看标签，避免添加葡萄糖、蔗糖、大米麦芽糖浆或果糖的产品。

果葡糖浆[66]（HFCS）广泛用于包括软饮料在内的各种加工食品中，其破坏性尤其大。当果糖被分离出来并在 HFCS 中浓缩时，其代谢不同于在水果中与葡萄糖结合的情况。不仅没有纤维减缓 HFCS 的吸收，更重要的问题是，HFCS 直接进入肝脏，在那里转化为脂肪。

在你调整你的饮食时，你可能会发现你对甜食的欲望已大大降低。HFCS 很可能变得令人作呕。

给自己设立一个底线：远离添加糖，绝对远离软饮料和其他含有高 HFCS 的食物。

人工甜味剂[67]，包括糖精、代糖和阿斯巴甜、三氯蔗糖都不是好的糖替代品。每一种都有毒，都让我们想吃更多的甜食。一些研究表明，经常食用人工甜味剂的人实际上比食用糖的人吸收更多的热量。它们会增加体重，还可能会损害微生物群。

一点点天然糖会有很好的效果。未过滤、未加热的蜂蜜[68]及枫糖浆和黑糖蜜保留了它们的营养成分，可以少量食用。在你调整你的饮食结构时，你的味蕾会变得更加敏感，通常在咖啡、茶或谷物中放一茶匙就足够了。

人们经常问我能否食用甜叶菊，它的叶子有甜味。[69]甜叶菊没有明显的毒性，但对其研究也很少。然而，它极高的甜度（是糖的 300 倍）可能会导致人们对甜食的渴望，就像人工甜味剂一样。

缓解压力的保健品

多年来，我一直建议经受过创伤的人和压力大的人服用高剂量的复合维生素及复合矿物质补品。有关它们在治疗上的重要性的证据越来越多[70]，这是说得通的。压力状态下，身体对许多营养物质的需求会增加。这其中，对叶酸、维生素 B_6 和维生素 B_{12} 等 B 族维生素的需求最为强烈。[71]并且由于营养物互相作用，轻微压力引起的一种营养物的缺乏也会抑制其他营养物的功效。

最近，来自新西兰的研究人员和他们在世界各地的同事发表了重要但鲜为人知的论文[72]，证实了复合维生素/复合矿物质补充剂可以成功消除许多创伤带来的最令人衰弱的症状。他们给地震灾区的人们使用的药物组合被称为EMPowerplus。它被证明的好处包括显著降低压力水平，减少痛苦和干扰性记忆，并改善睡眠。服用EMPowerplus的人的情绪比服用安慰剂对照组的人要好，也更有精力，并且没有副作用。

这些研究足以让我向那些受过创伤或承受巨大压力的人推荐EMPowerplus或类似的复合维生素/多矿物质补充剂。下面是EMPowerplus配方，供你参考，同时与你可能想购买的其他补充剂做比较。

EMPowerplus 成分表

每份包含	剂量	每日需求百分比
维生素 A	768 国际单位	16
维生素 C	80 毫克	134
维生素 D	192 国际单位	48
维生素 E	2.4 毫克	160
维生素 B_1	2.4 毫克	160
核黄素	1.8 毫克	106
烟酸	12 毫克	60
维生素 B_6	4.8 毫克	240
叶酸	192 微克	48
维生素 B_{12}	120 微克	2000
生物素	144 微克	48
泛酸	2.8 毫克	29
钙	176 毫克	18
铁	1.8 毫克	10
磷	112 毫克	11
碘	27.2 微克	18
镁	80 毫克	20
锌	6.4 毫克	43
硒	27.2 微克	38
铜	0.96 毫克	48
锰	1.28 毫克	65
铬	83.2 毫克	70
钼	19.2 微克	27
钾	32 毫克	1

根据其他一些研究结果，我建议应该增加 EMPowerplus 中某些维生素和矿物质的剂量，并额外增加一些补充剂。下面是它们的清单，以及证明其有效性的研究概要和剂量范围。如果你体形比较魁梧（72—113 千克），请参考较高剂量；如果你体重较轻，就参考较低剂量。

EMPowerplus 的补充

维生素 D：高达 50% ~ 60% 的美国人可能缺乏这种维生素[73]（实际上它也是一种激素），它在阳光作用于我们体内的麦角固醇（一种胆固醇）时产生。维生素 D 对包括血清素和多巴胺在内的神经递质的产生和免疫调节至关重要。研究反复证明，重度抑郁与维生素 D 缺乏有关。[74]

在我看来，EMPowerplus 中维生素 D 含量太少，不足以帮助绝大多数人应对他们的创伤。维生素 D 水平的检测现在属于常规实验室筛查的一部分，你可以检测你的维生素 D 水平。如果在正常范围[75]——50 ~ 75 纳克每毫升，那么每天服用 2000 国际单位（IU）。如果你的维生素 D 水平低于正常水平，每天服用 5000 国际单位。三个月后再做一次检查，如果有任何问题请咨询你的医生。另外，确保你花些时间在户外。

锌：非常重要[76]，就像某些抗抑郁药，它会阻止多巴胺的再吸收。它还有利于脑源性神经营养因子的产生。[77] 在 EMPowerplus 之外，每天服用 50 毫克。

硒：已被证明可以降低创伤患者 PTSD 的发病率和严重程度。[78] 它还能减少氧化压力[79]，以多种方式减少腹部脂肪的堆积。每天在 EMPowerplus 剂量中添加 100 微克。

可以促进创伤恢复的补充剂

Ω-3 脂肪酸：正如我前面所说[80]，可以改善神经信号的传输，增加脑源性神经营养因子。它们已多次证明具有显著的抗抑郁作用[81]，同时还能抗炎。我建议每天服用 2 ~ 4 克二十二碳六烯酸（DHA）和二十碳五烯酸（EPA）。一些研究表明，较高的 EPA 含量能更有效地对抗抑郁症[82]，我建议你看看药品标签上的数字。补充 Ω-3 脂肪酸最容易的方式是服用鱼油胶囊（需要确保它们符合欧洲标准，确保不含重金属和有毒化学物质），不过，你也可以服用亚麻籽油补充剂。

姜黄：一种黄色香料[83]，印度烹饪中常常使用。姜黄含有姜黄素和其他活性成分。它被证明可以防止“恐惧记忆”的巩固，这种记忆在我们受到创伤时折磨我们。姜黄素也是一种强大的抗炎和抗氧化剂。你可以像印度人那样，把姜黄作为主食，或者每天吃两次胶囊，每次 1000 ~ 2000 毫克。食用时，加一些黑胡椒可以促进吸收。[84]

磷脂酰丝氨酸：一种天然成分，存在于许多食物中，比如白豆、黄豆和卷心菜。但如果你遭受过创伤，日常的摄入量可能不够。磷脂酰丝氨酸可以减少下丘脑 - 垂体 - 肾上腺轴的过度活跃[85]（你可能还记得，它控制着战斗或逃跑的应激反应）。它还可以提高老年人的记忆力和认知能力。磷脂酰丝氨酸片剂通常分离自卷心菜。每天三次，每次 100 毫克。

研究表明，以下补充剂也有好处。然而，它们可能有副作用。我建议，只有在基础的创伤食疗到位之后，再考虑添加它们，并且一次只添加一种。在注意它们疗效的同时，要留意潜在的副作用，包括易激惹或白天嗜睡等现象。你可以服用其中一种，观察一周并注意其效果后，再决定是否继续服用。然后，如果你觉得必要且合理，可以再使用另一个。

褪黑素：对经常伴随创伤和慢性压力而来的睡眠紊乱很有帮助。它是在松果体中产生的。松果体是大脑的一部分，位于眉心后方。它调节我们的生物节律[86]（每天的清醒和睡眠）。可以在睡前一小时服用 3 ~ 5 毫克褪黑素。如果你在早上有疲劳和宿醉感觉（有些人会有这些反应），尝试只服用 1 毫克。如果你仍然感到头晕，停止使用褪黑素。

西番莲提取物：也能缓解高度焦虑[87]，减少入睡困难，并且没有副作用，也没有抗焦虑药物和安眠药潜在的成瘾风险。可以在早晨、傍晚和睡前服用15 ~ 20滴。

红景天：长期以来被土著治疗师用来缓解精神紧张和改善身体虚弱。它也被称为金根，生长在欧洲、亚洲。最近，研究人员证明它有利于缓解抑郁和与压力相关的疲劳。[88]如果你感到无精打采或心情沮丧，可以考虑服用红景天。可能的副作用包括易怒和头痛。每天两次，每次100 ~ 300毫克。

如何服用一些“争议性”的东西

在结束本章前，我将介绍你可能喜欢或渴求的其他一些用来治疗创伤的物质的利弊，也许你会向它们寻求帮助。

红茶和绿茶：都含有咖啡因[89]，可以在你精力不足的时候给你提神。发酵过的红茶的咖啡因含量更高一些，每杯60 ~ 90毫克，而绿茶的咖啡因含量为35 ~ 70毫克。这两种茶，尤其是绿茶[90]，还有其他好处：绿茶含有一种绿茶提取物（EGCG），能降低血糖；还含有茶氨酸，一种可以提高注意力和创造力、减少焦虑的氨基酸。我们大多数人每天都可以开心地喝几杯减压和提神的茶。

咖啡：比较受我们欢迎的饮料，有关它的争议一直未曾停歇。多年来，咖啡被妖魔化为导致焦虑、高血压、心脏病和癌症的重要因素。[91]科学的天平正在朝着另一个方向倾斜。对很多人来说[92]，咖啡的好处大于潜在的危害，因为它含有大量的抗氧化多酚，还含有能刺激和提神的咖啡因（每8盎司一杯约95毫克）。

近年来，对咖啡的代谢速度的研究帮助我们消除了一些困惑。[93] 50% 的人能快速清除体内的咖啡，这些“快速代谢者”很可能会从喝咖啡中获益。如果你是一个快速代谢者，你将体会到咖啡的减压效果和增强能量的效果，那么，享受它。如果你代谢缓慢，高水平的咖啡因会在体内残留，焦虑和易激惹往往会抵消提神的好处，你可以少量尝试咖啡或者远离它。

酒精：像慰藉食物一样，能短期缓解创伤的痛苦，但会导致长期的负面后果。[94]

如前文所述，当创伤势不可当时，大脑会产生内啡肽，使我们远离疼痛，变得麻木。随着时间的推移，当创伤后的内啡肽水平降到最低点时，我们就会经历戒断症状，比如焦虑和易激惹，我们可能会被自己无能为力的记忆所困扰。这时，我们很可能会用酒精来提升内啡肽，抑制创伤事件的记忆，控制情绪上的痛苦。面对慢性压力，酒精似乎也是一个可行的解决方案，它可以暂时振奋我们的情绪，平息我们的焦虑。

最紧要的问题是，除了提高内啡肽，酒精还会抑制前额皮质中促进判断力和同情心的区域[95]，使我们中的一些人更容易冲动和具有攻击性。士兵回到家中，喝了几杯酒，想要战胜那场痛苦战斗中的恶魔，结果揍了一个不小心碰到他的家伙；经济困窘又被童年受虐记忆困扰的男人，喝了几杯酒就拿妻儿出气。

随着时间的推移，还会出现其他问题。长期大量饮酒会严重伤害胃肠系统。[96] 它会抑制肝脏的解毒作用，破坏体内微生物的平衡，使肠道更容易渗漏，提高了本想用酒精降低的压力水平。而且，由于它属于无营养热量，会大大增加体重。[97]

晚上喝一杯啤酒，或者女性喝一杯红酒、男性喝两杯，对于我们大多数人来说可以有放松的效果，没有问题。如果你喝得越来越多，或者越来越依赖酒精，那么，事情就在朝错误的方向发展。此时，就该减少酒精摄入量，或者戒酒。如果少量的酒精也会让你变得更有攻击性，显然你不应该接触酒精。记住，如果你过去一直酗酒，现在想要戒酒，你很可能会经历戒断症状，充满压力的情绪、沮丧感和可怕的创伤回忆将如同洪水一般席卷你。

如果酒精已经成为你的一个问题，而你想要戒酒，针灸是一种安全、无副作用的方法[98]，它可以提高你的内啡肽，并减少戒断症状。

烟草：我记得在科索沃战争期间，酒吧和餐馆里烟雾弥漫，每个人都在吞云吐雾——整天如此。这种情况不仅发生在东欧地区或战争期间。在美国，创伤人群的吸烟率一直非常高。[99]

这并不奇怪。在短期内，尼古丁和烟草能减少焦虑[100]，增强精力，改善情绪，甚至部分抑制创伤记忆。问题在于长期吸烟。[101]吸烟除了会对肺部、心脏和癌症造成危害，随着时间的推移，它还会提高皮质醇水平，甚至巩固创伤记忆。短期症状得到缓解的代价是长期的负面影响。

如果你真的忍不住想要吸烟，可以用正念的方式，这样能大大减少吸烟量。你会发现，实际上只有前两三口能给你带来你想要的效果。越多地将正念和软腹呼吸带入你的生活，你就会越平静、越有活力。你会觉得不那么需要伸手去拿香烟，哪怕真的点燃一根香烟，你也会意识到两三口就能给你渴望的解脱。很快，几次缓慢的深呼吸就会给你带来可以媲美尼古丁的满足感，并起到缓解压力的效果——即便没有那么明显。

针灸已被多次证明能有效帮助戒烟，并缓解戒断反应。[102]

如果你正打算开始吸烟——那就别想了。

结束语：对创伤食疗的期待

有时你很快就会感受到创伤食疗的好处，有时效果渐进而微妙。向有机、天然食品、植物为主、高纤维饮食的转变可能会让你在一两周内感觉更放松、更有活力。坚持不吃谷蛋白或奶制品[103]，几天内就可让大脑更清晰，增加你的能量。大幅度减少深加工食品和糖分的摄入[104]，特别是对那些迷恋慰藉食物的人来说，也能产生同样快速的效果。多吃有益脂肪、少吃有害脂肪的好处，在几周或几个月内就会显现出来。复合维生素/复合矿物质和其他补充剂的作用或快或慢会显示出来——取决于你缺乏的程度和你个人的生理基础。所有这些改变将帮助你在几周甚至几天内开始减少因创伤增加的不必要的体重。

明智饮食，并坚持我简要介绍的饮食方案，服用我所建议的补充剂，少抽烟少喝酒或者不抽烟不喝酒，加上你正在学习和使用的其他一切技术，是可靠和稳定的创伤治疗方案。即使你不能立即感觉到新的饮食方案带来的改变，你也能知道它为你全面的创伤治疗计划提供了坚实的基础。它能帮助你走上一条能够长期保持身心健康和情绪健康的捷径。

11

与身体对话

我们所有人都可以做他们做过的事：召唤身体的智慧帮助我们治愈创伤。这听起来古怪又不可信，是Y时代的做法，简直原始到无可救药。但问题是，它的确有效。

身体会说话

原住民医治者——西伯利亚和世界各地的萨满——早就知道我们可以问我们自己的身体发生了什么，而我们的身体渴望做出反应，告诉我们如何恢复损伤，治愈伤痛。他们（以及创造了西方医学的希腊人）理解并不断地体验着心灵和身体之间密不可分的联系。在准备好倾听和学习时，他们学会了说身体语言，并认真聆听身体所教授的课程。

召唤身体的智慧帮助我们治愈创伤，这听起来很古怪，很原始，但实践证明，它非常有效。在这一章中，我们将做三个创伤治疗实验。第一个是很费力但充满活力的表达式冥想，叫作混沌呼吸。第二个是我们在第六章中所介绍的“与情绪的书面对话”的另一种应用，这一次，你将与身体症状、难题或问题对话。第三个是内在之旅，参观游览你身体的内部，邀请你的身体与你分享它的秘密和智慧。

混沌呼吸

混沌呼吸是一种快而深的呼吸，尽可能快而深地通过鼻子吸气和呼气。它的动力来自你的手臂，肘部弯曲、拳头靠近胸部，然后尽你所能地快速起落，就像风箱或小鸟起飞时的翅膀那样。

45 年前，我第一次和希亚姆一起做混沌呼吸，这是他从他的老师之一奥修那里学来的长达一小时的五阶段的“动态冥想”的第一阶段。一年后，当我带着相当大的忧虑问他我应该做哪种冥想及冥想多长时间时，希亚姆立刻回答，就好像他一直在等待这个问题——也许他终于等到了：“混沌呼吸。每一天。40 分钟。”

我以为我听错了。我之前的极限是 15 分钟。他像格劳乔·马克斯那样扬起眉毛：“是你问我的！”

而我做到了，日复一日，在我和莎伦一起生活的布满一捆捆干草包的谷仓和农场里，当我与离家出走和无家可归的孩子长时间工作后住在华盛顿特区朋友的公寓里，全国旅行时在各地居住的旅馆里，我都会做。偶尔我也会在户外做混沌呼吸，而农场动物就会聚在一起观察我。

许多个早晨，一想到即将面临的痛苦，我呻吟着，用咖啡、电话留言和报纸头条来拖延时间。我不得不逼迫自己开始，在逼迫自己的同时又很抗拒，我学会用疲劳、对受伤的恐惧来逼迫自己，也通过嘲笑自己的恐惧和借口更用力地逼迫自己。坚持 40 分钟。

我每天都做，坚持了六个月。我曾经经历过的每一次伤害和痛苦都在哭喊。我曾经想过的每一种烦恼，以及其他埋藏过深以至于多年心理治疗和精神分析都无法触碰的烦恼，被运动和呼吸的风箱力量泵出，浮出水面。

有时候，通常是在付出了超出我能力的努力和感到无法忍受的痛苦之后，奇妙的事情发生了。动作和呼吸的速度及力度都在增加，但所有的努力都消失了。我不再呼吸，也不再扇动手臂。我被扇动着，某种超越我的力量用我在呼吸。我想，这是有些人所描述的“忘我境界”的一个缩小版，即一段与自己无关或超出自己的时光。当然，当我一开始思考这个问题，奇妙的体验就停止了，而我得再一次挣扎着去动起来和呼吸。然后，我躺了下来，像个婴儿一样高兴地纵情翻身，我的思想从未这样自由过。有时，我不由自主地进入从来没有意识到的瑜伽姿势。当我随着音乐节奏做混沌呼吸时，有时我会发现自己在旋转，我的手臂伸展着，愉快地看着谷仓的椽子和一捆捆的干草在我周围旋转。

六个月后，我变得不那么害怕和愤怒。我不再那么专注于过去的伤害和委屈，它们也不再让我觉得那么不堪重负，我变得比以前活泼、敏锐和自然，也许还多了一些同情心，更能笑面我这戏剧化的人生。

在思考自己六个月的学徒生涯后，我开始知道混沌呼吸对某些人来说何时恰好合适，我把它传授给了他们。首先，像我这样头脑冷静的人似乎是很好的人选，比如记者、律师、外科医生、士兵、精神病医生；其次，对那些深埋情绪、用开始破裂的信心之墙保护自己的人来说，这似乎是个正确的选择；最后，是那些长期处于创伤状态、情绪低落、身体紧绷的人。很快，我发现其他人似乎也适合：感到恐惧、孤独、疲惫、沮丧的人，包括孩子，以及极度活跃的人、容易分心的人。有时候，那些我从未期盼会喜欢它的人，也会像拥抱久违的爱一样，拥抱混沌呼吸。

你可以为混沌呼吸创建一个音乐播放列表，就像你为摇摆舞动所创建的那样。同样，有三个阶段。第一阶段是混沌呼吸。第二阶段是 3 ~ 4 分钟的放松意识。第三阶段是跟随音乐自由运动。

你可以用任何一种急迫的、有节奏的、重复的音乐来推动你更快、更深地呼吸。至于第三阶段，就像摇摆舞动一样，你可以使用任何能激励你、鼓舞你或带有庆祝意味的音乐。

每个人都可以做摇摆舞动。但有些人需要对混沌呼吸进行调整。如果你有“致命”的高血压、佩戴心脏起搏器、有心脏病史、转移性癌症、肩膀、脖子或头部严重受伤或怀孕，你应该只简单地通过鼻子做深呼吸，不要进行任何其他的身体运动。如果你有任何疑问，请在尝试前咨询你的医生。

过去和现在，我都是这样教人们练习混沌呼吸的：

用鼻子吸气，呼气，尽可能深，尽可能快，不要用嘴呼吸。如果用嘴呼吸，你可能会换气过度。如果你用鼻子吸气和呼气，则不会出现这种情况。

轻轻握拳，让它们靠近你的胸部，两拳之间的距离是 15 ~ 20 厘米。为了加深和加强呼吸，当你吸气时，抬起你的肘部，同时你的肩膀也被带动着抬起，然后当你呼气时，用力地将你的肘部拉回身体两侧。这就产生了类似风箱的效果，能将更多的空气更深、更有力地吸入肺部。继续做，当你想停下来的时候——有些时候会这样——加快步伐。

霍华德很适合做混沌呼吸。他来找我的时候，痛苦、困惑、沮丧、羞愧，因为他不能像他父亲那样有智慧、有成就。他曾自大地相信自己的善意可以为中东带来和平，但后来却在失望和绝望中崩溃。他曾认真考虑过自杀，吃了一把药，然后被送到医院。几周后，在接受了让人行动缓慢、思维停滞的药物治疗后，他出院了。他被诊断为躁郁症，并被告知要做好准备，面对可怕的抑郁和躁狂的重复循环。

我花了一个小时倾听霍华德的情况，为达到家人对他卓越的智力和负责任的社会行为的期望，他无所适从。体育运动一直是他最大的乐趣，但服用的药物使他变得倦怠。霍华德独自承受着痛苦，在孤独和沉寂中，他的自大和羞愧感都无法遏制地生长。尽管如此，我还是能感觉到他身上有一股可以被激发和引导的能量，一股源源不断的善良和关心他人的力量。

我似乎是在做个总结："你的确过得不怎么样，但没关系。"我的意思是，他非常不安和困惑，法院颁布的禁止令、家人的期望、混乱的信息和丧失让他饱受精神创伤。是的，很不幸，他确实可以被诊断为躁郁症。但是……我告诉霍华德我相信他的情况有可能是暂时的，他仍保有理智，他需要去发现它，欣赏它，享受它。

在我看来，混沌呼吸能解开他的心结，他被自我限制、自我毁灭的信念和态度所束缚，他被对自己提出的不可能的要求所束缚，他被虚假的希望和让他虚弱的羞耻感所束缚。我教他怎么做，并且我们一起做。我把它写在处方笺上："混沌呼吸，每天 20 分钟。"

那是 35 年前的事了。霍华德仍然在做混沌呼吸，几乎每天都在做。"它让我不断前进，无论遇到什么，我都要继续向前。后来，我变得轻松，不再那么担心过去和未来，准备好应对我的每一天。"他将混沌呼吸与软腹呼吸和瑜伽结合起来练习，软腹呼吸让他安定，瑜伽帮他驱散思维反刍并让他放松下来。偶尔的摇摆舞动帮助他度过紧张时刻，让他不那么严肃。定期与他的智慧导师磋商，避免自己变得自大狂妄。

这些年来，霍华德不仅赚了钱，还帮助许多地方（甚至不是中东地区）带来了和平。作为一名优秀的运动员，他在比赛中找到了一种新的平静和专注，一种保持精力并利用壁球、网球、高尔夫球、篮球和乒乓球获胜的能力。

事实上，他成为全国乒乓球冠军。

霍华德没有服用药物，他也不需要服药。他有一位可爱的妻子和几个快乐的孩子。经济上的困境，孩子们偶尔遇到的危机，家人和朋友的去世，都会给他的情绪带来挑战——就像我们所有人一样，但这些不会使他崩溃。

而霍华德不是唯一一个受益的人。我不断地为那些拥抱混沌呼吸的人及它所起到的各种康复效果感到高兴，也常常为之惊叹。

当苏珊娜还是个孩子的时候，她不得不放弃自己的需求，去安慰和照顾她酗酒的父母。作为一个成年人，她一直害怕也不好意思去维护自己的权利。她做着一份别人不愿意做的护理工作；当她受到严厉而不公正的批评时，她只是点头表示赞同；她嫁给了一个酗酒的男人，他的暴力程度甚至比她父亲还要严重。她告诉我，每天的混沌呼吸给了她能量、信心和勇气去打破不安全感带来的束缚，面对居高临下的上司，以及离开她的丈夫。

在海地的一个孤儿帐篷营地里，一名 8 岁的男孩咧开嘴笑着对我说：“我用弗雷迪神父（营地主任，CMBM 的学员之一）教我的方法呼吸。每天晚上都做。”两年来，这个男孩一直害怕睡觉，他的母亲惨死在他家的废墟下，这一幕让他不断地做噩梦。混沌呼吸结束了夜间的折磨。“有时做完呼吸练习之后我会哭，我仍然很想念妈妈。但我现在睡得很安稳，也不再做噩梦了。”

与症状、问题或议题对话

与身体症状、问题或议题进行对话，比如，头疼或背痛、心率过快、高血糖、反复出现的皮疹、暴饮暴食，这非常类似于你与情绪的对话：这是一种快速的、你问我答的书面对话，由你提出问题，而你的症状、问题或议题给出答案。同样，它们也将调动你的直觉，引导你找到所需的答案。

通常这些建议都很实用——都是你曾想过但拒绝采取的步骤。因关节发炎而变形的膝盖提醒我一直“忘记”去打太极拳——我知道这会让膝盖放松，或者提醒我“忘了”谷蛋白真的会让膝盖发炎和肿胀。有时一个简单的身体症状可以提供微妙的心理感悟和精神指导。在加沙一个令人惊讶的下午，我的膝盖告诉我：“你抓得太紧了，不要试图控制你无法控制的事情。”

你现在就可以试一试。选择一个身体症状，或你想要探索的问题、议题。给它一个首字母——例如，P代表我膝盖的疼痛，然后在你（我用J代表我）和你的症状、问题和议题之间来回变换。提问，倾听，再提问。

给自己10～15分钟。把这段对话写在你的日记里，这样之后你可以参考它。尽可能快地一问一答。每当你受到相同或其他身体症状、问题或议题的困扰时，请重复这个尝试。

身体扫描：感受你身体的每一个部分

混沌呼吸打破了身体和精神的固有模式，让那些被埋藏的情绪得以重见天日，而正是这些情绪阻止你觉察、改变和转换。与症状、问题和议题的对话能激发你的想象力，并提醒你可以从身体出了问题的部分获得领悟。现在你已经准备好进行身体扫描，来深入你的内在旅程——去关注和接受大量源自你身体的智慧。

正念减压（mindfulness-based stress reduction，MBSR）项目通常包含某种方式的身体扫描，以及正念呼吸、正念散步和某些哈他瑜伽的体式。仰卧，慢慢呼吸，让你的意识从脚趾来到脚背，再到脚踝，接着经过身体的其他部分，去体会紧张和松弛的感觉。这有点儿像在第一次做软腹呼吸时我教你的肌肉放松。

作为MBSR项目的一部分，身体扫描多次被证明能有效降低压力和应激激素水平，缓解焦虑和疼痛，提高免疫力。[1]一项专门针对身体扫描的研究表明[2]，身体扫描本身就是MBSR有效性的重要贡献者。一种由理疗师使用的身体扫描的变体[3]（包括运动和身体觉察）已经被证明可以改善整体健康状况，练习这种身体扫描法的慢性病患者对康复更为乐观。

我们将要进行的内在旅程始于身体扫描的觉知和放松，接着进行更深入主动的探索、探究和对话。这个内在旅程将给你带来惊喜，为你治愈创伤，改变你的生活。

给自己 20 ~ 30 分钟试一试，然后再给自己 10 ~ 20 分钟来吸收你所学到的知识，并写在日记里。

你需要为这个尝试做一些准备，花 10 ~ 15 分钟的时间浏览身体解剖图来熟悉自己的身体部位。在我带领 CMBM 学员做身体扫描的尝试时，我喜欢用弗兰克·奈特的优雅插图，这套运用在医学院的幻灯片包括大约 15 张插图。这些鸟瞰图涵盖了人体的主要系统（心血管系统、消化系统、肌肉骨骼系统等）和人体各个区域。你可以在他的《人体解剖图集》[4]（*Atlas of the Human Anatomy*）中找到相关图片，或者花点儿时间看看《解剖彩图》[5]（*The Anatomy Coloring Book*），还可以登录注释中列出的网站[6]，从中搜索合适的免费图片。你并不需要记住这些图，也无须在内在之旅中确保解剖学上的准确性，只是对人体结构有个大概的印象而已。

在尝试的过程中，你可以坐着、躺着，也可以站着。我推荐你使用拉普兰圣歌作为背景音，玛莉·波依娜直指人心的吟诵伴随着鼓声和长笛婉转起伏，它会鼓励身体的各个组成部分，包括内部器官，慢慢地将它们的智慧交给你。你可以在我们的网站上找到这首歌，当然，你可以使用其他类似的鼓舞人心的音乐。

如果你喜欢的话，你也可以用你自己的声音录下指导语，而不是玛莉的吟诵或其他类似旋律。

我们将再次以几分钟缓慢、深沉的软腹呼吸开始。

一旦你意识到自己的呼吸，我会带领你跟随呼吸进入肺部，再随之进入血液，随着血液流遍全身。在血液和呼吸继续它们的内在之旅时，你会意识到它们到达的器官和你身体的各个部分。然后我会带领你来到你的心脏，你会意识到自己坐在心脏的深处。然后我会请你重新开始。这一次，我鼓励你跟随你的呼吸、血液、我的话语和音乐，去你身体里召唤你的地方—— 一个可能充满痛苦、好奇或困惑的地方。一旦你到了那里，我建议你四处看看，去感受，去倾听。接着，问一问你体内的那个地方："为什么我在这里？"下一个问题也许是："你为什么要找我的麻烦？"或者："我需要学习什么？"

你要做的就是提问和等待答案。

在几分钟的探索对话之后，我会让你回到你的心脏部位。

接下来，我将邀请你去你身体中另一个召唤你的部位旅行。在那里，你将再一次留意周围环境，通过提问来挖掘信息，找寻你需要的指导。

之后，你会回到你的心脏，开始意识到自己的呼吸。然后睁开眼睛，把你自己和你的心灵带回到你坐着的房间。

这听起来可能很奇怪。"我的症状怎么可能给我答案？""我的胃跟我说话到底是什么意思？"我完全理解你的怀疑。我建议你把这次富有想象力的旅程当成另一个尝试。你不必心怀某种信念，甚至不必相信我所说的。只是试一试，并留意结果。我看到成千上万的人为之震惊，并获得心灵的解放。

怎样尝试都可以，体验没有好坏之分。只需要跟随指示。让我的文字和音乐，以及你的呼吸和血液，带你去你被召唤、被牵扯、被推挤的地方。别着急。慢慢地，慢慢地去觉察。问一问你需要知道什么。然后去倾听、感受和感知有意义的信息，答案会随之而来。

下面举一些例子。

凯蒂是一位尽职尽责的医生，她无休止地、不遗余力地审视自己的缺点，她发现自己快乐地"与我的杏仁核跳舞"后，消除了她的过度警觉，使她自嘲过度自我批评的倾向。

"我的肺里有一个黑色结节，"托马斯解释说，他从小就因为焦虑而患有哮喘，"我凝视着它，问它发生了什么事。我看到一些我完全忘记了的事情：四岁的时候，我差点儿被淹死。就这样，那个结松开了，散开了，我可以呼吸了。"

瑞亚震惊地发现她身处自己寒冷潮湿的阴道中。"我为什么在这里？"她问道。"这是你的地方，不是你父亲的。"对方回答，"把他带走。自从他强迫你与他发生性行为后，他已经在这里待了 14 年。"瑞亚放松下来，她哭了，阴道轻轻地包裹着她。"我是你的。"它低声说。瑞亚感到一种陌生的快乐，温暖着她的全身。她像是获胜了，温柔有力地说："这是我的身体，我的身体。"

现在让我们开始你的内在之旅，用你的爱去关注每一段旅程、停靠的每一站。在我第一次带你踏上这段旅程的时候，我要给你讲一些故事。之后你自己进行这个练习时，可以忽略。

舒服地坐在椅子上或躺在地板上，或者，如果你喜欢，轻松地站着，膝盖稍微弯曲。闭上眼睛，慢慢地深呼吸。

放松腹部，用鼻子吸气，用嘴呼气。觉察你的呼吸，觉察维持生命的氧气从你的鼻子进入，经过你的喉咙后部，通过你的气管，进入你的肺。深呼吸，去想象，去意识呼吸进入你的肺部，通过支气管的分支向下进入较小的通道（枝状支气管），直到呼吸到达终点肺泡（最小的细支气管末端的小袋子）。

现在，让我的声音和音乐带领你，以及你的呼吸和它所携带的氧气，通过肺泡壁进入你的血液。感觉你自己随着你的呼吸和血液在流动，从你的肺流到你的心脏。

现在，感受你跳动的心脏。当你用鼻子吸气，用嘴呼气时，意识到自己坐在你的心里。

现在，让音乐和我的声音，以及血液中氧气的流动把你带出你的心脏，上升到主动脉，即离开心脏的大动脉。随着你的血液和音乐的声音以及我的声音，上行到你的脸和头部，然后下行到你的背部和臀部，去觉察脸部、头部、背部和臀部的血液和氧气。慢慢地深呼吸。

再次觉察自己跟随血液和呼吸的流动，返回并舒适地坐在你的心中。

现在，当血液离开心脏并向上到达肩膀，再向下流动到手臂、手和手指时，让自己感到血液在动……

一两分钟后，慢慢地，轻松地回到你的心脏，并在那里觉察自己。

现在，让自己随着你的血液和呼吸通过主动脉向上，然后向下穿过你的胸腔、穿过分隔胸腔和腹部的隔膜，进入腹部，流向你腹部的所有器官。现在想象一下，血液流向你的胃、脾脏、肝脏、胰腺和胆囊。

现在，意识血液正在向下流动，它滋养你的小肠、大肠。血液继续向下，一直流到你的直肠和肛门。

再次意识血液从你身体中间流过，这一次流到你的肾脏，然后通过你的骨盆，进入你的膀胱。

如果你是一名女性，感受血液及维持生命的氧气将你带到卵巢、子宫和阴道。如果你是男性，感受自己随着呼吸和血液进入前列腺、阴茎和睾丸。

如果器官被切除或有任何变形，要意识到存在的结构和缺失的结构。

现在，开始觉察你的意识在延伸旅程，随着你的呼吸和你的血液向下移动到你的大腿、小腿、脚和脚趾。

现在，让音乐和我的声音带你回到你的心脏。在那儿再次意识到你自己，意识到你的心跳。在那里休息一会儿。

现在，让音乐和我的声音把你带到你身体里一个召唤你的地方。这可能是你长期遭受痛苦的地方，可能是曾经患病的器官，也可能是你感到好奇的器官，还可能是此刻最吸引你的地方——也许你会对此大吃一惊。

让自己随着音乐、我的声音、你体内血液及血液里氧气的流动而移动。让你的意识跟随氧气和血液，移动到你身体里那个在召唤你的地方，它在对你说："来这儿吧，现在就来。"

一旦你到了那里，环顾四周。去体会在这个地方是什么感觉。它看起来是怎样的？它感觉是怎样的？有声音吗？有气味吗？

让你自己舒服点儿，然后问自己："我在这里做什么？""你为什么召唤我？""你有什么要告诉我的吗？"每次问一个问题，等待答案。在得到答案之后，继续提问。

也许你的肝脏在说——就像它对苏珊娜（那位在婚姻中受虐待的护士）所说的——"我需要你更好地照顾我。我需要你的帮助。我受伤了。"而你可能会像苏珊娜那样回应它："我伤害到你了吗？"你的肝脏可能会说"你喝太多啤酒了"，或"你吃了太多高脂肪食物"，或"你的愤怒伤害了我"。然后你可能会问："我该做什么？"

第一个答案可能很简单："不要每晚都喝啤酒。"

当你问你还需要知道什么时，你的肝脏可能会像苏珊娜的肝脏一样继续说："你的愤怒在这里，是因为你不愿意表达出来。你总是表现得好像一切都好，但内心却很痛苦。你喝酒是为了掩盖你的愤怒。你需要把你的情绪写在日记里，发泄在枕头上。你需要离开你的丈夫。"

不管这些信息是什么，都要注意它们，并持续提问。如果有必要，可以质疑这些答案。苏珊娜是这样做的。她说："我不喜欢写日记。"而你的肝脏可能也会反问："那么，你想做什么？你有什么建议？"

也许会出现一个答案："嗯，也许我应该告诉我丈夫我很生气，因为他把衣服扔得到处都是，也不打扫厨房。他的所作所为提醒我，我的父亲是多么不关心我、不尊重我，我是多么伤心和愤怒。也许我需要告诉他，除非他改变，否则我不得不离开他。"

"嗯……这是个办法，"你的肝脏可能会像苏珊娜的肝脏那样说，"这听起来行得通。"

继续对话，问任何你需要问的问题，去体会身体的回答。然后，接着问。在对自己的发现满意后，感谢你的肝脏，感谢你的身体，因为它们如此智慧地帮助了你。记住，如果你再次听到召唤，还可以回来。

现在让音乐、我的声音、血液和氧气在血液中的流动，把你再次带回你的心脏。在这里放松片刻，意识到你正在你的心脏里呼吸。放松，感受呼吸和心跳的温暖与力量，感受它们赐予生命的活力。

现在让音乐、我的声音、血液和氧气在血液中的流动，把你带到身体中另一个可能正在召唤你的部位。你被带到哪儿，就去哪儿。无须思考，只是让它自然发生。

也许你会发现自己在尾骨底部附近，在骶骨处，在右臀上。你环顾四周，发现这里有一种紧绷感，你感到被束缚。

你可能会问："这是怎么回事？"

有时候你会得到一个幽默的答案："我让你如坐针毡，我让你讨厌。"

然后你想要问："你在这儿做什么？"

回答是："你很清楚我在这里做什么！"

你说："不，我不知道。真的，我需要帮助！"

你屁股上的疼痛告诉你："好吧，再放松一点儿。"

“哦，”你意识到，“我需要放手，我抓得太紧了。你认为屁股紧绷就是因为这个？”

然后你的屁股对你说：“就是这样。”

“好吧，我到底在坚持什么？”

“你紧抓着悲伤不放。你有那么多没有发泄出来的悲伤。你以为你必须这么坚强。”

“那么，我怎么把它释放出来呢？”

“再问一次。”你紧绷的屁股说。

“我怎么把它放出来？”

“记住用软腹呼吸放松。每当你做软腹呼吸时，记住你的臀部需要放松，还有腹部。也许那时你会流泪，也许那时你就不需要保护自己了。”

“还有什么吗？”

“还有就是，当人们对你说了一些你认为是批评的话时，你会紧张地保护自己——放松。打开你整个身体，包括你的臀部和腹部，打开你的心。也许他们在对你说一些你需要知道的事情。也许这是出于担忧和关心，也许和你童年时那些残酷的苛责有所不同。放松，敞开心扉，接受你需要向朋友和家人学习的东西。”

当你从身体的这一部分听到和学到你需要听取和学习的东西之后，让音乐和我的声音、血液的流动，以及你吸入的氧气把你带回你的心脏。

现在去觉察你在自己的心里，觉察你的心跳。在这里休息一会儿。现在让音乐和我的声音，通过血液的流动和呼吸把你带回到你的肺部。

觉察你肺泡里的呼吸。觉察你的呼吸从肺泡上升，经过枝状支气管（它们向上延伸与支气管结合，并变得越来越宽），以及与气管相连的支气管。呼气时，感受你自己随着你的呼吸，从气管进入你的喉咙和嘴巴，然后进入空气中。

现在开始意识到你自己，你可以坐着、躺着或站着，用鼻子吸气，用嘴呼气，腹部放松。意识到你体内的空气在向外流淌，而体外的空气在流入你体内。现在意识到你自己躺着、站着或坐在椅子上。

用鼻子吸气，用嘴呼气，持续一两分钟。现在慢慢地睁开你的眼睛，意识到你自己，意识到这一刻。

现在，在你的日记里写下发生了什么，你看到了什么，感觉到了什么，学到了什么。

本章顺序是我特意设计的。先从表达式冥想开始，比如混沌呼吸，打破长期以来习惯性的束缚。之后，我们开始与身体的某些部位建立直接的联系，这些部位向我们诉说紊乱的功能、未被满足的需求和无人照料的创伤。我们继续倾听器官和细胞的诉说，它们会告诉我们什么样的物理、情感和精神药物能使我们恢复正常。

这种肯定生命的探索，对于净化内心，以及如何从触发事件（见第十二章）中学习至关重要，它也有助于处理将在第十三章重点讨论的性创伤。

12

驯服创伤触发点

所谓触发点，就像唤醒我们创伤回忆的扳机。扳机一旦被触动，后果就会像一颗子弹在我们体内迸裂，让我们重新感受到曾经遭遇的创伤。

如果你能够驯服你的创伤触发点，就不会再被痛苦的记忆带来“二次伤害”。

触发点：唤醒创伤感受的事件

不久前的某一天，艾米莉告诉我她对她前夫大发雷霆。他对她说，他想拿走几本“我的书”，她的书架上仍放着几百本他的书。“你说‘我的’是什么意思？”这位退休教师质问他，“你就这么迫不及待地想要与我划清界限吗？”

她大喊大叫，让我听到她有多生气。

“我像疯子一样尖叫：‘你为什么总是伤害我？’当时我心跳如鼓。我真的非常生气。当时我被气得喘不上气，我觉得自己要崩溃了。好像他来找我吃饭的唯一原因，他来见我或者说他关心我的唯一原因，就是为了拿那些书。我找不到合适的词描述发生了什么，也解释不了为什么会这么糟糕。

“我前夫结结巴巴地说，他觉得自己已经够细致了，而且他也没有恶意，因为他提前几天就告诉我他需要这些书。他提醒我，这些书是他在遇到我之前读的，书上有他做的标记。他不明白我为什么那么生气。事实上，他不知道怎么就招惹我了。我也不知道我是中了哪门子邪，直到我后来想起那件事。

“过了几天，我才意识到自己当时有多愚蠢。我当时的表现，就像他离开家那天和他提出离婚那天的叠加。尽管这些年来他是我的好朋友，在经济上支持我、照顾我，尽管他每天都给我打电话。我爱他，我知道他也爱我。但在那一刻一切都消失了。那三本书让我重温了 25 年前离婚时所有的痛苦、被拒绝带来的伤害。坦白地说，在我还是个孩子的时候，我的父母一点儿也不关心我。”

触发点，是那些在某种程度上类似于过去创伤并唤醒当时感受的事件（包括言语、行动或感知）。

小说家尼尔·盖曼曾写道："那些画面、文字或想法就像是陷阱，把我们从安全而理智的世界扔到一个黑暗可怕的地方。"盖曼继续写道："过去并没有死……它们一直在黑暗中等待着，伺机给我们重重一击，它们毫不留情，让我们伤痕累累。时间仿佛消失了，一切又回到过去。"[1]

用触发点来形容创伤回忆被唤醒的情形非常恰当。扳机一旦被触动，后果就会像一颗子弹在我们体内迸裂，唤回所有早期创伤所导致的身体感受和情绪记忆。即便触发点只是原初创伤最苍白的复制，就像艾米莉的情况，也是如此。我们的大脑和身体的其他部分的反应，就好像一切是那么鲜活，仿佛每一个可怕的细节正在重演。

一名从伊拉克战场回来的兽医，在酒吧里不小心被人碰到了胳膊，他握紧拳头，准备大打出手。多年前在一条黑暗的小巷里被强奸的一名妇女，在走进另一条小巷时，感觉头晕目眩，身体紧绷，双脚无法动弹，就像是牢牢陷在水泥里。一个忘记回复你电子邮件的朋友，会让你记起幼时被忽视或被遗弃时的那种胃里空荡荡的感觉。

正如你所看到的，触发点要么让我们的"战斗或逃跑"反应开足马力[2]，要么让我们麻木或无法动弹——如果古老的、使生命得以存活的迷走神经分支接管的话。与此同时，大脑的其他部分会放大这种效果。大脑背外侧前额皮质失活，导致我们无法分辨当下情境。右半球因记忆中的感觉而无法冷静，内侧前额皮质无法评估威胁的性质，甚至无法判断威胁的真实性，也无法调节杏仁核激起的"战斗或逃跑"反应的强度。我们的左脑，原本可以理性地解决问题，也是语言中枢所在地，但被重新唤醒的创伤所关闭，既无法理解发生了什么，也无法表达。

当前触发点所带来的感觉，确实很像过去真实的创伤。我们失去控制，就像身处战场，就像被强奸或痛失亲人时那样。

触发点是原始的，充满攻击性的。恐惧、不安和麻木的程度往往与实际情况不符，身体和情绪的反应不受任何对实际危险的深思熟虑的评估的影响。当艾米莉的前夫要求借他自己的书时，他并不是要和艾米莉再离婚，也并非像她童年时的经历那样在威胁要抛弃她。但她的反应却认定了他是。

我们可以把这理解为一种仍未完全整合的进化反应。[3]动物似乎能无意识地学会对任何可能威胁到它生存的事物做出整体反应。它存储信息，以便于迅疾地检索。这样下次它对类似的潜在威胁的情境或气味反应更快——小心驶得万年船。

人类的大脑复杂得多，它基于类比和相似性工作。一本被借走的书等于令人痛苦的丧失。此外，压垮我们的焦虑、愤怒、麻木和退缩也构成了额外的挑战。我们感到自己被迫做出反应，并对这种反应感到沮丧和害怕。我们再次受到创伤，既因为触发点，也因为我们无法控制自己对触发点的反应。

这种情况发生得越频繁，我们就越容易被触发点所影响，也越容易被触发。

更令人不安的是[4]，就像是最原初的创伤一样，任何重大压力都会触发相同的情绪和生理反应：科学实验发现，巨大的噪声或刺激性药物能激活“战斗或逃跑”反应，唤起视觉和听觉特定的、与当前完全无关的创伤的闪回，比如殴打、强奸、早年的丧失、配偶死亡等。为了驯服这些触发点，我们需要知道它们是什么。

然后，我们需要释放它们所激起的汹涌的情绪，在风暴中心放松自己。这样我们可以开始重建与当下的联系，重新加以判断：此时非彼时。然后我们需要继续前进，使用富有创造力的工具和技术鼓励自己，让触发点成为我们的老师。在这个过程中，它们会告诉我们什么仍然在伤害我们，并指明了通向自由的方向。

驯服触发点的五个阶段

驯服触发点，重获自由的过程包含以下五个阶段。

第一阶段：意识到你的创伤被触发了。

首先，你必须知道你的创伤被触发了[5]，感受到你的心跳在加速，双手冰冷；注意到你正在四处张望，检查街道是否有危险；或者突然从兴致勃勃的交谈中停了下来。你必须知道你被触发了，然后才能采取行动。许多女性会立刻明白，她们在夜间害怕空旷的场所，穿过空旷的街道时手心冒汗，都与之前被强奸或骚扰有关。

有时要意识到触发点比较困难。艾米莉过了好几天才发现，无害的借书行为引发了很久以前的丧失感和匮乏感。我们有些人一直处于高水平的唤醒状态，几乎很难注意到一个触发点，它不过是在我们的不安上增加了一个小突起。莫伊拉花了好几个星期的时间，通过一些友好的提问，才发现她对开放空间、工作上的挑战、苛刻的话语的恐惧与车祸中无助脆弱之间的联系。

还有一些人，比如安吉，多年来设法摆脱自己的创伤，看起来相当“正常”，也没有不正常的感觉。然而，在遇到触发点时，他们的身体会可怕地失控，思维也变得混乱。他们充满了恐惧，但并不知道是为什么。

小时候，安吉认为她的“黄皮肤”是一个“错误”。她出生在亚洲，婴儿时被母亲遗弃，六个月时被美国中西部的白人收养。“我从小就觉得自己完全被孤立了，是个彻头彻尾的错误，就像生长在北极的热带花朵。”尽管如此，她还是竭尽所能来抵挡“巨大的悲伤暗流”，否认自己的与众不同。当其他孩子给她起外号时，她就觉得他们在说别人。“我不觉得那是我。”

安吉去上大学时，她的自我保护的幻想破灭了。在亚洲学生团体的邀请函上，她被准确定义为“亚裔”。深埋心底的被亲生父母抛弃的强烈痛苦让她陷入绝望。那个学期末，她在阅读介绍亚裔美国人被歧视状况的书籍时，感到胸口一阵剧痛。

对意识思维来说，触发点可能非常戏剧化，难以理解。意识思维像是被洗脑了一样，做出自动反应。不久前，托德遇到的状况就是这样。没有任何征兆地，他突然失踪了。他的女朋友认为他将实施他前一天的自杀计划。事实上，他真的差一点儿就死了。他买了足够自杀的海洛因，准备了针头和注射器，之后，他吞下了几片止痛药。

第二天，托德来到我办公室，告诉我一个很长的故事。他讲述了自己作为一名被判有罪的重刑犯在贫民窟做粗活儿的经历，他被警察骚扰，被当作垃圾对待。他为自己犯下的罪行感到羞耻，对生活感到绝望，觉得一切都不会好起来。然而，这些都不能解释为什么他会突然想要自杀。多年来，他一直生活在这种充满质疑、令人沮丧和羞耻的环境中，但从未想过要自杀。发生了什么变化？有什么不同？

他的女朋友在找不到他的时候给我打了电话，她告诉我最近他和他妈妈通了个电话。托德找她要钱请律师，她大骂他一顿。托德告诉我，从小她就打他，说他是“没用的垃圾”。我明白发生了什么，他的母亲又一次让他感到羞耻、愤怒、内疚、渺小和绝望，他渴望消失，就像他 4 岁、5 岁和 10 岁时那样。

“给你妈妈的那通电话是触发点。”我说。

“哦，”他看着我，一开始面无表情，“我都忘了。”

“就是这样。”我坚持道，“你听见你妈妈说你是多么没用，它触发了过去所有的痛苦。你相信了她，同时也对她极为愤怒。你想如果你自杀了，也许她会后悔的。也许那时她就会在乎了。”

“是啊，”他说，他的眼睛闪闪发亮，就像考古学家发现了埋在地下的珍贵的骨头，“是啊，我想你是对的。”

随着年龄的增长[6]，许多早年受过创伤的人更容易被触发。这可能与疾病和虚弱导致的脆弱日益增加有关；还可能与老年人在现代社会是边缘人，而医护人员常常麻木不恭或漠不关心有关。

多年来，黛安娜勇敢而充满爱地面对身体上的疾病和经济上的困窘，以及她本不应该承担的损失。然而，在她快 60 岁时，拙劣的手术和随之而来的慢性疼痛形成了触发点。她告诉我，在经历了一整天的剧痛后，或者在面对医生轻蔑的态度时，“面前的一切就像都消失了，我只是家里的一个孩子，他们中的某个人正在做一些伤害我的事情，或说一些非常伤人的话。我有这种可怕的感觉，而且说出来会非常危险，因为我知道他们的反应只会让事情变得更糟”。

的确，意识到自己的触发点是痛苦的，但也是必要的、有益的，它在提醒我们集中注意力。“注意了，”它们告诉我们，“有点儿不对劲……你得做点什么。”

当你的脉搏开始加速、思维开始混乱时，当你视线模糊时，当你莫名其妙地感到愤怒或是想要逃跑时，当你觉得自己像被绑在椅子或床上时，当你无法言说或结结巴巴时，都是你紊乱的身体和思想向你发出的生物反馈信号。如果你注意到这些信号，你就会意识到你的创伤已经被触发了，你需要找到原因并处理问题。

第二阶段：平静身体，镇定心灵。

练习软腹呼吸，它的自我照料功能让我们身心得到平衡，这通常是驯服触发点的第一步。通过缓慢而深沉地呼吸[7]，我们在让腹部变得柔软放松的同时，能平息体内的生物风暴，减弱杏仁核中的恐惧和愤怒，它们所引发的心跳过速也随之平复。痉挛的胃肠道松弛下来，冰冷的双手重新有了温度。自我意识、记忆和判断力开始恢复正常[8、9]。混乱得到了平息，我们开始对发生在我们身上的事情有了新的认识。

原本可能会有的思维模式是“是那些词、那个面部表情、这个地方、那个做了什么事的人，或看起来像谁谁的人带来这些感觉”，而在放松状态下，我们可能会意识到，“那些话语、手势、音调、面孔和场所”唤起了过去曾扰乱、威胁甚至摧毁过我们的东西。

经历触发事件后，要尽快让自己放松下来。然而，并没有一个确定的时间表。艾米莉心烦意乱了好几天；托德 24 小时内在鬼门关走了一遭；莫伊拉用了好几周；而安吉在很多年之后才意识到发生了什么，理解到自己的创伤记忆被激活了。

而且，即使意识到了这些，我们也可能会找理由来为自己的反应辩护——至少在一开始。就像艾米莉实际上的反应：“怎么能指望随时都来借书呢？”不过，一段时间之后，放松会让我们的心胸变得开阔。

现在，软腹呼吸能切换安吉的“开关”。“它把我带回到我的身体里。”自从学会这个方法后，她每天都要做几次，每次持续几分钟。如果她感到身体紧绷或紧张。双手冰凉，就会再做几分钟。“软腹呼吸能让我停止胡思乱想……让我看看是什么让我乱了套。”

第三阶段：用摇摆舞动松弛紧张感。

有时，在触发状态下，你可能感到无法静坐，更自然的反应是想摆脱打击，释放痛苦。你可以直接进行摇摆舞动，或者其他表达式放松技巧，比如混沌呼吸或捶打枕头。

当侄子的威胁、丈夫的愤怒、圣诞节的来临（她不曾有过的记忆）或年幼的儿子乱发脾气，再次唤醒安吉童年的恐惧，令她呼吸急促时，她就会这样做。她花 15 分钟做摇摆舞动。之后，她感到精力充沛，能够为自己而活。有时，在儿子乱发脾气后，她会放音乐和儿子一起跳舞。眼泪夺眶而出，欢笑随之而来。他们互相拥抱，他告诉她他有多害怕，而她理解了。

在这一点上，安吉是个好老师。让软腹呼吸成为每天的固定环节。在你感到身体信号被激活时，它会非常可靠。缓慢而深入的呼吸，能放松你的身体，平静你的思绪，触发点引发的恐惧也会得到平息。你会重新获得一种掌控感，获得洞察力，看到触发点的真相：那是过去创伤的幽灵，而非现实。如果软腹呼吸不起作用，摇摆舞动通常能打破这个咒语，打开枷锁，让你更放松、更安全地回到当下。

你可以把它们当作预防措施，也可以当作治疗措施，或者两者皆是：在可能唤起冲突、残忍或冷漠记忆的家庭聚会前；在你预期可能会被质疑的会议前，它让你想起过去被谴责的经历；任何你预期可能会让你轻易被触发的情境，比如汽车、飞机、陌生的邻居、充满陌生人的聚会等。

第四阶段：观察和学习。

如果你已经用软腹呼吸让自己平静，用表达式冥想来释放了紧张，并挖掘出被埋藏的触发点，那么你就可以近距离观察它并从中学习。你可以运用任何能调动你的想象力和直觉的技巧来帮助你。

安吉喜欢用绘画来探索她的触发点，并从中学习。在一次家庭争吵引发了她的孤独感之后，她所画的“她最大的问题”是一堵墙。左边一个发怒的人保护她不受丈夫的伤害；在她的右边，一堵流泪的墙把她和孩子们隔开了。“我清楚地看到了那些让我无法动弹的障碍。我丈夫的愤怒和愤怒在我心中唤起的记忆，还有我自己过去的孤独，使我无法靠近我的孩子们。”在第三幅画“问题的解决方案”中，她把双臂伸向两边，一只手紧紧地握着儿子的手，另一只伸向丈夫，几乎要触碰到他的手。

与几位年轻妈妈共进午餐激活了诺拉的创伤，让她陷入一种“黑色恐惧”中。她 40 岁，经历过几次流产，至今仍无子女。她用身体扫描帮助自己理解和治疗。

“身体扫描把我带到我的子宫，我真的不想在那里。当我问我在那里做什么时，我的子宫改变了形状。它变成了一个圆圈，飘浮到我的头上，我意识到这是一个王冠。那时，我生平第一次感到做一个女人真好。我的父母一直想要个男孩，而现在他们却一直逼着我生个孩子。我感到我是如此爱自己，我知道我可以把我的爱带到我丈夫和其他许多人的生活中去。”

我的智慧导师是指明触发点和指导我的重要源泉。当一个过于安静的周日夜晚开始变成对我失去的孩子的强烈渴望时，一只蜂鸟出现了。“珍惜你对她的爱，”它这样告诉我。当我提出更多疑问的时候，蜂鸟建议我：“一定要给你儿子同样多的爱……记得去联系你可爱的教子们。”

第五阶段：采取下一步行动。

接下来就是把我们的触发点教给我们的东西带进我们的生活，然后继续前进。

对安吉来说，多画点儿画就行了。她把她的家人召集在一起绘画，并请她的丈夫和孩子们分享出现在他们的画面上的需求和伤痛。在这个过程中，她感到自己和他们一样轻松。

看到她的“子宫冠”，诺拉高兴地笑了起来，她在房间里走来走去，愉快地想象自己像女王那样优雅。然后她和丈夫度过了一个“浪漫”的晚上。

我遵循智慧导师的指示，在日记里给我的小女儿写了我最近看到的那些她喜欢的树木和动物。我给儿子打电话，给教子发短信。那天晚些时候，走在街道上，我发现自己微笑地看着从学校跑回家的孩子和婴儿车里的婴儿。

简要概括，以下是你需要采取的步骤。

· 意识到自己被触发。

· 平衡身心，用软腹呼吸帮自己冷静下来。

· 释放紧张和情绪，通过摇摆舞动、混沌呼吸或其他表达式冥想来增强你的活力。

· 选择一种方式去面对触发点，加以思考并从中学习。你可以运用前面所介绍的绘画、身体扫描、智慧导师及与症状对话等（还可以运用我们将在第十七章创建的家谱图，也就是你的家庭树）。运用它，直到它告诉你你需要理解和感受的是什么，以及你需要用你正在学习的东西做什么。

· 然后去做。

如果几天或几周后你再次被激活创伤反应，也许仍然会很痛苦，但你的反应可能不会那么令人沮丧。你现在知道该做什么，以及如何去做了。你将能更快地完成这五个阶段，而不需要付出太多努力。之后，你也许感觉这有点儿像锻炼后的淋浴，你变得更强壮，更灵活，也更放松。

经过几天的深呼吸、摇摆舞动和捶打枕头，艾米莉让自己痛痛快快地释放了失败婚姻和不幸童年所带来的悲痛。当她向她的向导（一只红色的狐狸）请教时，它很快就帮助她理解了她和前夫之间仍然存在爱和友谊。“他没那么坏。”这只狐狸在离开前露出狡黠的微笑。而她，现在觉得自己被触发点所引发的极端反应有些可笑。几天后，艾米莉告诉她的前夫，她有些反应过度，并愉快地把他的书交给了他。

13

治愈创伤后遗症，建立更好的关系

创伤事件常常会不断地吞噬我们的生活，让我们否认自己，退缩、逃避，不愿意接受新的生活，更没有信心拥有一段健康的爱情或性关系。

愿我们可以治愈创伤后遗症，拥抱更好的关系。

创伤后遗症：退缩、恐惧、逃避、抑郁

如果你深受创伤后遗症的折磨，尤其这创伤与性有关，那将会是一场艰巨的“斗争”。而五分之一的美国人在孩童时期曾遭受过性骚扰，每年有成千上万的成年人被强奸或性侵犯。

所有的创伤都会对性生活和感情生活造成伤害[1]，部分原因是“战斗或逃跑”反应抑制了性欲和性功能。这是有道理的。如果你正处于生死关头，停下来享受性爱可能带来致命危险。如果“战斗或逃跑”反应持续，它会继续破坏对性的反应，妨碍当前的亲密关系，并阻碍我们建立新的关系。

如果是明确的性创伤[2]，创伤的负面作用会被记忆强化，使遭受创伤的人在欲望面前变得不知所措，亲密关系也令人感到可怕。如果这种创伤是不可避免的，比如在儿童时代遭受的性虐待或强奸，所造成的创伤更大也更难以修复。性虐待的幸存者被毒害身心、饱含恐惧的焦躁，以及反复出现的、不可预测的闪回与噩梦所淹没，逼迫他们进入一种麻木的退缩状态。[3]这种退缩是生理的，同时也是心理的。大脑在面对巨大的创伤时，释放出的内啡肽减少了侵犯所带来的身体疼痛，与此同时，它们把我们从身体创伤的恐惧中“解离”出来。

然而，随着时间的推移，在面对残酷而又无法逃避的攻击时所采取的自我保护措施，会变成一种长期的、可怕的负担，可能会让我们疏离自己的身体，对他人的身体感到恐惧，也不期待与他人有任何连接。

乳房和生殖器部位的手术可能会造成创伤，也可能同样引起麻木退缩。[4]

如果伴侣排斥我们的身体变化或为之焦虑，情况会更严重。

有时，失去爱人或配偶也是如此[5]，尤其是对方主动离开。被拒绝的不仅是身体，还有情感。我们曾经觉得自己充满活力，富有魅力，而现在，在失去爱人之后，我们的身体似乎变得迟钝、陌生。我们坚信自己不受欢迎，不可能有人爱自己。

对上述任何一种情况急于补救，都可能适得其反，甚至是危险的。如果你没有做好准备就去面对身体和情感上的亲密接触，最初创伤事件所带来的痛苦及对暴力的恐惧，将会再次加剧，让你更加麻木退缩。你可能会发现自己更没有信心拥有一段健康的爱情或性关系。

不过，你仍然有机会正确看待你的恐惧，拿回你身体的主权，重新享受性爱。这一章讲述的是莎莉的故事，关于她所遭受的创伤和重生的故事，关于她在情感和性方面新生的故事。

莎莉是位光彩照人的女性。我知道这是陈词滥调，但她看起来确实大受欢迎。最近我们见面时，她谈笑风生，热切地倾听我的生活，为一位老朋友的去世流下眼泪，分享她从所带领的儿童身心计划中获得的喜悦。

莎莉已经 50 岁了，但看上去比实际年龄至少年轻 10 岁。她金发碧眼，柔美又有力量，就像是古典名画中翩翩起舞的女神。她是贤妻良母，也是深受欢迎的教师、教练和咨询师。

莎莉是你所学习的所有工具的忠实的、值得庆贺的使用者，是这种转变活生生的、充满爱心的化身。莎莉在贫穷、忽视、暴力及性虐待中度过了伤痕累累的童年。

接下来的内容，她将简单地向你介绍她的童年，以及之后她成长和康复过程中一些重要的时刻。在这个过程中，我将着重介绍她如何运用我向你们分享过的那些方法和工具来治愈自己。

“从我记事起，”莎莉开始说，“我母亲一直想离开我父亲，但她觉得无处可逃。她的父母都是酒鬼，家里充满了火药味。我父亲的暴力、父亲对我和她的性虐待，对她来说并不奇怪。她知道她讨厌这种生活，但她认为生活就是这样的。

“他扇她耳光，对她拳打脚踢。准备好饭菜之后，她不知道他会不会把它们扔到地上。他折磨她——剥掉她的衣服，把她吊起来。在做爱的时候，他打她的脸。

“从我 3 岁起，他就用煎锅之类的东西砸我，还把我往墙上撞。他喝酒后，会像情人一样抚摸我，亲吻我。而到了晚上，他会睡在我身上。他令我窒息，我能闻到他的气息，感到床的晃动，听到弹簧的嘎吱声。

“有时我可以和妈妈愉快地待在厨房里，但随着我长大，我身体各个部位都变得越来越紧张。只要父亲出现在我身边，我就会屏住呼吸，看向别处，我害怕发出任何声响，我希望自己会隐身术。我记得在我 8 岁时，他哭着喊着说我妈妈是个荡妇，还说他不确定他是不是我爸爸。

“在我 9 岁，也许 10 岁时，他开始说我又胖又丑又笨。我非常痛苦，伤心欲绝。我真的认为自己很愚蠢，一文不值。我一直在问：‘我为什么要来到这个世上？’

“在我进入青春期后，他总是不怀好意地看着我，还说‘瞧瞧她这胸部’。我一直生病，支气管炎、哮喘、耳部感染和脓毒性咽喉炎我都得过。抗生素毁了我的牙齿。我在学校成绩也很差。

“我内心很矛盾。我非常希望母亲离开他，但离婚似乎很可耻。和母亲一样，我不知道离开他我们能不能活下去。当她终于准备离开时，我突然癫痫发作。”

我问莎莉，总是面临这样恐怖的状况，她是怎么活下来的？她说她在狗那儿找到了慰藉。“她救了我的命。我会搂着她躺在床上，用她松软的耳朵擦干我的眼泪。跳舞也很重要，在我十几岁的时候，我总是藏起自己的身体，但我需要和其他女孩一起上舞蹈课，我一个人在房间里的时候也会跳舞。”

莎莉说：“我渴望温暖和亲吻，渴望有人拥抱我。”但她不信任男性，她害怕他们，她回避男孩和男人。“我很确定他们就像我父亲一样。他们只是想和我做爱，他们肯定会伤害我。”她喝酒、吸毒，以消除恐惧和厌恶感，最后还是被像她父亲那样的男孩和男人虐待或利用。

莎莉高中时成绩很差，她也不想上大学，因为大学是留给“有钱又聪明的人”的。高中毕业后，她做了四年的低薪工作。她非常绝望，但也足够聪明，最终鼓起勇气去上了大学。“我想，我不能一辈子都在加油站当收银员。”

莎莉尽她最大的努力让自己的言行举止像个大学生，但她的内心仍然是崩溃的。她一直抑郁又焦虑。“我连做最简单的事情的精力都没有——学习、外出，有时甚至起床也很难。”

她患有重度性创伤后经常出现的解离状态。“有一天，我一下车就意识到我不知道怎么才能到学校。我经常处于解离状态，不知现在是什么时候，也不知自己身在何方。”她所有的课程都不及格。“我哭着睡着，哭着醒来。我想，我父亲是对的。也许我应该自杀。”

莎莉去看了精神科医生和心理治疗师。医生为她开的治疗焦虑和抑郁的药片让她平静了一些，但并不能缓解她的抑郁情绪，也无法打消她的自杀念头。莎莉经常听不懂她的治疗师在说什么，但有一件事确实起了作用。“‘做你喜欢做的事。’我的治疗师告诉我。”莎莉听从了她的建议。她试探性地、有些害怕地跳起了乡村舞蹈。

“我警告一位一直邀请我跳舞的男士，我说我有抑郁症，而且总想着自杀，还说我不喜欢男人，我只喜欢跳舞。他只是笑，继续跳舞。一年半后，我们结婚了。”

婚姻带来了稳定、爱情和友谊，但也带来了恐惧。“我丈夫想成为我的救世主，这把我逼疯了。我喜欢拥抱，但不喜欢性爱。与人发生亲密关系，就像又回到了 8 岁，我父亲躺在我身上，床嘎吱作响，我快要窒息而死。和丈夫发生关系后，我跑进浴室呕吐，躺在地板上缩成一团，脸颊贴在冰凉的瓷砖上。”

莎莉加入了一个性侵幸存者组织。“我意识到其实我被虐待了，而不是疯了，还有其他女性有过同样的经历。”这让她觉得“少了点儿羞耻和愧疚”。尽管如此，她还是坚信作为一名母亲和助教，自己还不够称职。

在与丈夫同床共寝时，或者在上班路上，以及某些沉思时刻，她觉得自己又滑到原点，被记忆压得喘不过气来，动弹不得。“我不明白为什么我仍然如此抑郁，还是这样想自杀。我想：‘这有什么大不了的？为什么我就不能克服它呢？’”

治疗创伤后遗症的四个步骤

莎莉的康复之路还很长，但是她已经取得了进步。我想强调一下她为疗愈创伤所采取的四个步骤，你也可以采取这些步骤。

第一步：寻求帮助。

性虐待不仅给受害者的安全造成威胁，还会让他们感到羞辱和被孤立。性虐待的隐秘性加深了这些感觉。暴力或恐吓，对事情暴露的恐惧，责备和内疚都会加剧孤立和孤独感。对孩子来说，如果被父母或其他所依赖的成年人虐待和囚禁——就像莎莉所经历的那样，这种伤害是毁灭性的。对成年人来说，如果被比自己有权势的人攻击或骚扰，情况也是如此。

接触共谋者之外的人本身就是一种治疗行为。[6] 共谋者是指那些顺从的、假装对性侵犯事件毫不知情的家庭成员和将之合理化的同事。莎莉从见治疗师开始，你可以从你的配偶、伴侣、朋友或你觉得能理解你的家人开始，也许还可以通过运动认识一些有相同经历的人，从接触他们开始。这种关系可能不完美，他们对你的理解也可能不够全面，但你已经开始重建被创伤破坏的社会联结的能力。

这种关系确认了你（以及其他人）可能否认或压抑的某段经历的真实性。羞耻感曾让你抬不起头，而现在你感觉自己被接受和肯定了。需要注意的是，和你觉得可以信任的人分享你的秘密。

第二步：找到一个让自己感觉好点儿的方法。

这条治疗建议很简单，但对莎莉来说至关重要，就像是溺水时扔给她的一条绳子。她——几乎是我们所有人都有决心和智慧抓住它。

受虐会让我们感到自我价值被贬低，甚至还会让我们不再珍视曾经给予我们满足和快乐的东西。做一些让我们感觉好起来的事情显然是一种解药。它至少能暂时让我们远离绝望，逐步康复，并开始新的生活。

如果令你愉快的事情是运动，那么事半功倍。运动意味着我们从折磨我们的人手中夺回了自己的身体。这是我们自己的身体，我们要享受它。跳舞是莎莉的拿手好戏，摇摆舞动拯救了消防员达西，而举重对珍娜有疗效。

许多被强奸或经历过性虐待的人被武术吸引。我鼓励他们去尝试。运动的乐趣和身体上的训练，因知道能够保护自己未来免受伤害而得到强化。运动既能让我们集中注意力，又能释放被压抑的愤怒。

找一项适合你的运动，去练习，并注意你的感受。自身能量的增加和信心的提升，将鼓励你不断练习。

第三步：与遭受同样痛苦的人建立联系。

加入性侵幸存者组织是远离因虐待而带来的孤独感的另一步，也是一种更带有目的性和更聚焦的接触。成员都知道莎莉经历了什么及她为此付出的代价。倾听他人的讲述，让莎莉了解原来他们也有类似的感受、想法和经历，也许她并非像她所认为的那样是世界上唯一痛苦的人。莎莉开始摆脱受害者的无助感，把自己视为一个积极、坚强的幸存者。

你可以搜寻一些适合自己的支持性团体，去参加几次团体咨询，如果感觉适合，那么就继续。

第四步：找一个真正关心你的伴侣。

莎莉在青春期的性尝试，重复了她父亲对她的侵犯，证明和加深了她对亲密关系和性的恐惧。遭受过性虐待的受害者经常会出现这种情形，被那些与伤害过自己的人相似的人所吸引，天真且满怀希望地将对方的性需求误以为是真正的欣赏、对爱的渴望、带有占有欲的关心。

多年以后，莎莉开始欣赏自己，她终于可以做出明智的选择。当一名男性执着而深情，而不是想要操控和惩罚她时，她能认识到，他为她提供了建立真正的亲密关系的可能性，以及克服焦虑的安全地带。虽然享受彼此的性爱仍然超出莎莉的能力，但这是一个开始。

对人际关系持开放态度。尊重自己的局限性，确保你的伴侣也是如此。

加入团体，学会拥抱身心

加入我们的身心技能团体

在莎莉和我交谈的七年前，对于治疗，她几乎不敢抱有希望，但她非常渴望能够放松下来，能清晰地思考，享受或至少不惧怕与丈夫的性行为。很快，一切都开始改变。

这个团体给她带来了新的启示。团体中的其他性侵幸存者欢迎、理解和接受了她。但在某次心身技能团体活动中（我们将在第十八章中介绍某一次活动），她有了其他的感受。“深层的关爱和接纳。我不仅是一个‘幸存者’，我还是一个人，最重要的是，没有人想治好我。”莎莉（我希望你也可以）不慌不忙，没有压力，很安全地分享她的恐惧、痛苦、愤怒和羞耻，回忆给她现在的生活蒙上的阴影，她的笨拙无能，她失去的时间，并且有史以来第一次回忆起被虐待的细节。她说：“这是一个悖论。我有 PTSD，但我没有 PTSD，我远不止如此。”

对莎莉来说，加入这个团体就像是去了一所“生命在于学习”的学校。每一种自我照料技巧——也是你正在学习的——就像她自己的疗愈之舞中的一个新步骤，是一种她可以在任何想要或需要的时候开始的舞蹈。

学着平息焦虑，找到解脱

软腹呼吸迅速成为莎莉可靠的力量来源，同时也让她得到放松。性虐待使她感觉很无力。通过缓慢的深呼吸，她发现自己可以安全地、缓慢地释放身体的紧张，享受放松的过程，让身体柔软起来。“即便又感到了 8 岁时的恐惧，我也能平复自己的焦虑，停留在当下。”她可以挣脱她的记忆，而不是被它们囚禁。

她闭着眼睛做摇摆舞动。“那种感觉是交际舞从未带给过我的，我像是第一次可以自由地移动自己的身体，而不被当作性欲的对象。我真的感受到我在我的身体里——不是麻木的，而是享受它。”各种情绪——悲伤、愤怒和恐惧——随之而来，穿过她，又消失了，她感受到了快乐，品尝到了自由。在那以后的许多年里，每当她无法安静地坐下来呼吸，每当她感到自己的愤怒足以烧毁一座城市时，她就会在摇摆舞动中得到放松和解脱。

利用想象力和直觉

莎莉和其他遭受性虐待的人很难相信他人，他们的自信心也受到损害，他们可能对自己的判断没有信心，不断地怀疑日常的决定和对爱情的选择。

现在，莎莉借助于一些能激发她想象力的技术，比如引导意象、绘画和对话，来探索和回答那些多年来让她困惑又无法思考的问题："我是不是笨得都不能理解这个概念，也做不成这个工作？""这个人是关心我，还是打算利用我？""我是否清楚自己要选择什么职业？""今晚和对方在一起时，怎么能让我自己觉得舒服？"

慢慢地，她形成了自己的直觉。每一个觉悟都增加了她的信心，每一个正确的决定都加强了她对自己的信任。那些更为明智的甄别和判断，也使她更容易摆脱自我麻痹和残酷的自我评判。

现在，当创伤记忆威胁到她时，莎莉不再觉得自己是"受害者"，甚至也不是"幸存者"。她是"一个有问题的学生"——我能学到什么？我该怎么办？她还是一个寻找社交和智力挑战及性恐惧答案的"工具"。

如何进行性康复

莎莉开始和丈夫分享她所学到的东西，她接受了自己的局限性，并且自信地要求他也这样做。"慢慢来，"她现在可以告诉他，"我的智慧导师告诉我，在我们接触彼此身体之前，必须先冥想。让我们在脱衣服之前做这件事。让我们用心做每件事。"脱掉衣服后，他们牵着手，深情对视。然后，他们慢慢地拥抱、爱抚对方，享受这种接触和联结，营造出一种安全的、互相尊重的亲密关系。在这种亲密关系中，莎莉控制着节奏，可以迎接并享受兴奋感。然后，只有当她觉得自己已经准备好且感到安全了，她才允许他慢慢地、温柔地进行下一步。如果她感到恐惧，他们就一起呼吸，放松。慢慢地，莎莉能够接受并享受性爱，拥抱高潮，获得释放，她第一次感觉到"真的在做爱"。

试着理解施虐者

家谱图（我们将在第十七章详细讨论）给莎莉带来了启示。她从她所画的几代人的族谱中理解了之前无法理解的事。她意识到，给她带来那么多痛苦的父母，他们自己也曾受到其父母和其他亲戚的虐待。

看到家谱图，莎莉对自己的过去释然了。她第一次明白，她既无须为自己所遭受的虐待负责，也不应该遭受虐待。让她惊讶的是，在保持安全的情感距离的情况下，她甚至能够对那些严重伤害她的人产生一些同情。

莎莉的先辈中有逃离饥荒和迫害的难民，他们是家谱图中具备创伤复原力的榜样，她可以从他们的故事中寻找灵感。在绘制代表她所选择的新家庭成员的符号时，她把朋友、老师、心身技能团体成员和宠物都画在页面上，她可以向这些人寻求安慰、支持和指导。

寻找意义和目的

莎莉的故事并没有随着她的康复而结束。它仍在继续。自从开始接受创伤治疗课程，炼金术就开始了。她清醒过来，心胸变得开阔，生活积极性高涨。她找到勇气去面对曾经使她恐惧的事情，同时开始对其他遭受类似痛苦的人报以同情，并意识到帮助他们是她的使命，也是她持续的自我疗愈的一部分。她完成了大学学业，获得了教学和咨询方面的高等学位，并开始带领心身技能团体。

对虐待的恐惧为莎莉打开了一扇理解之门，穿过这扇门，她学会珍爱自己和自己的生活，拥抱她全新的丰富的人生。莎莉不断地分享她的新发现，她陪伴遭受过性虐待的儿童和成年人，也与施虐者共处。她所在社区的临床医生心怀感激地将病人转介给她。

莎莉是一名教师，但她的人生故事及她本人给我们上了最好的一课。每当我抗拒自我探索和自我照顾时，她勇敢的奉献召唤着我，帮我找到前进之路。如果你在当前的混乱中迷失，如果你被过去的经历囚禁束缚，如果你曾经感到绝望，也许可以再读一遍她的故事。让她为你保留希望之光。如果她能做到，你也能。

14

自然疗法：与大自然进行连接

懂得与自然连接的人，抑郁情绪更少，压力更小。

大自然可以治愈一切

最开始的几次，当我在指定的第三幅画（最大的问题已被解决的那张）中看到自然世界的事物时，我既惊讶又好奇。在他们的第一幅作品“你自己”中，“艺术家们”往往执着于工作，通常孤身一人，偶尔也会以一种僵硬的姿态和家人或朋友在一起。在第二幅“你与你最大的问题”的画中，他们有时陷入家庭或工作的囹圄，或者像阿兹哈尔一样，在画面的角落，小到几乎看不见。有的人受到残暴的家人或武装士兵的威胁，有的人被医疗设备缠绕，还有些人被毫不留情的时钟所威胁。

然而，第三幅画却截然不同。我不断看到清晰的树木、花朵、山川和河流的形状。通常在第三幅画中，人们的身体更为丰满，面部表情更为丰富，衣着也更为鲜艳。哪怕只是想象生活在大自然中，似乎也能给“艺术家们”带来更多的生命力。而且与前两幅画相比，“艺术家们”不再孤单一人，身边围绕着其他人和各种动物，似乎解决问题的希望正在让自然世界和艺术家的心灵重新焕发生机。

很快我就注意到，第三幅图中的许多人（甚至可能是大多数人）在大自然中是快乐的，甚至是欣喜的。不管他们的问题是什么，大自然是解决方案的一部分。

对于像埃尔维这样的人来说，这似乎合情合理。埃尔维是一名生活在海地，热爱园艺的保安。他的妻子在地震中死去，他把他的重生描绘成植物和鲜花起死回生，对于这一点我很容易理解。但我也在其他加沙儿童和成人的绘画中看到了自然——鸟儿盘旋在瓦砾堆的树木上，妇女们手拉着手望着大海。

后来我发现在美国也同样如此，不管是城里人还是乡下人。一位正在接受癌症化疗的高管的解决方案是在晴朗的天气里爬上附近的一座青山；一位被父亲性侵的女孩，承受着被家人背叛和羞辱的痛苦，愉快地行走在城市公园里。

这些画提醒我们，大自然可以治愈一切。我们是她的一部分（是的，我确实认为大自然具备女性气质，是给予我们生命、滋养我们的母亲）。

与大自然的联结让我们感到放松，就像一棵树把自己的根深深扎入土壤。我们紧绷的肩膀放松下来，呼吸变得悠长。我还记得小时候，我在纽约中央公园自由地奔跑、欢笑，或者倚着栏杆，心满意足地看着河水在身边流淌的感觉。走进大自然时，我们的脚步更为轻快。我们再次感到，就像大自然一样，我们也可以成长和改变。

科学文献证明了那些遭受创伤的人们的直觉，敦促我们重新建立与大自然的联系。早在 35 年前[1]，研究人员就已经观察到，那些房间朝向树木的住院病人明显比窗户朝向小巷或砖墙的病人“少一些抑郁和眼泪”。他们感觉更为良好，能更快地从医疗创伤中恢复，更早出院。

在那之后的几年里[2]，世界各地的研究人员探索了可以让我们与大自然重建联系的各种方式，以及她馈赠给我们身心的礼物。研究发现，与看城市风景片的人相比，看乡村风景片的人能更快地从压力中恢复，适应性也更强。乳腺癌术后康复期的女性在自然环境中可以更好地集中精力。在绿地散步的抑郁病人[3]，明显比那些在城市街道上散步的抑郁病人心境更佳。最近，格雷戈里·布拉特曼和他在斯坦福大学的同事已经证明[4]，城市居民哪怕只是在大自然中漫步 90 分钟，就能够减少与病态的思维反刍有关的大脑区域的活动。思维反刍是对自己和生活中的消极想法的反复、无用的咀嚼，正是这种自我毁灭性的心理活动，禁锢了创伤群体和抑郁病人的大脑。

这种情况在世界各地都普遍存在。英国的研究表明[5]，生活在农场里、田野中和草原上的人压力更小，抑郁情绪更少，与生活在绿化面积小的区域的人相比，他们的寿命更长。另一项研究表明[6]，土壤中的一种杆菌能提高神经递质血清素的水平，而血清素有着镇定和改善情绪的作用，促进了治疗效果。

在日本，一项名为“森林浴”的研究显示[7]，不管是在树林中散步、欣赏风景，还是呼吸空气中药用植物散发的香味，都具有治疗效果。针对 24 个地方的森林浴者的研究，都发现了患者皮质醇降低、血压降低、迷走神经活动增加的结果。在遭受创伤或面临长期压力时，这些变化有益于身心健康。

如何与大自然重建联系

我们现在知道，大自然确实能帮助我们康复。那么，该怎么做？在哪里？需要多长时间？如何开始？

关于这一点，莎伦的经验可以分享。莎伦的家庭冷漠而好斗，她是在荒野长大的孩子。就像一百年前的拉科塔人一样，她经常在怀俄明州的平原上漫步、登山。晚年，她不幸遭遇车祸，接受了多次手术，过着与世隔绝的生活。她身体残疾，沉浸在失去亲人的悲伤中，但仍然与大自然保持着一种具有启发性的、赋予生命意义感的连接。

她每天花相当长的时间沐浴，一边沐浴一边温柔地抚摸自己的身体，与身体重建连接。她还会为自己和几位好友精心准备创意十足的食物。她幸运地住在树木成荫的街道上，住在有小院子的房子里。她密切关注着月相对她的关节和情绪的牵动，每晚都会抬头仰望第一颗升起的星星，向它许愿。她享受自然的风貌和季节的变化，欣赏温度和湿度的微妙变化，醉心于春日的温暖、窗外初开的花朵、秋日凉爽的风。莎伦照料着一个小小的药草园。第一场雪降临，她变身为“雪天使”。

大多数滋养莎伦的东西我们都能获得。那些住在光秃秃街道上的人看不到自然风景，不得不更有意识地去观察和接触大自然，调整自己去适应自然的节奏，但这仍然是可行的——而且值得一试。在过去的 35 年里，我认识了纽约市许多长期被关在监狱里的人，他们有着受创的童年，成年生活也诸多苦难。他们告诉我早晚去公园散步时的快乐；从地铁走到公共海滩，呼吸着海水浓郁的咸味；有时漂浮在浪花上，体验失重般的兴奋感。他们惊奇地谈论照料一株在屋顶、安全梯甚至窗台上的植物所带来的乐趣。

只要有时间，不论身在何方，都要抽出时间去亲近自然——不管是一个小时，一个下午，一天，一个周末，还是更长的时间——让自己恢复活力，治愈伤痛。尊重自然，并向她学习。

20分钟的正念散步是一个很好的开始，它能给你带来研究所承诺的好处。我有时会缓慢地走在街道上，自言自语地说着我注意到的东西：树上的叶子，参差交错的树枝，在其间跳跃和鸣叫的小鸟，绕着我的脑袋飞来飞去的嗡嗡作响的昆虫，邻居家院子里一年四季都繁茂的花花草草。

如果你住的街道缺乏自然风光，那就去郊区或公园。即便是个小公园，也会回报你有意识的努力。你的眼睛和心灵会落在树木上，你的双脚会感受到泥土和岩石的质地，你的耳朵会记录下溪流的声音。

去感受自然节律，参与她不断循环的诞生和成长、死亡又重生。这一切也在提醒我们，我们的内部——思想和情感、器官和细胞——也一直在发生变化。

身处自然环境，无须努力或提醒，我们也能感到创伤的重担正在从肩头滑落。我们将切实体会到研究告诉我们的真相：自然环境能让我们心情放松，精力集中，压力激素水平降低，脚步变得轻盈。我们得到的信息是：曾经击垮我们的创伤不会是永远的痛。

在这儿，一如既往，呼吸是我们的导师。缓慢而深沉的呼吸可以让我们感到外部自然世界和我们内在之间的联系。我们可能还记得，这种联系紧密又常见：树木为我们提供吸入的氧气，而我们呼出的二氧化碳反过来又供养着树木。深呼吸，放松，去体会你是大自然的一部分，她一直在关心你、支持你。

许多年前，希亚姆曾指导我做一些尝试，它们对我欣赏大自然和自己大有裨益。

以下是其中之一。

抽出20分钟或半个小时，仔细观察12片树上的叶子。观察每片叶子的大小和颜色，注意它们的形状和轮廓的差异。慢慢地、仔细地观察，然后再看一打，或者两打。我相信，每片叶子的差异会令你又惊又喜。

你是大自然的一部分，就像树上的叶子一样。当你开始欣赏大自然的多样性时，你也会逐渐欣赏自己的独特性。你会接收到这样的信息：你与他人的差异可能会让你感到不舒服，但它也是你自我欣赏的机会，是值得庆祝的理由。

种树或者侗花养草，是应对丧失和死亡这些不可避免的创伤的古老又智慧的方法。不久前，在由旨在帮助军队自杀者家属的"幸存者援助计划"赞助的一次会议上，我和一位来自南方小镇的农业设备推销员理查德一起喝了杯咖啡。理查德语速不快，带着一点儿拖长的尾音，他彬彬有礼地递给我奶油和糖。

"有时，这些家庭的照片会浮现在我的脑海中。"他边说边喝着咖啡。"去年或前年，有600人或800人参加会议，我们都经历过同样的事情。我从中获得了一些安慰和支持，也学习到一些东西。"

他告诉我，我在下午的工作坊教给他的软腹呼吸使他心事重重的内心平静了下来，而摇摆舞动帮助他为痛失爱子而哭泣。理查德的儿子是一名陆军中士，在与妻子发生争吵后，他朝自己头部开了一枪。在摇摆舞动之后，他体会到儿子生命中的快乐。他解释说："没有任何东西可以消除伤痛。"但他认为，这些新技术将为他多年来所学到的关于处理悲伤的知识"增加一些重要意义"，还能使他更好地纪念和尊重儿子的生命。

有一件事他特别想告诉我，那是他纪念儿子的一种方式，同时对他也很有疗愈作用，他认为我可能想要和我的同事们分享。

几年前，他在一个对他和他儿子都有特殊意义的地方种了一棵树。从那时起，他就经常为这棵树浇水和除草，坐在它旁边，看着它长大。他常常筋疲力尽、垂头丧气地来到树下。他哭泣过后，对这棵正在生长的新生命感到惊奇。他觉得这种感觉很难解释，就像这个新生命与他的儿子有某种联系。

理查德的儿子——那位自杀的陆军中士，从来没有机会在自然中享受应有的疗伤体验，而这本该是归国战士应有的权利。世界各地的土著人民都明白，消除流血和愤怒、失落和内疚，是战士能够重返和平社会的必要前奏。这种净化和回归需要在大自然中进行，通过一些特定的仪式，用女性的养育平衡男性的攻击性。过去，在北美的一些印第安部落，年长的妇女常常为战士洗澡，照顾他们的心理和身体创伤。

但现代退伍军人被草率地对待，被剥夺了应有的重新融入社会的仪式。他们被迫创造了自己的仪式，通过重拾与自然的疗愈关系，完成自己的回归，重新融入社会。他们的做法可以指导和激励我们其他人。

第一位徒步走完阿巴拉契亚步道（横穿佐治亚州到缅因州）的人是位“二战”老兵，名叫厄尔·谢弗。他决定摆脱军队对他的影响，无论是精神上，还是身体上。60年后，大量老兵开始徒步阿巴拉契亚步道，或者从一个海岸走到另一个海岸。

希思·兰克托特是一名前海军侦察兵，曾两次前往伊拉克。退伍军人管理局的医生给他开了八种不同的药物，但他不想要任何药片。他决定徒步穿越大陆分水岭上的雪地和沙漠，“反思过去，涤荡心灵”。

当然，不只是退伍军人懂得借助荒野净化创伤的必要性。谢莉尔·斯瑞德说自己通过徒步穿越太平洋山脊国家步道，治愈丧失和成瘾，她的自传极为畅销。现在，成千上万的现代男女正走在“卡米诺之路”上。

在荒野中行走几周或数天，可以打破旧的习惯，消除往日恐惧，熄灭灼烧我们的罪恶感。但偶尔在大自然中待几天，甚至几个小时也能帮助我们卸下沉重的精神负担，让我们进入鲜活的当下。梭罗在他的散文《荒野》中说：“世界存留于荒野之中，不只是我们赖以生存的世界，也是我们的内心世界。”

敬畏自然，与自然建立连接，能让我们跳出创伤的恶性循环，回归日常生活，体验奔流不息、生死轮回的生命长河。我们也被提醒，我们属于一个比我们自身更宏大的存在，属于一个充满惊奇、敬畏和活力的世界，它可以让我们得到放松，让我们为抵御过去的伤害和未来的伤痛而努力。

花点儿时间，努力亲近自然吧。

15

动物疗法：陪伴有多重要

动物也是我们的伙伴，可以让我们敞开自己，获得陪伴和安慰。

动物也可以成为你的“智慧导师”

在充满希望的第三幅画中，动物经常作为智慧导师和伙伴出现。多年来，蜂鸟、乌鸦和蜻蜓作为我的智慧导师的次数，比我的祖先、导师或神更多，就像我心爱的孩子们是我伟大的老师一样。

自然界的一切都可以用来修复创伤，我们的近亲——动物——还能给我们带来一些特别的东西。动物与我们的交流超越语言，它们欢迎我们的拥抱，给我们无条件的爱。它们倾听我们的痛苦，不加质疑，没有评判。它们充满情感，我们可以对它们袒露心声。当我们被别人伤害，当我们痛失所爱，当亲密的人际接触存在危险或引发失去亲人的恐惧时，动物对我们尤其重要。

2012 年，康涅狄格州桑迪胡克小学发生惨案，20 名儿童被杀害，幸存的孩子深受惊吓，但又无法向关心他们的父母或专业人士讲述那些可怕的记忆和持续的噩梦。与此同时，他们却纷纷愿意亲近治疗犬[1]，一连好几个小时抱着它们，和它们交流。

针对罹患绝症的儿童[2]和从战场归来的退伍军人的治疗，通常把马的陪伴——马术治疗——排在治疗方案的首位。6 岁时，我独自一人参加夏令营，通过爱抚、喂养和照顾兔子熬过了那段艰难时光。我最小的弟弟杰夫曾承受着父母不断升级的冲突带来的全部压力。他告诉我，如果没有和他睡在一起的可爱的小狗，他不可能熬过那些充斥着咆哮、泪水和殴打的夜晚。

还记得在第十三章中被父亲性侵的莎莉吗？她用小狗耷拉着的耳朵擦掉眼泪。

200多年来[3]，一些敏锐的临床医生发现了动物的治疗能力，把它们记录在案，并纳入治疗方案。18世纪末，英国约克静养所的精神病患者被鼓励与农场动物共度时光。被称为美国精神病学之父的本杰明·拉什将他在宾夕法尼亚州的医院项目效仿约克的方案。19世纪晚期，弗洛伦斯·南丁格尔发现[4]，带着小动物查房可以减少住院的儿童和成人的焦虑。此后不久，西格蒙德·弗洛伊德发现[5]，当他的小狗乔菲靠近他的病人时，后者能更舒服愉快地躺在沙发上，更自由地讲述痛苦的记忆。

过去40年里，许多研究人员评估了这种治疗效果。几项针对健康成年人和高血压患者的研究表明[6]，与动物短暂接触可以降低血压。发表在《身心研究杂志》(*Journal of Psychosomatic Research*)上的一项小型研究表明[7]，这种积极的变化伴随着压力激素皮质醇的减少，以及能提升情绪的内啡肽、多巴胺和催产素的增加，而这些激素负责建立情感连接。对于参与其中的狗狗们来说，这也是一段快乐的经历，它们的内啡肽和催产素水平也有所提高。令人吃惊的是，人类和狗狗仅仅接触5～24分钟，这种激素的增加就发生了。

几年前，艾瑞卡·费瑞得曼和她的同事发表了一篇关于动物疗法的研究[8]，其疗效令人印象深刻。这项研究结果显示，因心脏病发作或心绞痛住院的病人中，养宠物的患者一年内的生存率明显高于没有养宠物的患者。"一年内，39名没有养宠物的患者中有11人死亡，而53名宠物主人中只有3人死亡"，死亡率分别为28%和6%。这种差异在统计学上具有高度显著性，而且更重要的是，宠物主人的生命得到了挽救。

研究还表明[9]，哪怕只是与动物短暂接触，也能增强人们与他人的联系。在与实验豚鼠进行了3次10分钟的游戏后，自闭症儿童微笑和大笑、与他人交谈和触摸的次数明显多于他们玩玩具的时候。后一项发现尤其重要。创伤可能使我们变得孤僻、恐惧和多疑。我们与动物之间的联系，我们被它们所认识和接受的感觉，以及我们对它们的关心，可以成为一座活生生的桥，让我们重新关心他人，与他人建立连接。

鹦鹉如何唤醒人的同情心

最近对人和鹦鹉（是的，鹦鹉）之间的关系的观察尤其令人惊讶。虽然目前还没有对照研究，但作为科学探索第一阶段的逸事和见证，为我们描绘了一幅动人的画面，展现了动物为人类治疗的可能性。

2016年初，六七位朋友给我转发了《纽约时报》上的一篇文章[10]——《鹦鹉有多了解创伤后应激障碍？》，作者是《时代》杂志的查尔斯·西伯特。这篇文章让我热泪盈眶，它所传递的希望也令我振奋。

文章主要内容如下。一些遭受严重创伤的美国退伍军人，因自己亲眼所见和犯下的恐怖行为而精神错乱、残疾，通过照顾那些曾被二度创伤的鹦鹉，他们找到了救赎和康复之路。

这些人里，其中一些之前有自杀倾向，被关在精神病院，被视为情感残疾者。他们无法入睡，易激惹，大多数时候缄默不语，内心充满绝望。而他们遇到的鹦鹉，最初被人从它们所属的野生鸟群中偷走，之后由于主人死亡或被主人遗弃，失去了曾给过它们第二个安全家园的主人。

这些蓬头垢面、失魂落魄的鸟儿获救后到达了避难所，出现的许多症状与它们即将会面的遭受过创伤的退伍军人极为相似。用西伯特的话说："它们来回踱步，摇晃身体，尖叫，蜷缩在角落，拔自己的羽毛，带着破碎的回忆尖叫。"

彼此之间的同情把退伍军人和这些鸟儿们绑在了一起。54岁的莉莉·洛夫是一名海岸警卫队的直升机救生员，对挚友死亡的内疚让她深受折磨。药物治疗的效用不大，还让她出现幻觉，"看见小绿人和蜘蛛不断从树上跳出来"。照顾这些鸟儿，打扫它们的笼子，让莉莉重新振作起来。她敏锐地意识到："我和这些鸟儿都在经历痛苦，我一心只想喂养和照顾它们。而这样做有助于我应对自己的创伤。"

43岁的马特·西蒙斯曾是一名出色的学生，大学橄榄球队的一名四分卫。在海军服役期间，他目睹了很多杀戮和不希望看到的事情。退伍后，他成了一个瘾君子，在一次酒吧斗殴中差点儿杀了人，最后进了监狱。弗吉尼亚州为他提供的药物治疗和心理治疗对他几乎毫无作用，但遇到了黄脑袋的亚马逊鹦鹉乔伊，一切都变了。“我很害羞，在与人类相处的过程中遍体鳞伤，与世隔绝，内心充满愤怒。在我看来，乔伊也有同样的感觉。所以我们密不可分。它允许我触碰它。只有我。”

鹦鹉大脑中枢高度敏感于感知同伴的感情，这使它们不仅可以成群飞翔，还能接收人类的语言和情感。不过共情能力在动物王国中普遍存在，几乎所有的动物都有唤起人类同情心的能力。

虽然退伍军人和鹦鹉在避难所的相遇堪称典范，但维系感情和疗伤并非必须如此。

“我最重要的治疗师，是我的狗”

露西是一位 30 岁的艺术家，她正在打扫一所房子，而我不久前也住在那里。

露西从青春期开始就一直与抑郁症做斗争。我认识她的前一年，她的男朋友死于一场意外事故。他死后，她继续服用抗抑郁药物，但她很快就停药了。“这些药让我失去了所有的创造力……我需要一种表达自己的方式，一个活下去的理由。”

像许多怀疑自己经历过童年创伤的人一样，露西还是想不起来什么。她只知道她总是感到孤独、被遗弃。心理治疗很有帮助，她和我们所有人一样，需要有人来倾听她的故事。但动物，尤其是在她男朋友死后，改变了一切。

“我最重要的治疗师，”她告诉我，“是我的狗。”当我问她原因时，她笑了，对这个问题有点儿困惑，答案对她来说如此显而易见。

“当然，这是无条件的爱。不管你在做什么，或者你长什么样，或者你身上有多臭，它都爱你。然后，我想最好的词是‘当下’。虽然我不知道我的狗在想什么，但感觉它就在这里，和我在一起，它不像我有时那样沉迷于过去或担心未来。所以它把我带回到此时此刻。我想它为我树立了一个榜样。我照顾它，我爱它，这对我很有意义。它也提醒我要照顾和爱护自己。而且，对我的狗来说一切很简单。它需要的只是食物、住所和爱。当我担心是否能融入某个社交圈子或担心未来时，我意识到这也是我真正需要的东西——食物、住所和爱。”

“当然，坐在它身边，抚摸它，”她对着空气做出抚摸的动作，“这是最幸福的。”

“为了拓展可能性，”她提醒我，“不一定非得是狗或马，也可以是山羊、绵羊，甚至是猪。”

不过，在你的创伤修复之旅中，你不一定要拥有一只动物，虽然它们确实能让这条路变得更容易。当它们陪伴你时，会邀请你重建或增强信任感、同情心和慷慨，它们的陪伴能降低你的压力水平，抚慰你、安慰你。渐渐地，它们让你与他人的交流变得更轻松和安全，你也更敢于信任和亲近他人。

如果你有一只宠物——值得注意的是，50% 的美国家庭都有——那么就多花一点儿时间陪伴它，这样你就能充分享受这种关系，对你所给予和接受的关爱与快乐心怀感激。如果你没有宠物，可以从观察动物开始。我曾有那么几次，在动物园花一个下午，观察树枝间跳跃的松鼠、玩球的狗，或者一排蚂蚁，有时甚至只需要几分钟，就能平静我焦虑不安的内心，敞开因紧张而关闭的心灵。

你也可以和别人的宠物共度短暂的时光。在一位亲戚去世后，我当时 10 岁的儿子对此很焦虑，他很有智慧地请求他的教父母把他们的金毛猎犬“借给”他。他们安静地交流，夜间相拥而眠。

是的，如果你想买一只宠物——像露西建议的那样，那么，买一只适合你和你的生活方式的宠物。当我写这篇文章时，我想起我在生命的不同时期，从狗和猫、兔子、马以及小马驹、鸡、猪、山羊，甚至一条金鱼那里找到了安慰和陪伴。

你也可以去一些能与动物共度时光的地方：朋友家、动物园、树林、海边或者任何一片草地。坐在动物旁，静静地看着，也可能让你恢复童心。你会惊奇地发现，尽管这一生你伤痕累累，但仍然幸免于难。

最后几句话：

你可以考虑在收容所做志愿者，或者收养被救助的动物，比如莉莉和马特的鹦鹉，或者露西的狗。它们的特殊需求是对我们的特别祝福，让我们能怜悯自己的痛苦和悲伤，鼓舞我们超越创伤后的恐惧和孤立，心怀善意，乐于助人，也帮助我们从创伤中恢复，成为最好的自己。

16

用笑声打破创伤魔咒

笑是一种表达式冥想。

笑可以帮助我们减缓压力，释放情绪，由外而内地变得积极。

如果你不爱笑，试着做“笑声练习”吧。

笑的治愈力量

《读者文摘》每个月都会告诉我们“笑是最好的良药”。这本杂志借鉴民间智慧，提醒我们笑可以帮助我们摆脱日常生活中可能出现的不愉快。

1976年，受人尊敬的《星期六评论》编辑诺曼·卡森斯写了一篇文章[1]，标志着笑声在科学领域的到来。这篇题名《笑退病魔》（患者体会）的文章发表在美国最负盛名的医学出版物《新英格兰医学杂志》（*New England Journal of Medicine*）上。

当最好的传统护理未能改善卡森斯的强直性脊柱炎（一种致残的自身免疫性疾病）时，他决定自救。他自行出院，住进酒店，服用大剂量的抗炎维生素C，一直看马克斯兄弟主演的电影和电视情景喜剧，这让他笑个不停。他注意到，笑减轻了他的疼痛，让他更强壮，也更舒服。他就像一流的医生那样善于观察，建立了自己的剂量反应曲线：10分钟的捧腹大笑能让他有两个小时的无痛苦睡眠，而他的行动也变得更为灵活。

卡森斯的报告被科学家们称为“单病例随机对照实验”（N/1实验），即只有一个实验对象的实验。医学领域有一种调侃的说法：其他医生所描述的某位病人的阳性反应只是一件“逸事”。然而，当你看到你的病人，尤其是你自己身上发生了这种变化时，这就像是一个N/1实验，一个只有一位实验对象的实验。

这个特殊的N/1引起了共鸣，对这个结果，卡森斯的医生和他一样印象深刻。那本以他的文章为基础的《笑退病魔》至今仍然畅销。[2]

自此，笑的治愈力量在医学领域被关注，研究人员开始系统地探索它在减压、促进健康和缓解疼痛方面的潜力。研究已经证明笑可以降低压力水平，改善癌症化疗患者的情绪[3]，减少精神病院患者的敌意[4]，降低心率和血压，增强还算健康的IT专业人员的情绪状态和工作表现。在无数的实验中，患有各种可以想象得到的疾病的人，都能通过笑来减轻疼痛。

笑会刺激穹顶状的膈肌[5]——它将我们的胸部和腹部分开，也会刺激我们的腹部、背部、腿部和面部肌肉——几分钟的大笑，就能让这些肌肉放松下来。然后，血压和应激激素水平会下降，能缓解疼痛，提升情绪的内啡肽增加，能镇静情绪的血清素和激发活力的多巴胺的水平也会增加。我们的免疫功能得到了改善，这可能是卡森斯最终康复的因素之一。笑还能让糖尿病患者的血糖下降。笑是很好的运动，而且绝对健康，它是缓解压力的最佳方法。

不只是生理性强化和减压，笑还具备转化的力量。笑可以打破僵化的、事与愿违的自我谴责，这种自我毁灭式的思维在创伤后非常普遍。它可以把我们从受害者心理中解放出来，这种心理给我们的生活蒙上阴影，使我们看不到任何时刻的快乐和未来的可能性。

笑完之后，你会感到放松，有活力，活在当下。通常，你会对让你痛苦的事情产生新的看法。毕竟，就像摇摆舞动，笑是一种表达式冥想。它能帮助你软化被创伤冻结的身体。它的傻气和它对体力的消耗有助于驱散创伤后困扰我们生活的过度担忧及严肃感。笑还能质疑并打破创伤带来的沉重的羞愧感和自我评判。

你可以通过对着镜子自嘲来增强这种效果。在这么做的时候，你会更清楚地意识到，你对自己和你的受害者身份的坚持，是一种自我挫败，不但陈腐，而且荒谬。

关于笑，还有一件事：它会传染。因此，和你的家人或朋友一起做。之后，释放压力，你会发现自己与他们轻松相伴，享受彼此的参与。在经历创伤后，这种感觉或许已经久违，甚至可能远胜你过去的体验。在面对一些遭受过最严重的创伤的人时，我发现我的笑声也会引发他们的笑声。然后，我们一起大笑，相处更为和谐，也更加同情彼此。

诺曼·卡森斯看的马克斯兄弟主演的电影暗示了笑的各种力量。从最基本的层面（悲观主义哲学家尼采称之为“从众层面”[6]）来说，他们嘲笑别人。这有它的优点。马克斯兄弟选择的目标是那些自命不凡、浮华自夸、有钱有势的人。他们喜欢在充满秩序的场合，比如豪华游轮、百货商店、穿着燕尾服的“大人物”聚会上、歌剧院里，以及其他高雅文化的殿堂里制造混乱。这一连串的讽刺让人心满意足，让人们意识到那些“大人物”并不比我们其他人高贵。

还有另一个更微妙的好处。当我们看到马克斯兄弟戏弄权贵时，我们开始意识到，哪怕我们贫穷又不幸，我们也可能同样古板又自负，至少有时，我们过于重视自己了。通过欢快地戳破自己和他人的自我膨胀，马克斯兄弟犹如一面镜子，让我们得以照见自己。还记得格劳乔最著名的一句俏皮话是，他从不加入一个想让他成为会员的俱乐部。别忘了，格劳乔是犹太人，对于那些因犹太身份而遭受压迫、被边缘化、被伤害的人来说，笑一直是减轻他们痛苦的一种方式，也是创造公平的社会环境的一种方式。

我自己的伟大的老师——鲍勃·科尔斯、比尔·阿尔弗雷德、希亚姆和莎伦——邀请我，甚至是督促我、刺激我、唠叨我，让我自嘲。“停下来，”希亚姆会说，“你太把自己当回事了。”

经过一段时间，我学会了。当我试图嘲笑别人的缺点时，我注意到自己也有类似的缺点——我的虚荣和愚蠢。我开始自嘲，嘲笑自己不可爱的装腔作势。我越来越意识到自己说话不真诚，自命不凡，夸夸其谈，阿谀奉承，自私自利，垂头丧气，担心别人的看法或评价。我意识到这些，让我笑得更大声，我因此不再感到那么沉重。

我还注意到，即便是发自内心的悲伤和真诚的关心，最终也可能被自我挫败的想法和无法遏制的自怜困住。觉察到这些，让我觉得好笑，而笑打破了魔咒。

有时我会放声大笑。如果太大声可能会惊扰到别人，我就让笑声在内心响起。你能看到的只是一个微笑，我的脸颊随之变宽，眼睛眯起来，肩膀放松下来，而呼吸变得缓慢而深沉。

多年来，我一直观察着希亚姆，他自己就是一个完美的小丑，他戳穿了他的病人和学生（当然也包括我）的出于自我保护的自负和装腔作势，这些东西使我们在生活中的每一刻都无法轻松，更谈不上自在、快乐。悲伤是真实的，值得尊敬，但过分沉溺于失去和痛苦只会加重我们的疾病。嘲笑自己和所处的环境是我们与生俱来的疗愈之道。

我从希亚姆那里听到的关于三个和尚大笑的故事，很好地诠释了这一点。

据说很久以前，有三个和尚云游四方，一路上笑得前仰后合，捧腹不止。他们把欢乐带给每一个他们到访的村庄，他们笑着进入村庄，笑着停留几个小时或几天，又笑着离开。除了笑，不说其他任何话。据说过了一段时间，村子里的每个人，哪怕是最穷苦的、最受欺负的、最有特权的和最自负的人都开悟了。他们也放下了令人痛苦的一本正经，和僧侣们一起大笑，找到了解脱和快乐。

多年后的一天，其中一位和尚死了。剩下的两个和尚继续笑着。村民们问他们为什么还笑，他们回答说："我们笑是因为我们一直在想谁会先死，结果他死了，所以他赢了。我们笑他的胜利和我们的失败，回忆一起度过的所有美好时光。"尽管如此，村民们还是为这位和尚的死亡感到悲伤。

然后是葬礼。死去的那位和尚要求不按照惯例清洁他的身体，也不要为他换衣服。他曾告诉他的僧友，他很干净，因为欢笑让他远离所有的不洁。他们尊重他的意愿，把他未曾清洁和更换衣物的尸体放在一堆木头上点燃。

火焰上升，突然天空传来巨大的砰砰声。活着的和尚们意识到，原来他们的僧友在知道自己要死后，把烟花藏在了衣服里。他们笑啊笑啊。"你又一次打败了我们，你甚至拿死亡开玩笑。"他们笑得更大声了，而全村的人都和他们一起笑了起来。

这种笑声能甩开所有的忧虑和苦恼，甩开所有困扰思想或心灵、妨碍我们充分活在当下的事情。

写到这里，我不禁想起维克多·弗兰克尔，他身处难以想象的悲剧之中，"尽管发生了所有这一切"，却"对生命说'是'"。

练习笑声

研究人员和临床医生可能不会像三位和尚那样用生命去欢笑，但他们早已开始探索如何利用笑的力量。[7]他们与不同的机构合作，制订包含与小丑互动和表演单口喜剧的治疗方案。最常被研究的是“爱笑瑜伽”，包括鼓舞人心的谈话、拍手、摆臂、吟诵“呵，呵”和“哈，哈”、深呼吸及短暂的故意大笑，最后往往以关于幸福的积极陈述结束。

各种各样有趣的电影、笑话和游戏都可以让我们摆脱令人拘谨的严肃感，我同意这一点。尽管如此，我还是喜欢以一种简单、直接的方式开始：坦率地、直接地、故意地大笑三到五分钟。这很简单，也很容易练习。现在我来教你。

在治疗工作中，如果气氛中弥漫着令人窒息的自负、自我挫败，或者满是妨碍前进的自怨自怜时，我会带领我的病人或团体成员做这个练习。它不是灵丹妙药，但一次又一次，我看到它让能量重新流动起来，重新平衡了被焦虑驱使的大脑，融化了被创伤冻结的身体，驱散怀疑和厄运的乌云，让希望之光重现。

这种笑需要一些努力才能开始。它必须撕破害羞和自怜的屏障，冲破记忆中的伤痛和当下的痛苦在肉体和情感上筑起的高墙。

一旦你决定这么做，过程很简单。站立，膝盖微微弯曲，手臂放松，然后开始，迫使笑声从你的腹部上升，感觉腹部收缩，推出声音——短促响亮的笑，咯咯笑，哈哈笑。继续，调动你的意志和能量让笑声翻滚而出。一开始，每次练习三四分钟。之后，如果你觉得需要更多，增加练习时间。

你可以在任何时候笑，不管是因不安而紧绷，还是因自负而狂妄，或因恐惧而无法动弹。这些情绪越强烈，你就越自我封闭和自以为是，也会越痛苦、越失落、越绝望，而笑就越重要。笑甚至能拯救生命。在几分钟的强颜欢笑之后，也许不需要额外的努力，笑本身就会掌管一切。现在，每一次不情愿的、不自觉的，让身体颤抖、肚子酸痛的震动都会引发下一阵的笑声。

笑可以传染。其他人会想和你一起笑。

笑过之后，你放松下来，不再那么严肃，你可能会发现人们和你的关系有了变化。由于觉察到你的变化，他们可能会在街上和你打招呼或对你微笑。而你会发现自己很高兴见到他们，享受这种新的连接带来的温暖。不过，别轻易相信我的话。试着每天笑一笑，然后看看结果。

有时候，在最不可能笑甚至最不合适笑的时刻，它却最有治愈作用。几年前，应 CMBM 的约旦合作伙伴的邀请，我前往约旦的扎塔里难民营。[8] 在那里，近 10 万叙利亚难民挤在一排排的小帐篷里。我去那里了解难民的生活和需求，筹划一项旨在治疗叙利亚全民心理创伤的项目，并为它寻找资金。50 万叙利亚人死于该国的战争，100 万叙利亚人现在生活在约旦，住在扎塔里这样的难民营，或生活在普通民众当中。

在我的医疗帐篷里，有人拉起裤腿给我看枪伤。妇女们照料着萎靡不振的孩子，捏开他们的嘴，让我看他们脓肿的扁桃体。有人指着那些用衣服遮住脸的小孩。一位母亲说她的孩子："不睡觉，还总是尿裤子。""他每次听到男人的声音都会哭，以为那是士兵的声音。"另一位母亲告诉我。"他失去了父亲，"一位母亲指着一个 8 岁的男孩说，"一刻也不能离开我。"

一位年轻人——我叫他哈米德——站在帐篷外。他又高又瘦，很英俊，有着蜜色的皮肤，鼻子有点儿扁平。他的短发梳得很整齐，但衬衫和裤子都皱巴巴的，好像他刚从箱子里钻出来似的。我问他为什么到帐篷里来，他回答说："晚上我无法休息。"他的睡眠总被噩梦打断，那些噩梦重现了他在叙利亚监狱里遭受的十个月的折磨。他举起双臂，演示自己是怎么被吊起来的；他朝自己的乳头和生殖器方向点了点头，表示那里曾被电击。

他说："我不想和任何人在一起。"酷刑让他想要远离人群；就像许多遭受过酷刑的人一样，他认为他应该为此羞耻，仿佛他成了他必须忍受的酷刑的帮凶。我问他过去最大的乐趣是什么，哈米德的表情松弛了一些。"我曾经在酒店行业学习，"他又补充说，仿佛那是另一种人生，"我喜欢做饭。"

通常，当我开始与哈米德这样的人或团体一起工作时，或者在我们的培训项目中，我都从教软腹呼吸开始。这次访问我也将带领六次软腹呼吸——在家庭聚集的帐篷里，在诊所外，以及与援助人员的会议中。

而现在，我只有几分钟的时间，我努力寻找任何可能的方法让哈米德摆脱他所遭受的折磨，让他看到，他可以从他们给他带来的痛苦和羞辱中找到自由。

也许笑能帮上忙。这并非我深思熟虑的结果，更多的是一种源自这么多年与遭受痛苦的人共事的直觉。我在意哈米德的痛苦，同时体会着我内心的感受，于是看到了可能发生的事情。

我确实担心哈米德会觉得我没有认真对待他的痛苦。尽管如此，我觉得“笑”仍然是对的选择。“你是个厨师，”我试着说，“这意味着你一定喜欢尝试不同的食物。”哈米德点点头。我接着说：“我有另一种类型的尝试，它也许能让你摆脱噩梦。”

他看起来满腹狐疑，但表示愿意试一下。十几个上了年纪的男人不请自来地围了过来，充满好奇和期待。

“我想让你像这样笑”。我示范给他看，我大笑起来，腹肌剧烈地收缩。他看着我，好像我疯了似的。“这的确有点儿疯狂，”我向他保证，“但这只是个实验。你愿意试一试吗？”

“对我来说没什么事情是有趣的。我怎么笑得出来？而且我为什么要笑？”

“逼自己做，”我说，“那些残酷的狱卒折磨了你十个月，现在他们还在折磨你，白天黑夜都在折磨你。你必须看到，你可以挣脱他们的枷锁。”

“是的，”他说，“的确如此。”他周围的人低声附和，准备和我们一起进行。

我们一起开始，弯着腰，收缩肚子，把笑声从喉咙里挤出来。“继续笑，”我喊道，“用力。”他们照做了。那些为了“镇静神经”而抽烟太多的人一边大笑一边咳嗽。

三分钟后我们停了下来，但很多人还在继续笑，目光中满是惊讶，却笑得自然又轻松。当所有人都停下来时，我问哈米德：“你现在感觉如何？”

“放松了很多。”他轻轻地笑着说。

这并不能“治愈”哈米德的痛苦，也无法阻挡可怕记忆的洪流。但现在他知道，他可以给自己带来一点儿宽慰，他可以克服无助和绝望的感觉，至少是片刻的。

“每天这样笑一笑，”我一边把这句话写在纸上，一边对哈米德说，“我相信你每天都会有一些放松的时刻。”

哈米德现在笑得更开心了，他说他会的。周围的男人也点头表示同意。

有时，当我的心灵被渴望和痛苦所笼罩，或者我周围的世界看起来特别没有希望时，我就会想到哈米德、马克斯兄弟、大笑和尚或希亚姆，我的内心会突然迸发出令人惊讶的、明亮的笑声。它打破了悲伤和阴郁的魔咒，照亮了我的心灵，减轻了我的迷茫，打开了我的心扉。“为什么不笑呢？”我对自己说。

我的读者，你为什么不试试呢?

17

阅读你的家谱图：创伤可以遗传吗

创伤不仅可以通过子宫遗传，还可以代际传递。压力会使我们的染色体发生变化，并且这些变化是可以遗传的。

如果你不知道你的痛苦从何而来，不妨从家谱图中寻找答案吧。

心理创伤也可以遗传吗

不久前，我在 CMBM 的高级培训中领导了一个“鱼缸”项目——这是一个 90 分钟的演示。

每次在高级培训中我都会这样做，以向学员展示如何教授他们一直在学习的创伤转化技术（和我一直在教你们的技术一样），以及如何带领我将在下一章介绍的团体治疗。我希望学员们看到并切身体会如何使用“签到”流程——每个人依次发言，没有人打断或进行分析。我想向他们展示如何辨别阻碍了生活的原因；如何帮助他们说出可能仍在折磨他们的创伤，以及如何运用我们所教授的技术解开创伤的桎梏。此外，我还想让他们观察如何互相倾听和学习。

团体的参与者包括医生、治疗师、教师、神职人员、急救人员、社会活动家，他们都是自愿加入的。每个人都要在所有人面前解释自己加入的原因。他们呈现的问题反映了日常创伤也许会让任何人都需要治疗师。

“我不能和我的丈夫亲近。”

“我正面临癌症手术，我很害怕。”

“我女朋友离开了我。”

“我丈夫自杀了，我再也无法振作起来。”

“我受够了我的工作。”

“我感到很孤独。”

“我无法忘记我童年时受到的虐待。”

总有一些人说“我害怕站起来分享自己的感受”，但不知道为何，他们仍想战胜自己的恐惧。

针对这个团体，我邀请一些我不认识也没有合作过的人来做志愿者。之所以称它为“鱼缸”，原因很明显：150 名志愿者以我们为中心围坐成一圈，观看我们共同分享、冥想、哭泣和大笑，以及摇摆舞动，就像看着鱼在玻璃缸里面游泳一样。

他们安静地、礼貌地看着我们。在我的邀请下，他们将在我们冥想、意象引导和摇摆舞动时加入我们。

在最近的这个“鱼缸”里，在我们开始冥想之后，一位年轻的墨西哥籍社会工作者开口了。她个子矮小，皮肤黝黑，由于低着头，声音变得很低沉。“在我刚进入这个圈子时，我害怕暴露自己，因为我的恐惧和噩梦，我害怕大家认为我是个疯子。现在坐在这里，我知道大家都很友好，但我忍不住紧张。我感觉就像回到了家里，那些长得像我这样的人，”她张开双手，慢慢地环视着我们的小圈子，“遭到歧视。白人问：‘他们为什么来学校？’就是这些白人，他们的祖先杀了我的同胞。他们说：‘医疗卫生对于他们来说就是浪费，他们不会照顾自己。’我的父母进城时，哪怕穿着得体，口袋里装着钱，走在路上仍然羞愧地低着头，而且很害怕，从来不看任何人。那种恐惧和羞愧，我也有，当我坐在这里时，我意识到了这一点。这是我第一次和别人分享这些感受。”

“我想，”她接着说，“这就是人们说的历史创伤。过去我从来没有意识到我有历史创伤。”

对所有发言的人一视同仁，我们的团体成员都很礼貌、温柔地倾听着。当我们第二次开始轮流讲述时，每个人似乎都在摆脱一个未曾觉察却压在我们身上很久的重担。一位医生说，有一天他很晚才从医院回家，警察因为“黑人驾驶”条例而拦住他，他感到很愤怒。他现在对自己的父母也感到“愤怒”，因为他们总是担心他会“惹上麻烦”或冒犯“地球上的任何人”。一位来自南卡罗来纳州的护士，正面临着癌症手术，她认为自己“是一个典型的乡下人”，她想知道“几代人的社会自卑感是否削弱了她的免疫力”。一位心理学家咒骂“家族中那该死的贪婪的控制欲”，这让他害怕丢掉一份稳定但令他不满的政府职位，无法去照顾那些孤独的无家可归的孩子。

就这样，大家轮流发言，每个人都有所袒露，开始剥离上几代人受压迫的遗留影响，讲述那些给他们带来压迫感的人，以及那些恐惧、痛苦和约束。大家在一起讲述、互相倾听，越来越意识到上几代人所经历的创伤如何束缚了我们，扭曲了我们看待世界的方式，限制了我们被允许去感受的东西，以及我们能否谈论它，如何谈论它。

当轮到我时，我发现，令我惊讶和尴尬的是，我所谈论的历史创伤与奴隶制和种族灭绝的遗留影响相比显得如此渺小。在这样的团体分享里，我比以往任何时候都更清楚地意识到，即使经过了这么多年的治疗、分析、诠释和冥想，东欧犹太人子孙的身份仍然在影响我。

历史创伤确实令人不安。母亲如在孕期遭受痛苦，会导致体内分泌一连串的压力激素，她未出生的孩子更容易感受到压力和创伤，还会导致生理、情感和社会后果，比如焦虑、抑郁、慢性疾病、物质成瘾和反社会行为。

近年来，许多研究表明，创伤不仅可以通过子宫遗传，还可以代际传递。[1] 压力会使我们的染色体发生变化，并且这些变化是可以遗传的。这些表观遗传的变化（我在第二章中描述的那些变化）并非在基因自身之中，而是在 DNA 和 RNA 的结构中。而且，正如我们在高中生物学中了解到的基因突变一样，它们也会在创伤群体的子女甚至孙辈身上造成心理和生理上的变化。

动物研究一再清晰地证明[2]，特定的表观遗传变化与压力敏感性的增加之间存在相关性。纽约西奈医院的瑞秋·耶胡达和她的同事在研究中发现，大屠杀幸存者的后代也出现了这些变化。[3] 根本的问题在于痛苦，父母的痛苦至少传递给两代人。而携带这些突变基因的孩子通常不知道这些基因改变了自己的态度和行为。由于不知道恐惧和紧张的来源，他们更容易受到压力、焦虑、抑郁和慢性疾病的伤害。

如果知道发生在我们祖先身上的事情仍然在影响我们，将使我们能够理解那些似乎无法解释的感觉和行为：可能会明白为什么我们如此害怕亲密关系，对新环境如此焦虑，无法面对批评等。而且，了解我们痛苦的根源可以帮助我们摆脱可怕的无力感、羞耻感和负罪感，这些往往是历史创伤中最棘手的部分。

一旦我们发现这些，就像在“鱼缸”里的团体治疗给我们所有人带来的影响一样，如同一束光照射到长期以来令人恐惧的、此前未知的黑暗角落。一旦我们知道发生了什么，为什么我们会有这种感觉，我们就可以采取行动，运用我们所学到的技术，减轻甚至逆转祖先创伤所带来的表观遗传变化，以及我们正在经历的生理和心理后遗症。由此，可以摆脱先辈的不幸。

当我们这样做时会发现，家族的不幸除了会束缚我们，也会指导我们，让我们得以预见自己的弱点，了解自己的性情，从中学习，并予以解决。

我们还可以从自己的家族及其历史中寻找灵感、支持和引导，从那些战胜了与我们有相似困境的人身上寻找榜样，因为在家族中遗传下来的不仅是创伤，还有智慧。

我们可能还会发现，即便是精神最为混乱的家庭成员也能帮助我们发现我们是谁，应该如何生活，以及如何面对生活带给我们的挑战。如果我们能学会正确提问，我们的祖先和亲戚——不管是在世的还是已经去世的——都能帮助我们解决当前的危机和历史创伤。而且，家庭不仅可以为我们提供实用的帮助，也是情感支持和安慰的重要来源。

绘制家谱图

多年来，我和我的同事们一直在使用家谱图——三代、四代或五代的家族图谱——来探索这些内容，帮助我们接受过去的伤害，并找到解决之道。[4]

我亲眼见到这些家谱图帮助世界各地的人们重新看待历史创伤并得以解脱，以及帮助人们应对眼前棘手的挑战，并从中获得持久的力量和智慧的源泉。那些逃离种族清洗的人，那些大屠杀幸存者及其后代，那些祖国被占领被迫离开家园的人，那些经历了种族灭绝、被强制监禁或被迫待在残酷的寄宿学校的人，那些被迫在保留区生活的人，还有在忽视、虐待、不安全感和失去亲人的痛苦下呻吟的人，家谱图是他们的真实写照，包括我和我的同事，也是如此。

现在轮到你绘制一幅家谱图，并从中学习人生道理。别担心，我知道你能做到。CMBM 项目的毕业生与世界各地成千上万的人一起完成过这项工作，其中许多人高中未曾毕业，还有与阿兹哈尔同龄或更小的孩子。你只需要带着好奇心，以做游戏的心态绘制你的家谱图。

在我教你如何绘制一幅基本的家谱图之后，我的朋友和同事萨布丽娜·恩迪亚耶将与你分享她的家谱图。萨布丽娜是一位 50 岁的非裔美国穆斯林妇女，她是一名社会工作者和心理学家。我会对她的家谱图提一些问题，鼓励她解释家谱图在何时及如何引导她解决过去的创伤，学习和应对现在的挑战，并继续她丰富、复杂和充满爱的生活。我会时不时停下来，让其他人分享他们从家谱图中得到的收获。

好的，让我们开始吧。

你需要准备一张空白的纸，有足够的空间容纳一个大家庭。实际上，你最好准备两张纸，这样你可以重新画一个更整洁的简略版。

最好用铅笔，还需要准备橡皮擦，这样方便在绘制过程中进行修改。你将用符号来绘制你的家庭简图——家谱图。

首先将纸水平对折，然后再对折一次。这样，纸上有三条折痕和四块空间，就像这样：

在最上面隔层的左边，画出你父亲的父母和他们的兄弟姐妹及他们之间的关系。正确使用符号（男性使用正方形，女性使用圆形），并用线条来表示配偶、父母和兄弟姐妹之间的关系。画双线表示关系紧密。正如下图所示，用断裂的线、中断的线和锯齿线来表示几种不同的破关系。同理，在右边绘制你母亲的家人们及他们之间的关系。

如果你对这些祖辈或其他亲戚知之甚少，甚至一无所知，那也没关系。你仍然可以为他们绘制符号，把他们画出来。那些你不知道的人，那些人你所不知道的方面，也是你的一部分——也许他们也会让你联想到贫困、憧憬和希望。

来到下面的那个隔层，在这儿你要绘制你的父母和他们的兄弟姐妹。按顺序画，年龄最长的在左边，年龄最小的在右边。在这个空格里，你将绘制你的父母，或他们与其他伴侣、配偶之间的关系，还有你的叔叔阿姨们，以及他们之间的重要关系。

这是到目前为止萨布丽娜的家谱图。

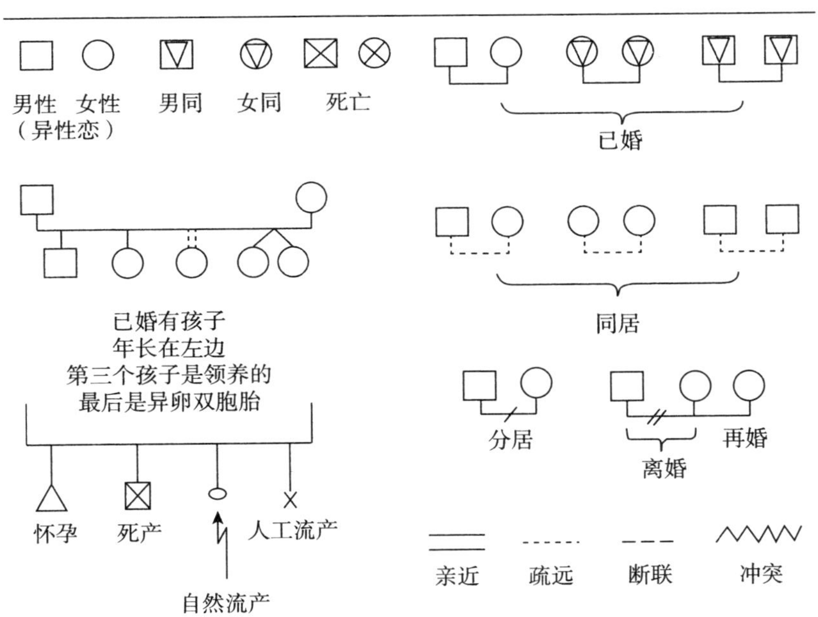

现在画出你这一代人。从连接你父母的那根横线开始，向下画几根直线，一条与你相连，其他与你的兄弟姐妹相连。同样，年龄最长的在左边，按出生时间顺序画出你和你的兄弟姐妹。如果有流产或被堕胎的兄弟姐妹，也同样画出来。当你画代表自己的符号时，大胆一点儿，让它看起来突出一点儿，就像这样：女性用○，男性用□。这将帮助你专注于你自己，以及你与他人的连接和冲突。

不管你是结婚了、离婚了，或者现在正处于一段感情中，把它画出来，就像萨布丽娜在下面的基本家谱图中做的那样。如果你和你的配偶 / 伴侣有孩子，把他们放在第四隔层。你可以把你孩子的配偶和伴侣，以及你的孙辈也放在那里。

这是萨布丽娜的基本家谱图。

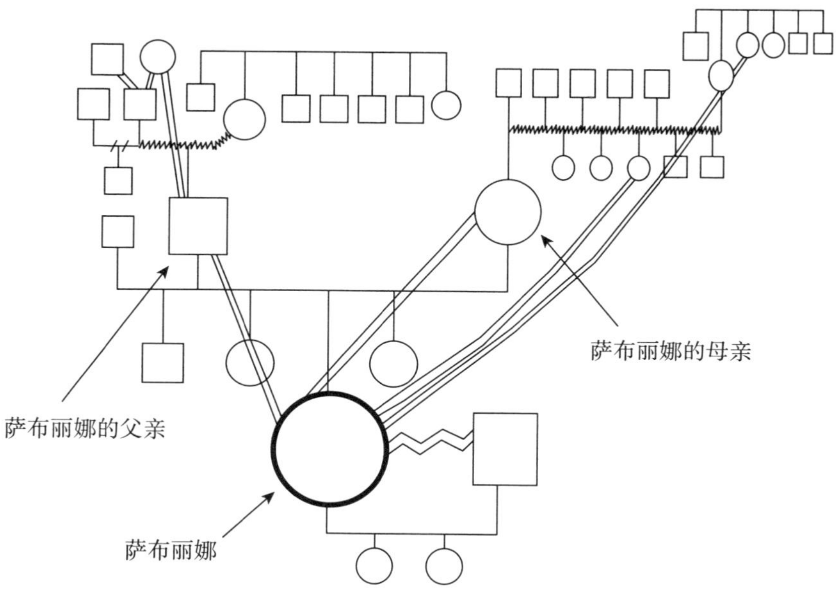

当萨布丽娜看着它的时候，她看到的是——

首先，她的父母："最不可能的一对……。"她的父亲"超级聪明"，在成长过程中摆脱了他自己的困境。他从小就向往"科学的生活方式"，成为他所在的药学院的第一位黑人学生。而她的母亲，"同样聪明"，但由于教育系统的愚昧、她的肤色，以及难以集中注意力的问题，被"隔离"到特殊教育班，最终高中未能毕业。

萨布丽娜追溯父亲的人生之路——"致力于稳定，是他所在的 500 强公司中数一数二的黑人员工”。她描述了母亲一直以来对白人世界的钱、权力和官僚机构的愤怒，母亲认为那是一个充满威胁的世界，一个把她与她的母亲、兄弟姐妹分开的世界，一个让她失望也让她对自己失望的世界。

随着萨布丽娜对前几代人的进一步观察，她说：“我看到了穷苦的黑人，他们的生活极为艰难，也看到了这种生活带来的力量。”她还看到一代又一代的人的生活被酗酒和成瘾毁掉，早早去世。这是萨布丽娜和她的父母不得不接受并与之斗争的历史。

然后是重复的模式。萨布丽娜的外祖母和母亲都在 17 岁时怀孕。萨布丽娜的奶奶不希望儿子娶萨布丽娜的母亲，而萨布丽娜的父亲也以同样的理由拒绝萨布丽娜后来的丈夫塞里格，理由是：“太穷，太黑。”

“我继续与这种模式作斗争，然后突破它。在我遇到我的丈夫塞里格之前，我和很多酗酒的男人在一起，就像我母亲的家人们一样。我不是酒鬼，但我确实爱喝酒。”

通过观察家谱图，萨布丽娜对自己的家族有了更深刻的理解，她看到自己身处“两个不同的世界之间”。左边是白人、中上层阶级和郊区的豪宅，她父亲的才华和闯劲把他们的家庭带到了这里。而右边是破旧的南布朗克斯公寓房，她母亲的大部分家人仍然住在那里。看着她的家谱图，萨布丽娜觉得自己作为他们俩的爱情结晶，对他们俩都很感激。

她用双线显示她力量的来源：总是支持她而她也“无比依恋”的父亲，以及她母亲强烈的自豪感，“她让我知道，我会比任何白人女孩都优秀”。

家谱图向萨布丽娜展示了强大的生命塑造模式，当你画出自己的家谱图时，也许它也会向你展示这一点。接下来，还有很多东西要画，要学。

写下对你来说最重要的人的名字和现在的年龄。在已经去世的人的圆圈和方块里填上 ×，并写下他们的死亡年龄。当你慢慢地做这些的时候，你可能会意识到你对这些人、你与他们的关系，以及你对死亡的感受。到目前为止，你已经相当顺利地构建和复原了你的家庭故事，看看你来自哪里，你如何融入其中，它给你怎样的感觉。记住，如果你不知道所有的细节，不要担心。

这是萨布丽娜的进化家谱图。

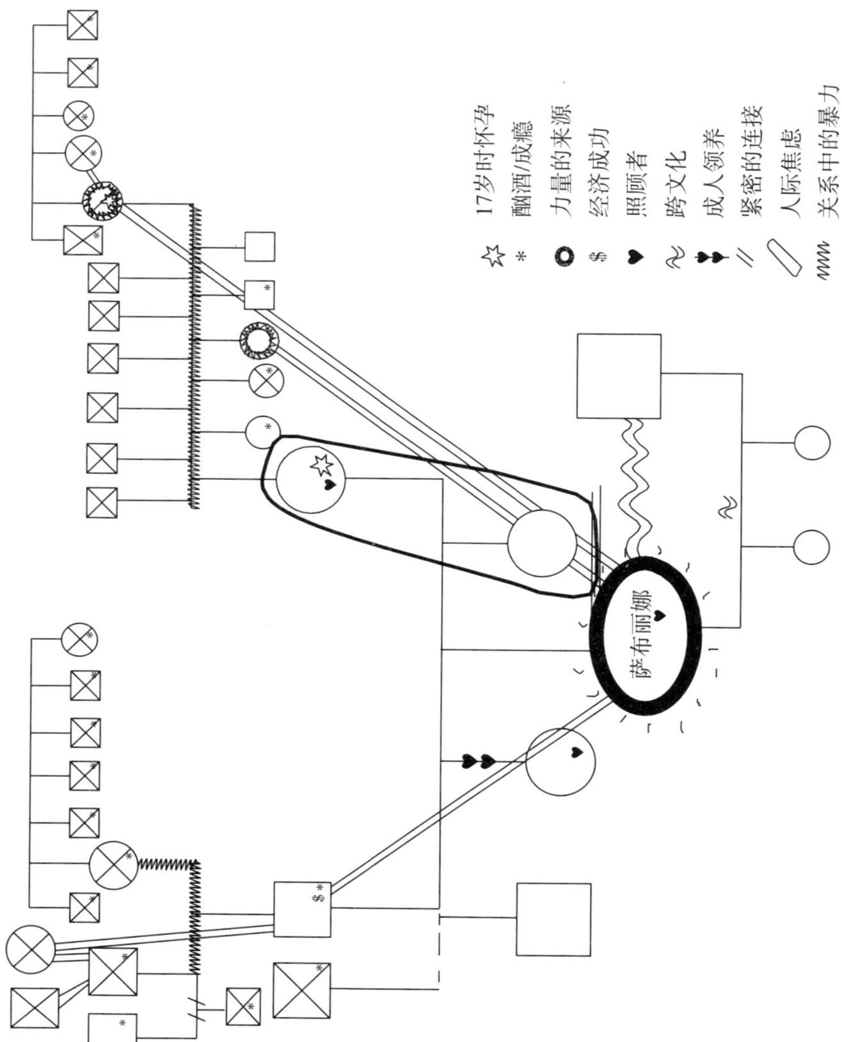

萨布丽娜
17岁时怀孕
酗酒/成瘾
力量的来源
经济成功
照顾者
跨文化
成人领养
紧密的连接
人际焦虑
关系中的暴力

现在闭上眼睛，做几次软腹呼吸。睁开眼睛，看看你的家谱图。我准备了一些问题，可以帮助你了解你看到的是什么。

你家庭中最重要的议题是什么？例如，是疾病与健康、性格与职业、种族与宗教，还是财富与贫穷，等等。这些议题，以及你和你的家庭赋予它的重要性，就是你的家庭肖像的形与色。你可能会注意到三代人中有医生或律师、消防员、护士、士兵，有家族遗传的癌症或抑郁症，也许好几代的兄弟姐妹之间没有任何交流。以前未被注意的悲剧模式或天才模式也可能浮出水面。

现在问问自己是否还有其他人属于这幅家谱图？比如那些没有血缘关系但特别支持你的人，那些深深伤害你的人，那些总是鼓励你的人。我总是把比尔·艾尔弗雷德、鲍勃·科尔斯和希亚姆放在我的家谱图上，还有我的教子和他们的孩子们，以及我最亲密的朋友。

那么宠物呢？我们中的许多人，像露西和我的弟弟杰夫（前面我已经介绍过他们）与动物的关系可能比与亲戚的关系更亲密。如果需要的话，在你的家谱图上加上它们——也许可以用耳朵、爪子或蹄子来表示。

你也可以问问自己，是否有家庭成员被忽视、否认或排斥，比如被送到社会福利机构的残疾孩子，或者背井离乡的父亲。

由于人类是如此独一无二，所以有时候会出现极为罕见的情况。几年前，我看着戴维的家谱图，越看越难过。戴维是位善良、睿智而又忧心忡忡的中年牧师，他的母亲是妓女，在他出生后几天就抛弃了他，他的父亲因谋杀而入狱，而抚养他的祖母是一个“冷漠的照料者”。

“你是怎么成为现在的你的？”我终于忍不住问道，然后又问了一句，“这幅家谱图里的哪个人给了你力量？”

戴维突然咧嘴一笑。“还没有画上去……”他画了一会儿，然后指着家谱图上一处特别醒目的地方，上面的标签是“联邦进取号星舰”。

“《星际迷航》，”他说，“那是我的世界。”“联邦进取号星舰”救了他，就像它救了其他濒危星球上的幸存者一样。它的机组人员是关心和合作的典范，鼓舞了这个悲伤、孤独的男孩，让他找到了心灵之家。它的人道主义使命向他展示了什么是英雄，并为他提供了道德指南针，让他没有在童年的混乱中迷失自我。而且，他还可以加入真正的、活生生的、全球各地的星际粉丝社区。

现在，当你看着自己的家谱图时，你看到了什么？什么人、图片或模式看起来最重要，最引人注目？写下来。它们给了你哪些经验教训？

近些年，萨布丽娜的婚姻经历了“低谷期”，当她求助于自己的家谱图，寻求对婚姻的看法时，她意识到她和丈夫就像她的父母一样差异很大。“他是非洲黑人移民，对自己的工作、妻子和孩子都很满意。而我冲劲十足，总想干点儿什么大事。”

当她更仔细地观察时，她意识到丈夫像她父亲一样，给了他们稳定的婚姻和家庭，以及“对女性深切的尊重，即便是在低谷期”，她也知道他是“永远的家人”。“我想，我怎么能离开他呢？那很不明智，就像砍掉我的拇指一样。”

当萨布丽娜对自己的生活和她与丈夫塞里格的关系寻求进一步指导时，她注意到她与她外祖母之间的联系。她们之间爱的纽带，比加粗的两条线还强。外祖母去世多年后，仍然是她的精神支柱。

“我和外祖母很亲近，尽管她不会说话，也许正是因为她不会说话。有一天，一位白人警察用枪指着她的头，第二天她就中风了。她未能接受康复治疗，因为她太穷了，又是个黑人。

“她教会我沉默地倾听，我得弄清楚她在告诉我什么。当其他人都躲着她时，我邀请她和我一起玩耍，帮我洗澡。现在我是一名治疗师，我以倾听为生。我和那些甚至无法言说我的语言的人坐在一起。我略过他们嘴角流淌的口水、必须要更换的尿布，去看他们的内心。当我觉得自己受够了我的丈夫时，我看着我的家谱图，和我的外祖母交谈。‘外婆，’有一天我说，‘他真让人讨厌。’外祖母说：‘我也是。我让人讨厌，你得给我收拾烂摊子。’”

理解你的家谱图：知道你的创伤从何而来

现在给你自己一些时间，像萨布丽娜那样请教你的家谱图。

闭上眼睛深呼吸几分钟，想想你生活中出现的一个挑战，一个你正在努力解决并能从家谱图的指导中获益的问题，比如萨布丽娜和她丈夫的关系。现在睁开眼睛，看看你的家谱图，首先观察一会儿它的整体模式。

现在问问你的家谱图，关于你想到的挑战或问题能告诉你一些什么。什么模式可以帮助你更好地理解它？你有哪些能利用的家庭优势？什么样的关系，比如与祖先、兄弟姐妹、孩子、朋友或宠物的关系，能够支撑你、支持你？谁或什么可以帮助你发现你需要看到、知道和要做的？

我的医生同事丽塔从巴西来美国时，曾问自己的家谱图，在一个没有有色人种，也没有多少女性的学术性医疗部门，她该如何适应？她的目光转向了她的曾祖母——一位掌握传统疗法的巫师，也曾是一位移民，来自陌生的国度，但她智慧、善良，备受尊敬。丽塔意识到曾祖母可以成为她的榜样，鼓舞她，鼓励她把自己的智慧和同情心，尤其是巴西人的智慧和同情心带到一个以此为贵的学术界。

每当感到失落和孤独时，玛雅就会用她的家谱图“填补内心空白”，从她的“人间天使”那儿重新获得爱和支持，想象那些可能会带着智慧和安慰她新的天使，并画出她们之间的联系。

不久前，我看着我自己的家谱图，我看到我继承了父母对卓越的追求和对服务他人的热忱，对此我深为感激。但令人惊讶的是，我在家人的恐惧和拘束中，发现了一个创造力和快乐的榜样。曾经有人告诉我，在漫长而乏味地粉刷一天房屋后，我的祖父常常在晚上休息时间去咖啡馆里拉小提琴，音乐给他昏暗的生活带来了明亮的音符。我看着我的家谱图时，觉得它变得优美起来。

现在，花点儿时间把你想到的答案写下来。不要担心语法、标点符号甚至逻辑。

看看你都写了些什么。看看你是否还有问题。如果有，再看一遍家谱图。

你很可能会得到额外的指导。如果你仍然感到困惑，把它放在一边，等上一天或一周，再问一遍。如果有你觉得需要补充的信息，比如关于死去的祖先或你父母的童年，可以去问问你的亲戚。他们通常知道一些过去的事，可以帮助你更全面、细致地了解你来自哪里、你是谁。把你获得的信息添加到你的家谱图中。它是一个鲜活的、不断发展的指南。

几乎每个绘制家谱图的人，比如萨布丽娜、丽塔、玛雅和我，都会保留它，时不时查看，不断地从中获得帮助。

18

团体治疗：信任与安全感有多重要

当我们和他人有共同的感受，建立起共同的信任感和安全感时，会激发彼此之间的照顾和友谊，让我们彼此支持，彼此安慰。更让我们知道，“原来，不只是我一个人经历过痛苦”。

让我们在一起，彼此支持

数十万年以来，小团体作为人类进化的社会单元，曾滋养过我们的祖先，现在仍然滋养我们的原住民兄弟姐妹，塑造并影响着我们携带的基因密码。因此，可以假定对我们仍携带这些基因的人而言，团体治疗具备疗效。

世界各地原住民都明白群体的力量。当部落的某个人出现一些小病小灾，不管是感冒还是扭伤脚踝，抑或是轻微的焦虑或抑郁，他都会向“奶奶”——他自己的奶奶或其他人的奶奶寻求帮助。这位奶奶掌握着部落的生理和心理急救知识，安慰患者，给予患者信心，提供治疗。如果是更严重的问题，比如身患重病或身负重伤（被毒蛇咬伤，严重的骨折或感染等）、受精神病或抑郁自杀的折磨，以及战士从战场上归来，部落成员会咨询官方认可的治疗师。

当传统医治者接手一个病人时，他们通常会把病人整个大家庭的成员或者他所属的整个部落的成员聚集在一起。他们认为，虽然这个人只是身心出现了某种情况，但也意味着这个生病或有麻烦的人与他所生活的社会、自然和精神世界之间关系的破裂。

医治者召集的部落成员要参与告解、关怀和祈祷仪式，以恢复受苦者的身心平衡，以及他和他的部落之间的平衡。医治者的任务远比现代医生宽泛，他还需要创立一些仪式来加强部落与部落赖以生存的自然界之间的连接，以及与精神世界之间的连接。

直到最近，现代医学仍然忽视团体的治愈能力。60 年前，我们才开始重新发现它。我们已经知道，哪怕只是提供一个安全的场所，让人们可以走到一起分享使他们虚弱的恐惧，不用担心被批评，就可以治愈许多人——包括酗酒者和瘾君子、老兵、被虐待的女性（通过分享自己的故事，她们找到了姐妹情谊和自己的力量）、饮食障碍患者、抑郁症和癌症患者。数以百万的人从中受益，因而，许多医生现在谈到“12 步支持”团体时满怀敬意。

在团体中，收获信任和安全感

加州大学洛杉矶分校心理学家谢利·泰勒最近的研究帮助人们了解为什么这些类型的团体在减压和治愈创伤方面如此有效。[1]

通过综合动物和人类的研究数据，泰勒和她的同事得出结论：女性对压力的反应与男性明显不同。当威胁出现时，雄性动物——包括男人，要么战斗要么逃跑。而雌性动物在面对自然灾害或捕食者的威胁时，经常聚在一起照顾和保护自己的孩子，泰勒称这种反应为“照顾与结盟”。

正如我们所知道的，雄性的反应由肾上腺素和睾丸素所驱动。[2]这些激素也决定着女性的反应，但女性的生理机能与男性有细微差别。催产素——一种促进成年人之间、母亲和婴儿之间关系的激素，与肾上腺素和睾丸素同时上升，从而调节了它们的作用。而且，女性雌激素和缓解疼痛的内啡肽的分泌也超过男性。[3]

在许多团体中，共同的信任感和安全感，可能会激发彼此之间的照顾和友谊。人们在 CMBM 的小型心身技能团体中，体验到的亲密感、彼此之间的尊重和同情，会扩大和加深这种反应。

不同年龄、教育水平、宗教文化背景的人，甚至那些坚称自己“不属于群体”的人，都从这些心身技能团体中获益。他们很快就能从团体中体验到安全感，这让他们能去体验和承认他们过去的痛苦和现在的困惑，平静、自由地去学习和使用我一直在教你们的这些自我照料技巧。他们也可以舒适地、踊跃地与他人分享他们对自己的发现。

许多曾接受过其他多种疗法，甚至也参加过其他类型团体的人发现，心身技能团体是一种独特又非常有效的疗法，结合了历史智慧和现代科学，以及自我表达和有趣的自我照料教育。“我学会了很多帮助自己的方法，”他们说，“我感受到了如此多的爱和尊重。”正如一位团体成员所观察到的，心身技能团体“不断地邀请自己变得真实，只是让你去做你自己”。

“而且，最棒的是，”曾接受过许多其他治疗的性侵幸存者莎莉总结道，“这是第一次没人试图治好我。”

在过去的20年里，我们已经反复证明[4]，参加十次心身技能团体活动就能大幅度缓解经历战争的儿童和成人的PTSD症状（减少80%甚至更多），并能显著改善他们的情绪，让他们重拾希望。

研究还表明，这些团体能够提升压力过大的医疗专业人士、工作者和医学院学生的幸福感和生理机能。

参加我们团体的学生压力明显下降，心情更为愉悦，学习效率有所提高，睡眠质量得到改善，对成为内科医生这件事也变得更有信心。[5]而且——对我来说最有趣的是——成员彼此间更有同情心，激发了许多互相照料的举动，促进了友谊。他们的同学在备考阶段，睾丸激素水平会骤然上升。而我们的团体成员并非如此，男女学生的激素水平都没有类似的上升，而且压力激素（皮质醇）反而显著下降了。

在这一章中，我将向你展示心身技能团体如何运作：你将看到一些团体成员的悲伤与挣扎，他们的胜利和所获得的启示。你还将看到团体成员在对自己和他人的理解与同情中成长，观察到这个团体所提供的亲密又持续的支持。

我邀请你温柔地感受与这些团体成员之间的连接。我相信，他们所运用的个人独有的工具和方法，他们着手进行的自我发现和自我照顾计划，将鼓励你打造你自己的康复之旅。我希望你看到的这些浮光掠影，能激励你邀请家人和朋友与你一起加入你的疗愈之旅，与他们分享你所学到的，并在他们与你分享的过程中学习和成长。

团体治疗的原则和方法

下面是我带领的一个团体的概况。你会发现这些团体成员使用的技术与我教你的一样，此外，他们将互相分享他们学到的东西。这是几年前的一次培训中的团体。每个团体都像组成团体的个体那样独特，但不管谁在领导这个团体或在哪里举行，几乎每次都会有分享，有充满意义的学习和令人惊讶的成员之间的连接。

第一次活动从成员（通常有 8 个或 10 个成员）与一个带领者围坐一圈开始。这里的训练项目也是同样的设置，定期会有 20 个团体从 200 个报名参加者中“起航”，就像你所在地区的心身技能团体一样，由我们训练过的医生、治疗师和教师带领。

我们总是从介绍“团队基本规则”开始，以确保每个人都理解并同意遵守这些规则。这些基本规则旨在建立并确保安全感和团体秩序，创造尊重的氛围，鼓励自我发现和自我表露，使你能够安全地分享你在实践自我照顾技巧时学到的东西，并从别人对他们自己的发现中学习。

保密是首要原则。团体里的每个人都要感到可以安全地分享自己的感受或想法，而不用担心会被朋友、同事、家人或邻居知道。

我要求每个人发言或点头表示对这一点的理解和同意。令人非常惊讶的是，不管是在充满流言蜚语的难民营里，还是在医院、监狱、学校和企业的八卦走廊里，保密原则几乎从未被打破。

接下来介绍团体结构和流程方面的规则。团体准时开始和结束。如果你不能来或迟到，你得提前让我知道。这是对团体的尊重，也让我们所有人都不必担心你在哪里。

我解释说，这是一种特殊的团体，每个人都可以在这里发现自己，在他愿意的时候分享自己想分享的东西。每个人轮流发言。没有任何人，包括我在内，会分析、诠释或打断其他人。

许多带领者会让正在说话的成员把某个物品传递给下一个要讲话的人。有些物品类似于原始部落的“说话棍”，还有一些用毛毡或木头做的“心”，以此来提醒每个团体成员“真诚地说心里话”。每个人都被鼓励按自己的意愿分享，没有人被要求分享。你可以说“跳过我”，带领者稍后会回到你这儿。没有必须说话的压力，只有无条件的尊重。我解释说，每个人都可以分享自己的人生经验和所思所想，而所有人都能从中获得学习。我们是彼此的老师。

我告诉团体成员我是带领者。我的工作是确保团体准时开始和结束，没有人打断或分析其他人，每个人都有发言的机会，没有人独占时间。我也是一个参与者，我将分享我自己的经验和感受，和其他人一起做我正在教的技术，不管是软腹呼吸、绘画、与身体对话，还是意象引导。我将分享我所看到和感受到的、所写的和所画的，就像所有其他的团体成员一样。

对于那些被教导要“像个白板一样”、坐在一边分析而不是分享的治疗师，以及习惯了这种治疗方法的人来说，这一切可能会让他们有点儿震惊。在经历了一些阻抗（我和我的带领者们表示知悉，但并不反驳）之后，几乎所有人都感激这种模式，或者至少对它感兴趣。许多专业人士发现，他们享受从职业所强加的约束中解脱出来的自由。他们觉得，在这些团体中，他们能够更充分地体会最初将他们带入这个行业的关爱和分享的愿望，他们发现自己很乐意成为治疗过程的同伴和向导。

我解释说，每个团体都有相同的基本结构。它以 5 分钟的软腹呼吸开始，接下来是“签到”。在第一次参加时，我问每个成员他是谁，他为什么来这个团体，他想从中得到什么，他现在感觉如何。

最后一个问题很重要，我和所有带领者都会不断地回到这个问题上。其他类型的团体，可能会花很长时间回忆过去的事件，讨论和辩论每个人表达的意思，并对他们的想法和感受提出问题。在这些团体中，我的工作是帮助团体成员专注于待在或返回到当下的经历，对他们的人生故事培养出一种放松的冥想态度，时时刻刻去体会它在此刻给他们带来的感受。

如果哪位团体成员在迷宫般的故事或猜测中迷失了，我会温柔地把他带回到现在：“你现在感觉怎么样？”这一刻的放松和觉知，让团体成员对回想起的过去的痛苦、焦虑和伤害他们的恐惧有了新的认识，心情不再那么沉重，对伤害再次发生的担忧也有所减轻。我解释说，对于折磨我们、给未来蒙上阴霾的压力和创伤而言，当下觉察的每一刻都是解药。

每次团体都以软腹呼吸开始。在这个过程中，我会解释（就像我在第三章所介绍的）它如何让身体得到平静，焦虑和压力得到缓解，以及让我们更有觉知，更有同情心，让我们与自己和他人的联系更紧密。我解释说，软腹带来了平静和自我意识，使我们有可能学习和使用我将传授的所有技术。

现在轮到“签到”环节——每个人都要回答四个问题，这四个问题代表着对团体的参与和承诺，这些问题在你制订自己的转变计划时也可能会有用：“你是谁？”“你为什么在这里？”“你想从这次经历中得到什么？”“你现在怎么样？”

通常，第一轮的介绍都是实事求是的，谨慎而又低调。在一个每周一次的社区服务团体中，参与者可能会以他们的诊断结果或对问题的描述作为开场白：“我有高血压。”“我有癌症。”“多年来，我一直情绪低落，晚上无法入睡。”“我很担心我的亲密关系。”“我丈夫两个月前去世了。这种感觉难以用语言形容，我非常孤独。”他们可能会提到他们正在接受的治疗及当前治疗的不足之处。“抗抑郁药已经不起作用，现在它只是让我反应迟钝。”我们通常会这样轮流发言两圈。

我们是如何彼此支持的

在我写作本书的过程中，我有一个团体正在进行。团体参与者通常以专业头衔、帮助他人的心愿，或者承认自己目前感到职业倦怠为开场白。多特，50 岁左右，穿着整洁的牛仔裤和羊绒衫，一顶整洁的帽子压住了她灰色的头发，她把自己及自己的身份介绍得很清楚：心理学博士，领导着一个非营利教育组织，“感觉很好”，“对学习很感兴趣”。阿萨是一位年长的退休工程师，在一个教会支持组织做志愿者，他告诉我们他在公开场合讲话有困难。法丽玛，是一位从伊朗来的精神病学家，她在美国和伊朗艰难的职业发展状况让她深受打击。她满怀悲伤地谈起她在美国的家最近毁于一场火灾，谈起她对年迈生病的父母、对孩子，以及对拥入她办公室的难民的担忧。个子矮小、秃顶、满脸皱纹的马特是名商人兼牧师。他迫不及待地说，软腹呼吸后，他的迷走神经很高兴。黛拉是一名社会工作者，她倚靠着椅子告诉我们她十分沮丧，她想用心身技能来解决她所在社区持续蔓延的贫困和暴力问题。乔斯是一名心理咨询师，他想用“新工具和新技术”来帮助低收入的少数族裔儿童。肖娜负责一个针对医科学生的心理咨询项目，她担心自己和学生容易受压力的影响，但在软腹呼吸后，她感到放松。

在第二轮签到快结束的时候，克拉拉，60 多岁、情绪紧张、衣冠不整，打破了彬彬有礼的分享和暂时的希望。“我不确定，”她说，“我应该在这里还是在精神病急救室。我曾经是一名监狱牧师，现在我可以说是一个无家可归的人。”我向她保证她在我们这个团体是受欢迎的。

在最后环节，我们画了三幅图。就是我在第四章提到的那三幅画：“你自己”“你自己最大的问题”“问题解决后的你”。黛拉笑自己在第一幅画中给自己画的超大的头，笑她在第二幅画中给自己画的需求的象征和压力的标志：“一个时钟”“一个美元符号”“客户伸出的手”“家人张开的嘴”。几乎每个人都点头表示认可。黛拉告诉我们，在她的第三幅画中，她渴望走到有着婆娑树荫的乡间小路上。

在马特所有的画中，他都靠近页面底部位置，个头甚至比他本人看起来还要小。在第二幅画中，他跪在地上祈求上天指导他如何处理棘手的教区问题。在第三幅画中，他张开双臂感激问题得到了解决。

肖娜把自己画成一个简笔人物。在她的“最大的问题”这幅画中，其他的简笔人物，被正在摧毁她所在的医学院社区的枪支犯罪击倒在地。在“问题解决后”的那幅画中，她连点成圈：她的简笔人物手拉着手围成一个圆圈，创造了一个联盟。她环顾四周，发现这正是我们这个团体围坐一圈的模样。

乔斯站在第二幅画的一边，看上去很焦虑。画面的另一角是他那只生病的老狗，他担心它会孤独地死去。他的第三幅画的画面上是他和其他小狗及他的爱人。“也许，”他说，“我能挺过我无法改变的事情。”

“我不喜欢谈论自己，”多特笑着说，她是最后一批展示自己绘画作品的人之一，“但是看看我的画。”一切都在画面上。在她的第二幅画中，大写字母“ME”（我）在画面中心极为醒目，粗大的箭头从各个方向出现。“我觉得自己对一切都负有责任，想给每个人提出忠告。”在第三幅画中，有一道彩虹和一颗心。

“我在微笑，爱我自己，信任别人，”她难以置信地说，“那不是很好吗？”

我们中的一些人必须等到下一次的团体聚会，在完成摇摆舞动后，才轮到展示自己的画。在阿萨的第二幅画中，他的喉咙被一片模糊的黑色污迹所覆盖。“我这儿做过穿刺，”他告诉我们，“当我还是婴儿的时候，我得了一个癌性囊肿，不得不做手术。这成了我的弱点，在任何重要的事情上，我都不能为自己说话。”在他的第三幅画中，黑色区域变小了，更像是个瑕疵而不是巨大的伤疤。看着这些图画，阿萨说：“可见我的恐惧有多大是由我决定的。”

在分享自己的画之前，克拉拉就已经在发抖了。她告诉我们，和阿萨一样，她那聪明善良的孙子也口吃，说话有困难，因为当他还是个孩子的时候，他的父亲常常虐待他。

之后，克拉拉展示了她的画。在第一幅画上，她是一个职业女性、妻子和母亲，自信，一手拿着“治愈之心”，一手拿着“正义之剑”。“我就是这样看待这个世界的。”在第二幅画中，她的嘴是一条沉默的、红色的、愤怒的斜线。她告诉我们，她自己在年轻的时候，被她的指导牧师强奸了。无论是施暴的牧师，还是她的上司，不仅没有向她道歉，甚至不承认所发生的事情。相反，他们暗示她是在夸大其词，是她误会了，甚至说她是在骗人。“我受到两次伤害。强奸很可怕，但这个制度对待我的方式更可怕。所有的痛苦，所有的愤怒，已经被深深埋藏了40年。”

我们静静地坐了几分钟，与克拉拉用沉默进行交流，有几个人哭了，还有几个人快哭了。然后，马特紧锁着眉头，和蔼地向前倾了倾身子：“你说的这些让我的心都碎了。作为你所信仰宗教的牧师，我想告诉你，我对我们宗教的行为感到十分羞愧。我很抱歉。”

此时，在经历了40年的情感煎熬之后，克拉拉哭了。“你是第一个说‘对不起’的人。如果有人在40年前就这么说，也许我早已康复。现在，我第一次相信康复可以开始了。”

在这次团体结束时，我问大家是否可以互相挽着彼此的胳膊，站着做软腹呼吸，每个人都点头同意，而马特落泪了。“这也是我想要的。”他说。当我们排着队走出房间时，克拉拉像牧师在星期天的晨祷结束时那样庄严而赞赏地和我们每个人握了手。

这只是团体的第二次活动，但我们已经觉察到一些令人惊讶，甚至是奇妙的事情正在发生。在一个偏远的城市，一名牧师强奸了一名女性，而这位女性与来自不同州的同一教派的牧师进入了同一个治疗团体，这种可能性有多大？而且那位牧师立刻对她的苦难感同身受，充满同情，这种可能性又有多大？

然而，这种小概率事件在我们很多团体中都曾出现。“9・11”事件发生后不久，在一个团体里，一位遇难者的遗孀在描述梦中她丈夫对她说的话后，作为遇难者朋友的一名纽约市消防队员大为震惊。“是的，”消防员说，“我在我的梦中也看到了他，我也听到了他对你说的话。”然后他说了那句话，而她也在默默地说着同样的话。“宝贝，赶紧从沙发上爬起来，去完成你的事情。”

这些事无法用逻辑来解释。负责分组的女同事根本不知道克拉拉被神职人员虐待，也不知道马特是与她同一教派的牧师。消防员和他朋友的遗孀之前从未讨论过她的抑郁症或他们想要的生活。

卡尔・荣格将这些非因果但有意义的联系定义为“共时性”。[6]当人们在安全的、探索性的冥想式团体中相聚时，共时性会倍增。每个人都能接触到自己的想象，也许通过它，能接触到更宏大的、共有的想象和认识，荣格称之为“集体无意识”。

找到自己的安全岛

在团体的第三次活动中，我们找到自己的安全岛，与自己的智慧导师会面。现在，即使是那些最不愿意分享他们的画的人也想分享他们看到、听到和学到的东西。一个接着一个，就像试探性地从一座高桥跳到水里——发现没有伤害，有的只是团体的欢迎和巨大的解脱——于是找到了跟随的勇气。

多特坐在她的安全岛——一座花园里，问一只名叫“希望”的蝴蝶，为什么世事如此艰难。让她松了一口气的是，这只蝴蝶提醒她不必去比较，她可以享受一切。

克拉拉在一条流淌的河边找到了一个安全岛，她坐在一块大石头上，周围是乔木和灌木。她的向导没有说话，只是坐在附近的一块大石头上，他的存在对她来说是极大的安慰。

父母、年幼的孩子，还有病人都很需要法丽玛，她在这些相互冲突的要求中挣扎，她发现自己在重建的厨房里，心满意足地做着传统食品。

乔斯发现自己沿着一条崎岖多雪的小路，走到一间小木屋，他那不太像向导的向导——他害羞地说那是麦考利·库尔金——告诉他不必担心自己的狗要死了，也不必担心与伴侣结婚。“生活就像天气一样变化多端，”小麦考利提醒他，“太阳总会升起。”

肖娜发现自己坐在山边的湖畔，她曾经和她的祖母在那里钓鱼。三位向导游了过来，作为临终关怀护士，她曾经照料过她们。“我们是你的守护天使，”她们告诉她，“我们来帮助你哀悼你的丧失。你从未为失去你的祖母，为失去我们，为你失去的纯真而悲伤。悲伤是美丽的。去做摇摆舞动吧，它会让你的感受释放出来。”肖娜哭了。

对话和探索

在团体的第四次活动中，我们热切地与症状、问题或自身议题进行对话和探索。

阿萨问“空虚”，他需要怎么做才能让自己感到更满足，他听到的回答是他必须“敞开心扉”，让那些话和感受从他受伤的喉咙里发出来。

有那么一会儿，多特的对话就像一个拳击手在绕着困扰她的“失眠症”打转。然后失眠就给她来了几记重拳：“开始原谅你自己吧。”“你给了我太多的力量。”最急切又最能说明问题的是：“你为什么需要有问题？”多特一再嘲笑这些真实的打击。

轮到肖娜时，她与她“右边的疼痛”对话，那是顶级医生也无法诊断的疼痛。她疼痛的那一边身体告诉她：“我希望你去感受你有权利去感受的东西。我想让你知道你和其他人一样重要。”这时，肖娜抬起头，讲述了只有她丈夫知道的故事。

“20 岁的时候，有一次我需要坐飞机回家参加父亲的生日会。在前一天晚上，我参加了一个足球运动员聚会。那些人喝了酒，我也喝了酒。醒来已经是第二天早上，我发现自己下身疼痛，一只眼睛有瘀伤，浑身像是被人痛打了一顿。我知道自己不仅被强奸了，还可能被下药了。我去找校警报警，他们并没有认真对待这件事。毕竟，我当时喝了酒，而这些人都是足球运动员。”

她的身体很痛苦，心中又非常羞愧和孤独。“我妈妈说那是我的错。”那天晚些时候回到家后，她还被妈妈指责。而在学校，当她走过操场时，足球队员们会大声辱骂她。

“我以前很喜欢上学，”她哭着说，“但我无法坚持完那个学期。”她觉得自己彻底被侵犯了，毫无遮掩。她不知所措，失去了与自己身体的连接，再也无法享受身体曾经给她带来的愉悦。随之而来的是危及生命的自残。

几年后，肖娜在帮助那些饱受伤害和生命垂危的人——包括那些拥抱她和给她提供忠告的智慧导师们——的过程中找到了“平静和生活目标”。但她从未从强奸及随之而来的嘲笑和耻辱中恢复过来。在克拉拉讲述之前，肖娜无法认同类似处境的其他女性，无法想象谈论自己被强奸的事，因为她担心自己会暴露在随之而来的公众谴责之下。直到现在，在这里，在这个小团体中，她才感到足够的安全，可以哀悼她失去的纯真的自信和希望，去相信她可能会以某种方式完全恢复自尊自爱。

绘制家谱图，相互指导

在团体的第五次活动中，我们绘制家谱图，就像萨布丽娜做的那样。在接下来的三次活动中，我们每个人，依次把家谱图放在我们圈子的中心，追踪四代人之间的关系和冲突模式。到目前为止，我们一直专注于对于现状的探索和发现。现在我们要从过去中吸取教训。

我要求每个人都把注意力集中在他现在面临的挑战上，看看家谱图上的谁面临过类似的挑战，谁现在可以提供有用的指导和支持。我请其他人安静地坐着，注意他们的所见所感。

“为什么，”多特一边展开她的家谱图一边问，“我有必要这么担心吗？”答案几乎立刻跃出纸面。她的曾祖父因为失去家族的财产而自杀。他的女儿，也就是多特的祖母，从来没有提起过这件事，但她总担心会发生什么。多特的父亲，也是一个杞人忧天的人，在生意失败后，变得更加忧心忡忡。忧虑，对于多特来说，现在被视为一种可理解的多世代的不良应对策略——一种使人衰弱的反应，但也是一种试图控制无法控制的东西的尝试。她想知道，这种古老的、引发焦虑的忧虑是否导致了让她羞愧的进食障碍，以及困扰她的慢性的、时刻存在的不安，当然还有失眠。多特看起来震惊又困惑，她问：“有出路吗？”

“看看家谱图，”我建议，“看看有没有人能帮助你。”过了一会儿，多特用铅笔在代表她女儿的圆圈上轻敲。“她不是一个杞人忧天的人，”多特说，“她打破了这个循环。也许我可以向她学习。”现在，她热切地说，“我也可以做软腹呼吸，摇摆舞动，它们已经帮助到我。”

法丽玛的家谱图给了她如何拨开未来迷雾的启示。在她父亲的家庭中，爱的光芒被遮蔽了，从他们身上只散发出微弱的线条。而现在，在她对父亲和公公的爱中显现了。她坐在我们这群人中，看到了自己身上的光芒，她感到她渴望并且也有力量把光芒带给那些填满她的家谱图的人：带给她的家人、她的病人，以及她如此慷慨地服务的整个难民社区的人。而且，正如一直在寻找的那样，法丽玛还发现，她为那些最需要帮助的人服务的愿望，并不像她担心的那样是一种失误或纵容。她现在想起来了，这曾经是她母亲儿时的愿望，她把这个使命称为“法丽玛”。

黛拉，在团体第一次活动时，她觉得自大很困扰她，她发现自己最大的快乐并非来自智力上的成就，而是与众多家庭成员和朋友之间“爱的连接”。她看着自己的家谱图，觉得实现梦想的可能性倍增。

为了显示她们之间强大的连接，肖娜把奶奶的圆圈和自己的圆圈都涂上了深紫色。“在我六七岁的时候，她对我说：‘亲爱的，我很快就要死了。’我们一起度过了她生命的最后几天，我很自豪自己可以陪她玩，我感到我的内心充满爱。”正如她告诉我们的，肖娜一直觉得她有能力承担照顾者的角色。她不情愿地用温柔的目光看着那个代表她母亲的圆圈，她现在接受并爱着这个多年前用拒绝和责备深深伤害过她的女人。

闭幕仪式

在团体的最后一次活动中，我们将再画三幅画，还将举行一个闭幕仪式。我将在本书的最后一章与你分享其中的一些画，那时你也需要再画三幅画。然后我们将把它们与我们在第四章中介绍的三幅画比较，你需要用心探索它们的相似与不同。就像我的团体成员一样，你会看到你所有的改变。在我们一起完成自己的画后，将进行闭幕仪式。

也许，在一开始的时候，我们嫉妒多特极为卓越的完美，或者因她的完美和她保持距离。而在她与她的智慧导师会面并进行对话时，我们看到了迫使她保护自己的焦虑，以及引爆她的完美主义的痛苦。也许，在我们领会到这一点的时候，我们也意识到自己在社会表现上的艰辛努力，以及我们自己弄巧成拙的完美主义。一开始，克拉拉的愤怒和混乱可能会让我们望而却步，但马特的拥抱和克拉拉的感恩，让我们看到了善良、无惧的关注所带来的益处，以及深刻改变的可能性。

参与心身技能团体也让我们意识到，我们所有人真的就像拉科塔人所说的彼此“相连”，我们是彼此的老师。我们每个人都给了别人一面镜子，这面镜子让我们更容易看到自己面临的挑战，还为我们提供意想不到的方式来应对这些挑战。

团体活动结束后，我们中的一些人仍然继续来往。在培训的第三天，我的团体成员开始一起吃午饭。最后一天晚上他们出去跳舞。自那之后，许多人继续通过电子邮件保持联系，甚至成为朋友。

19

感恩疗法

感恩可以减少创伤后应激障碍的症状，改善那些经历过创伤的人的情绪。

如此痛苦，为什么我们还要心存感激

感恩是对我们所得到的或经历的感激。这一章邀请你在感恩的浪潮中畅游，并教你如何驾驭它。

不管是遭受巨大伤害，还是失去所珍爱的一切，都会让我们感到焦虑、恐惧和悲伤。这种情况下，为什么我们还应该心存感激？修士戴维·斯坦德[1]拉多年来一直致力于帮助人们生活在感恩之中，他觉得这个问题完全是本末倒置。戴维说：“不是快乐使人感恩，而是感恩使人快乐。”

有些人的确更容易感恩。近期的科学研究表明[2]，那些心怀感激的人更容易缓解身体疼痛，总体感觉更好，运动的更多，去见医生的时间更少。创伤和压力常常会破坏睡眠质量[3]，但对于那些能体会和表达感激之情的人来说，睡眠没有受太大影响，他们不太沉溺于那些让人难以入睡的消极的、令人担忧的、会在半夜惊醒的想法。

现有的研究表明，感恩可以减少创伤后应激障碍的症状，改善那些经历过创伤的人的情绪。事实上，以色列的一项研究表明[4]，感恩（对生活的幸福感）能有效地防范经历过创伤的儿童患上创伤后应激障碍。

有些人天生会感恩。不过，其他人可以学会更加感恩。我们可以培养感恩的能力，并从中受益。

感恩需要态度的转变。有时它会在创伤发生过程中或刚结束时出现——突然爆发对活着、对幸存的感激。像这样的时刻值得铭记，品味它，把它当作试金石。但如果我们想要在充满恐惧、悲伤、愤怒、焦虑、内疚和羞耻的创伤中前行，我们必须培养带着感恩之心生活的勇气，并乐于去感恩。

我见过很多人这样做。随着时间的推移，越来越多像简这样的癌症幸存者，以感恩之心看待可怕的诊断结果和使人衰弱的治疗，这为他们带来了持续不断的奇迹和鼓舞人心的士气。“我不希望得癌症，”简说，“不过，这是我一生中最有价值的经历。我现在知道什么对我来说是重要的。这是我第一次真正地活着。”

对简和许多人来说，冥想是起点。这并不令人意外。冥想本身就是一种感恩。一天又一天，我们有规律地做软腹呼吸，我们会意识到每时每刻在发生着什么，觉察到我们所有的想法、情感和感觉。这种觉察逐渐成熟，渐渐地，变成欣赏。欣赏就是对所发生的一切的感激。你所需要做的就是呼吸、观察和倾听。

40 岁的伊斯梅尔是一名巴勒斯坦的中学教师，他身材高大，蓄着胡子，有点儿驼背。在我们训练的第四个早晨，他在我们团体会面室门前停了下来。“我有事要告诉你，”他大声说，“一件让我羞耻，又让我自豪的事情。自上次战争结束以后，这六个月里，我一直很烦躁。我睡不好，似乎对一切都不满意。我常常在回家后，拿一根棍子打我的孩子。我是一名老师，我知道我不应该这么做，但他们的争论和噪声让我很生气，我实在忍不住。昨天晚上，我回到家，看着他们闹来闹去，听着他们的音乐和叫喊，我只是站在那里，就像我站在这个门口一样，我做了 5 ~ 10 分钟软腹呼吸，就像我们几天前在这里学的一样。我放松了下来。我睁开眼睛，看到了让我每天都会生气的同样场景，但此时它看起来有所不同。‘他们是我的孩子们，’我对自己说，‘他们是青少年。这就是青少年的行为方式。’我笑了，我感到了我对他们的爱。”

一段时间后，我们甚至会发现自己像简一样，对自己所遭受的痛苦和伤害心存感激。我并不是说感觉令人愉快，只是随着让不愉快的想法和感觉浮现与消失的能力提升，我们会意识到痛苦和伤害只是我们的一部分，而并不完全站在我们的对立面。有时，在做了几分钟软腹呼吸后，我发现自己不由自主地微笑，感激并彻底地享受呼吸带来的体验。有时，在开始之前，我会提醒自己在呼气时带着感激的微笑。5 ~ 10 分钟后，当我结束时，我感觉我戴上了一副神奇的眼镜，它让我看到的一切都变得更柔和、有魅力，也更有希望。

感恩日记

我建议你现在就这么做。花 5 分钟有意识地感激给了你生命、让你能活下去、把你和大自然连接起来的呼吸。带着愉快的微笑去做。

你也可以有意识地聚焦于那些让你感激的事情。而这并不意味着否认痛苦或丧失，这仅仅是鼓励自己去记住你生活中那些没有被创伤磨灭的令人满足的部分。

最简单的方法就是写感恩日记。加州大学戴维斯分校的罗伯特·埃蒙斯是全球研究感恩的领军人物，他发表了许多关于感恩日记益处的研究报告。[5]参与者写感恩日记的周数或月数各不相同，但本质不变：那些写感恩日记的人的身心状态更佳，锻炼更多，身体症状更少，没有那么焦虑、愤怒和羞愧，睡得更好，也更乐观。此外，那些每天写日记的人表示，他们更有可能为他人提供情感支持。他们的感激之情鼓励他们以让别人有理由感激的方式行事。

根据埃蒙斯的研究和我与受创伤的人打交道的经验，我的建议很简单：在每天开始或结束时，写下三五件让你心存感激的事情。

这是莎伦某一天的记录，她的慢性疼痛在髋关节骨折后呈指数增加。

> 我很感激：
> 来自教女的电话；
> 邻居戴夫，他把晨报送到我家门口；
> 花园里新鲜的紫苏，我可以把它撒在我的西红柿上。

莎伦的生活充满了痛苦，行动不便使她生活闭塞。她的感恩日记提醒她庆祝自己所拥有的一切。“它不会让疼痛消失。但它能确保痛苦不是我生活的中心。有些早晨很难找到值得感激的事情。尽管如此，我还是写了日记，它让我微笑，让我为这一天做好准备。我知道我的感恩日记挽救了我的生活。”

感恩日记只是一个开始。我们一起做的每个尝试都可以成为一个感恩的机会，增进我们对自己身心的享受、对自己的希望，以及与他人的连接。我们需要做的就是暂停下来，也许做几分钟软腹呼吸，然后去觉察，给自己一些时间感激我们的所做所学。

正念进食就是一个例子，它包括选择、准备和慢慢品尝食物。每一口，我们都会意识到味道和口感带来的愉悦，欣赏每一口为我们的健康和幸福所做的贡献。

我们学过的其他技巧也可以同样地加以运用，它们为我们提供了同样的机会来表达感激之情：内在智慧导师的良言，与症状书面对话中产生的洞见，以前从未见过的解决问题的图画。

其他人给我们提供了很多成长机会，无论是朋友和家人，还是我们在团体和班级中遇到的人，甚至是点头之交或不经意邂逅的人。你所要做的就是放松和集中注意力，让自己感激这个人真的在你身边，与你说话。当对方停顿、说话、倾听时，他在肯定你值得关注，你很好，或者至少好到他可以和你在一起。

他人的言行会增加你的感激之情。如果有人在商店里为你结账，在公车上为你刷卡，为你倒杯咖啡，或在机场为你办理登机手续，你只要停下来细细品味，他们善意的话语、每个微笑都很美妙。来自朋友的话语和行为更有价值，尤其是他们与你分享他们自己的经历，或者他们带着真诚的兴趣询问你或你的家人及共同的朋友的近况时。在这种情况发生时，只要我能放松下来，真正集中注意力去体会它们，就会对这种持续不断的连接、关心和喜爱充满感激，对这种基本的、赋予生命意义的人类体验充满感激。

日常生活的压力让人们很容易忽视感恩，尤其当我们恼怒、焦虑或不知所措时，这就是为什么有意识地唤起感恩之心很重要。当我怀着感激的心情望着窗外冬天光秃秃的树木、棕色的大地、起伏的山峦时，我所看到的一切就像塞尚的油画一样绚丽多彩。

如果我建议向他人表达感激之情，人们通常会给予肯定和满意的回应。在一个周末研讨会“创伤与转变”的第一个晚上，我提到我一直在写关于感恩的文章。有一位女性，她的女儿几年前死于服药过量，她说她很高兴我提醒了她要感恩。这让她意识到她很感激自己之前学到的东西，也很感激我们即将到来的周末。“我很感激，”她说，“因为现在我知道，我越深入我的悲伤，就越容易找到更大的快乐。”

然后，其他几位因失去亲人而痛苦或因自身疾病而受折磨的人开始讲述。他们意识到，即使遇到了麻烦，他们也“幸运地”拥有一个属于自己的周末，以及有足够的钱和时间使之成为可能。父亲去世后，黛博拉一直在空虚绝望中随波逐流，她感激坐公交车来我们“庇护所”的这一路几乎没有人说话。“我可以看着雪如此平静地飘落，覆盖了地面和树木。”那一刻她露出了梦幻般的微笑。

还有一种方法可以让感恩进入你的生活。

许多年前，那时候我亲爱的比尔·艾尔弗雷德教授已经年迈。有一次，他正在忙着做炒鸡蛋，突然他抬起头，扬起眉毛，微微一笑。“如果有时我们不是为自己或他人祈祷、要求什么，而只是对上帝说‘谢谢你让我有了美好的一天’，”他问，“你觉得这是不是个好主意？”

我常常想起这句话。有时，我完全按照比尔的建议去做——感谢自然赐予我窗外的树木、穿过树木的阳光、与朋友或病人共度的时光。在我抑郁或沮丧时，甚至在我悲痛时，每天、每时每刻，我都记得他的话，看得到他的微笑，感受得到自己的微笑和祝福。

我不是一个经常祈祷的人，我不知道你是不是，但我想建议你按照比尔的方式祈祷：“感谢这个世界赐予我的一切，为了这美好的一天。”它简单、朴实，没有教派之分，任何人都能做到。当你这样做的时候，你正在体验一种祝福，在感激你生命中所有的体验——静静地冥想，分享美食与感受，在街头漫步，或者只是一次深呼吸。

我认为感恩和宽恕的力量微妙而强大，它能把我们从对过去创伤的记忆犹新的愤怒和无止境的痛苦旋涡中拉出来。感恩让我们的人生变得越来越顺利，越来越容易。我们将在下一章中探讨宽恕，这个话题更棘手、更有挑战性，但也会带来更多的回报。而感恩是为宽恕做好准备。

20

宽恕冥想

宽恕，是放下对伤害我们的人或事的负面情绪，放下对自己或他人造成的真实或想象的伤害。

宽恕为什么可以帮助创伤恢复

宽恕是创伤恢复的有力盟友。但我们需要知道何时及如何建立这种联盟。我们还需要明白，宽恕和正义并非一定对立。的确，如果我们觉得正义得到了伸张，宽恕就容易得多。杀人犯或强奸犯得到应有的惩罚，小偷返还偷窃的钱财，施虐者由衷的道歉，这些举措让我们摆脱无力感和受害者的感觉。然而，最终，我们给予宽恕，是因为它是能治愈和拯救我们的强大力量。

世界各地的原住民部落都有常规或周期性的仪式，用来忏悔和道歉、修复和审判，使他们的人民和部落摆脱仇恨与怨恨的破坏性力量，远离复仇所导致的个人和社会危险。

现代科学印证了古代智慧。[1] 怀恨在心、愤懑不已、寻求报复对我们来说都是危险的。如果不能原谅伤害，放下愤怒，我们对伤害我们的人或事的怨恨会造成生理上的伤害：压力水平和压力激素会上升，创伤所带来的破坏性的影响也会随之加重。我们会变得更加多疑和害怕，还可能会用我们的痛苦来定义自己，始终像受害者那样生活。

宽恕有疗效。[2] 它能净化我们的怨恨，清除情绪和精神上的毒素，以及它所带来的高水平的生理压力。宽恕他人时，大脑中被创伤损害的区域，包括前额皮质，会变得更加活跃。宽恕能平息杏仁核的恐惧和愤怒，用迷走神经的镇静平衡交感神经系统的过度兴奋，增强洞察力和同情心。大量科学研究表明，在宽恕他人的过程中，我们自身会变得更加放松，慢性疼痛减少，血压下降，情绪得到改善，并且更为乐观。研究还发现，从战场归来的退伍军人中，拥有宽恕能力的人的创伤后应激障碍症状更少。[3]

想到宽恕，我们可能会抗拒、抵触，可能会问："怎么可能原谅不可原谅的人？"我们可能会抗议："如果我原谅了某人，我就是不尊重我自己！"更令人心酸的是："我怎么能原谅自己所做的一切？我没能保护自己不受伤害，我招惹了别人，我伙同其他人伤害自己和别人。"

创伤对大脑的伤害加重了我们对宽恕的怀疑和抗拒。未解决的创伤会持续激活情绪大脑中的恐惧和愤怒中心，并抑制促进同情心的区域的功能。吉拉，是一位慷慨、善良的以色列心理学家。武装分子时不时就在她家附近开火。她道出自己内心的挣扎："我知道加沙人民饱受痛苦，我很害怕我的孩子会受到伤害，我没有心力照顾加沙的成年人，甚至加沙的孩子们也不行。"

在我们合作的早期阶段，我没有提到宽恕的好处，也没有鼓励你去考虑它。如果我那样做，你们中的许多人可能会奇怪我为什么要提出这个话题。宽恕与失去心爱的人或面对癌症有什么关系？那些被侵害的人当然会义愤填膺。

我现在来讨论它，是因为我们已经采取了许多措施使宽恕成为可能：通过冥想让我们的思想和身体平静下来，释放了紧张，让自己充满活力；学会接受和释放恐惧与愤怒；用饮食平衡我们的身心；调动我们的想象力，探索我们的家谱图，以获得对我们的创伤及其诱因的看法；在放弃自己受害者身份时，学会欢迎来自他人和为我们提供生存物质的大自然的支持。

感恩之心尤为重要。倘若我们开始对现在的每个时刻心存感激，就会越来越难以忍受对伤害或错待我们的人或事的憎恨。感恩使我们自然而然地接受宽恕。

我们中的少部分人已经学会了承受仇恨和苦难而不怨恨，他们有一种惊人的能力，能宽恕最残忍的罪行。在以色列士兵误杀了我的朋友伊兹丁·阿布莱什的三个女儿和侄女后，他用一种难以理解但绝对真诚的语气和我说，他同情士兵犯下的暴行，甚至也同情下达命令的指挥官。

这些人是我的老师，但我难以企及。对我们大多数人来说，哪怕宽恕很小的过错，也不是那么容易的。尽管如此，如果我们愿意思考，愿意豁出去试试，也可以体验到赋予生命活力和肯定心灵的宽恕。

恩莱特模型：宽恕的四个阶段

有一些综合密集型项目致力于帮助人们获得宽恕的能力[4]，大部分基于威斯康星大学教育心理学家罗伯特·恩莱特教授开发的一个模型。恩莱特的模型已经被用于个体治疗和课堂教学，它包括四个阶段。

第一阶段是“揭露阶段”，在这个阶段你将了解到不宽恕的破坏性影响；第二阶段是“决策阶段”，你将意识到宽恕的好处，并尝试去宽恕；第三阶段是“工作阶段”，你要尽最大努力站在伤害你的那个人角度，去了解他及他的动机和行为，以培养对伤害你的人的同理心和同情心；在第四阶段“深化阶段”，恩莱特要求你从你的经历中寻找“更高的意义”。

与对照组相比，不管是儿童还是成年人，完成恩莱特为期数月的项目后，焦虑、抑郁和愤怒的程度普遍降低，自尊水平更高，并且也更有同情心。[5]

我分享给你的疗愈创伤的方法不聚焦于宽恕，也不要求你宽恕，然而它的确呈现并包含了恩莱特所描述的大部分重要元素。他的方法需要明确承诺去宽恕，而在我们的项目中，宽恕是创伤愈合过程的自然结果。我并非在坚持要求你去宽恕，而是邀请你们每一个人，在你愿意并觉得合适的时候拥抱宽恕。

如何进行宽恕冥想

以下是一个简单有效的方法，可以面对阻碍和挑战，探索宽恕的可能性，并收获它的回报。有时很快就会带来显著的效果，但更多时候会有缓慢而可靠的变化。

多年前，我从我的朋友、人类学家琼·哈利法克斯那里第一次学到这个方法，之后我对它做了一些小修改。我们在训练中传授它，在我们所有的心身技能团体中练习它。我自己也定期练习。

这个冥想包含四个部分，也是一种意象引导练习。你可以在安静的环境下或者一边听着轻柔的旋律进行。它是这样的：

舒适地坐着。闭上眼睛，用鼻子吸气，用嘴呼气，放松你的腹部，让它变得柔软。慢慢地深呼吸，感觉自己此时此地的存在，每一次呼吸都让你在椅子上更放松。吸气，呼气。

让一个你生气或怨恨的人的形象浮现。现在看着那个人，就像他坐在你对面的椅子上一样。选择任何你想选择的人。不一定是伤害你最深的人，只是你一直怨恨的人。

看着那个人，对他说："我原谅你。无论你做了什么伤害我的事，不管是有心还是无意，我都原谅你。"温柔地对待他。想象他进入你的心脏。然后吸气，把他留在你心里一会儿。吸气，呼气，和他在一起，放松，感受对他的宽恕，继续保持呼吸。让自己多待一两分钟。现在，让他走，对他说："我原谅你。"

再次意识到你自己，用鼻子吸气，用嘴呼气，让你的腹部变得柔软，慢慢地深呼吸，感觉自己的存在，此时此地，每一次呼吸都让你在椅子上更放松。吸气，呼气。

现在，让一个你伤害过的人出现。想象他坐在你对面的椅子上。选择任何一个你想选择的人，不必是你伤害最深的人，只是一个你曾经伤害过的人，一个你此刻想起名字或形象的人。看着那个人，对他说："原谅我，无论我有心还是无意中伤害了你。请原谅我。"

向这个人敞开心扉，想象他向你敞开心扉的样子。吸气，呼气，想象你们的心融合在一起。把他放在你的脑海和你的心里，保持几分钟，吸气，呼气，保持柔软、放松，感觉宽恕从他流向你，感觉你们的心融在一起。多呼吸几分钟。现在，让他走吧，感谢他对你的原谅，同时让自己感受他对你的原谅，感受你们两人之间的连接。

慢慢地深呼吸，感觉自己就在此时此地，每一次呼吸都让你在椅子上更放松，吸气，呼气。

现在，允许你自己的意象出现在你面前。想象一下，你坐在自己对面的椅子上。看看你自己，对自己说："我原谅你伤害我的一切，不管你让我多么失望，我都会原谅你。"感受向自己敞开心扉的感觉，感受你和你自己意象之间的连接，感受你自己坐在你对面的椅子上，感受你和你的心之间的联系。让敞开和柔软的感觉从你流动到你的意象，再从你的意象回到你，合并为你。吸气，呼气，保持柔软、放松，原谅自己，再停留几分钟。

现在，让宽恕的感觉从你身上、从你的心里，蔓延到所有需要宽恕的人身上。让这种感觉生长延伸，吸气，呼气，放松。对自己、对所有需要宽恕的人说："我原谅你，也请原谅你自己。"吸气，呼气，放松几分钟。现在让意象慢慢消失。

现在感觉一下你自己，你正坐在椅子上，背靠着椅背，臀部坐在椅座上，脚踩在地板上，深呼吸，放松。

当你准备好了，睁开眼睛，把你的注意力带回房间。

现在把你的经历和体会写在日记里。

宽恕是值得的，也是可能的。前面我所介绍的是容易操作的基础版宽恕冥想。随着时间的推移，你会运用得更为熟练，获益也会倍增。与此同时，你也可以用你学到的其他技巧来探索、发现宽恕的机会。

如果时机还不成熟，就迫切地开始宽恕冥想，结果可能喜忧参半，但仍然值得一试。科索沃战争结束几个月后，一位新闻记者声称他认为宽恕冥想是不可能的，他亲眼见到那个人杀了他哥哥，他不可能原谅那人。但他扬起眉毛，用讽刺的口吻继续道："我坐在这儿的时候就决定，别用自己的余生去报复。"

一开始，你可能很难与伤害过你的人或你伤害过的人建立连接。我们设置这种屏障是为了保护自己免受反复的伤害，也为了避免知道自己做了什么而带来的痛苦。这种抗拒，这些屏障，可能表现为我们自己或他人僵硬的身体，眼睛转向别处，面容因愤怒和怀疑而变得呆滞等意象。当你遇到这些屏障时，可能会感到恐惧或内疚。这种体验不愉快，但很有价值。过去由于痛苦，这些情绪被否认和压抑埋葬，当它们重新浮现时，可能会打破屏障，软化你或者曾经伤害过你、你曾经伤害过的人的姿态。你可能会看到面部表情的变化，感到宽恕破茧而出。

宽恕不能强求。它通常出现缓慢，需要耐心，就像肌肉必须慢慢塑造。不要从虐待你的父母或背叛你的伴侣开始，可以从一个在交通堵塞时抢占你车道的人开始。当你感受到记忆中炙热的路怒时，深呼吸，放松，冷静下来。下次，或者下下次，再尝试一个伤害你更深的人。

然而，有时，尤其是当你一直在练习其他所学的技巧时，你可能会立即感受到宽恕所带来的令人惊讶的祝福。

琳达·伊格尔斯皮克就是这种情况，她是部落的一位长老，在我带领的团体中接受培训。她和许多在20世纪50年代长大的印度儿童一样，被强行从父母部落的家中带走。她被关在一所公立寄宿学校多年，远离家人，被视为“野蛮人”，说母语还会挨打。在团体的第一次活动中，她画出了她最大的问题：一幢黑色轮廓的建筑物，四扇空荡荡的窗户，窗框也是黑色的，这是一个杀死灵魂的“怪物”，一个给原住民儿童带来绝望的地方。

在宽恕冥想期间，琳达看到了她画的“那座建筑”。她拒绝这个画面，不相信自己能原谅里面发生的一切，也不相信那些制造它的“怪物”。“然后，我突然意识到，那些对我做了这些可怕的事情的人其实也是人，是有灵魂的。我感到仇恨和恐惧所带来的巨大负担消失了。

这和请求原谅是一样的。不要勉强。在你请求你的爱人或配偶原谅你从未承认的背叛之前，或许可以请求对方原谅你的疏忽或傲慢的话语。

通常，你想要原谅的人和你请求原谅的人是同一人。这并不奇怪。我们最亲密的关系——与生活伴侣、父母、孩子和兄弟姐妹的关系——往往充满了未被解决的相互伤害。

几年来，我的一位前合伙人同时出演伤人者和受伤者这两个角色，我们俩看上去都一样僵硬和好斗。即使我以最大的努力敞开心扉邀请她与我袒露心声，也只感到做作又徒劳。

不久以前，在无数次的尝试之后，我能看到并感觉到我们僵硬的身体有了裂缝，正在慢慢敞开心扉。现在，当我慢慢地说出我给她造成的每一个伤害时，我感到我内心的平衡在改变。我先前请求她的原谅不过是出于本分和职责，但出乎意料，现在我是真诚地、谦卑地承认我所做的一切伤害。后来，我开始原谅她对我的伤害，她给我带来的冰冷的感觉，被彼此间曾经互相关心的温暖画面所取代。那些美妙的时刻，旧时的互相吸引、互相欣赏、温柔相待的感觉，以及共同的冒险和探索的记忆复活了。我不期待这样的冥想会改变她，但我自己感到更轻松、满足和坦荡，就像一朵花在我身上盛开。

对大多数人来说，宽恕冥想的第三部分最困难——坐在自己对面，原谅自己。那些曾经遭受过可怕虐待的人，那些曾经伤害过他人的人，那些为自己的所作所为而后悔的人真的会觉得宽恕自己最困难。

玛雅很小就知道母亲对待她的方式有多么可怕。她的母亲酗酒，被人抛弃，用玛雅换取金钱或毒品。尽管如此，玛雅还是毫无道理地觉得自己需要对母亲负责，并因母亲给她带来的伤害而内疚。像玛雅一样，我们中的许多人把那些显然不是自己的过错背负在身。比如戴安娜，一直被严厉地教育要为自己所遭受的一切负责。许多有经验的社会工作者都听过这样的故事——施虐的父亲把责任归咎于一个 5 岁或 10 岁的女儿：“她勾引我的。”

伤害别人的人也会被自己的行为所伤害，我们也需要原谅自己。这种创伤被称为“道德伤害”，比如像詹森这样的士兵，在造成伤害之后，在亲眼看见或无法阻止死亡和毁灭之后会有这样的感受。如果父母一方虐待孩子，他们的伴侣也会有这种感觉；不忠的人也会有，因为我们很清楚这违背了自己的价值观。

承认自己的所作所为是原谅自己的第一步。只要我们拒绝承认，或者继续为它辩护，把它合理化，我们就不能认识到自我原谅的必要性，也无法从中获益。如果我们允许自己——至少在想象中——与那些我们伤害过的人坐在一起，感受他们的痛苦，并为我们所做的事情承担责任，我们就会开始向他们和我们自己敞开心扉——在我们请求原谅时，也要宽恕。

你可以使用所学到的技巧和获得的视角来促进、强化和加深宽恕。

再次提醒，软腹呼吸是基础，而冥想是宽恕的关键。伊斯梅尔，那位中学老师，他不再因为孩子们的吵闹让他愤怒而打他们，而是停下来，呼吸，再睁开眼睛看看他们。他欣赏他们，对他们心存感激，当然，他也原谅了他们。

霍华德通过混沌呼吸、捶枕头、高声喊叫发泄了对曾经公开羞辱他的前妻的愤怒。之后，宽恕油然而生。

意象引导带领特种部队军官詹森穿过遍布战友尸骨之地，来到一个充满爱的地方，一个感到平静和宽恕的地方。

有时这个过程需要好几个步骤。我问我的智慧导师，为什么我要一直心怀怨恨，念念不忘他人对自己的伤害？出现的蝴蝶、鸟或孩子可能会反问我："这是什么时候发生的？""这让你想起了谁？""你这么受伤，这么生气，有什么好处？"每一个问题都促使我从一个更广阔的视角来看待痛苦和怨恨，它们一直在封闭我的大脑，束缚我的心灵。而且，随着对话的展开，我真的觉得有某个比我更温柔、坚强、睿智的人或某种智慧的存在，而他在致力于帮我找到宽恕——现在我已经体会到它的重要性。

有时候，宽恕会以一种神秘的方式突然出现。莎莉，曾遭受过父亲对她那么可怕的虐待，十年来一直坚持做软腹呼吸、意象引导、摇摆舞动，参加静修。一天晚上，她醒来时腹部痛得厉害。"这感觉就像分娩，我当时怀疑这是不是创伤后应激障碍，我是不是又解离了。我哭啊哭啊，然后突然间意识到：我父亲在这里，他还活着。尽管 20 年来我一直以为他已经死了。他穿着白色的衣服，把我生命中每一个伤害过我的人都叫到一起。这些人围成一圈，他们说他们为自己所做的一切感到抱歉。从这幅画面中，我看到，此时此地，我的父亲已成为我的智慧导师。最后，我原谅了他。"

家谱图是原谅他人和自己的一个特别强大的工具。当你继续审视它时，它会为你提供一个更广阔的视角：是谁伤害了你，你伤害了谁，伤害是如何发生的，为什么会发生，以及你现在能做些什么等。这既能安慰你，又能勉励你。

在一次家庭聚会上，萨布丽娜的妹妹对她不屑一顾，家谱图让萨布丽娜能够理解妹妹并坚持下去，而不是谴责她或者退缩。“我看着家谱图上我画的母亲和妹妹画的圆圈就能理解她了。她在一个黑人中产阶级社区里长大，与母亲的焦虑和愤怒相伴，她在那儿一直都不太合群。她讨厌我可以这样自由自在，而她和母亲及母亲的愤怒为伴。她从未真正有机会做她自己。我真的非常不喜欢她对我的态度，但我必须有同情心。”

直到玛雅开始研究她的家谱图，她才意识到母亲生活中真正的恐怖。“当她还是个婴儿的时候，她的父亲去世了，她的母亲——我的外祖母，患上了紧张症。”通过与家人的交谈，玛雅得知了母亲从未告诉过她的事情：“她是由十几岁的哥哥们抚养长大的，他们经常侵害她。”

多年以来，玛雅经常重温她的家谱图。“我不得不一遍又一遍地看着家谱图上那个代表儿时的我的圆圈。我不得不感受到她那悲伤的信念：她得掌控自己的生活，要为她自己和她母亲的生活负责。我意识到她曾经多么脆弱和无望。然后我可以为她哭泣，她是那么努力，这一切非常不公平。这样我就可以原谅她——也可以原谅我自己。”

21

爱、意义和使命

……

创伤告诉我们可以成为谁，我们到底是谁。创伤使我们有可能成长为真正的自己。

……

创伤最好的礼物，是爱

那些在创伤中挣扎求生的人，以及与他们一起工作的治疗师，经常引用尼采的名言："杀不死我的，必使我更强大。"在黑暗阶段，尼采的话的确能鼓舞人心，但也有局限性，甚至会带来误导。的确，我们在克服创伤的过程中获得了力量，我们调动起来的努力和意志可以激励我们。然而，创伤最好的礼物是爱。

正如维克多·弗兰克尔在集中营里学到的那样，爱是"至善"，它带我们穿越创伤的恐惧，建构生命存在的意义和使命，并祝福我们。在阿兹哈尔参加的最后一次心身技能团体活动上，爱点亮了曾经伤心、绝望的画面，小小的火柴人嘴角上翘，成长为一个大女孩——热爱自然，坚定地在地球上播种，喜欢自己黑色的鬈发，立志要治愈加沙同胞受伤的心灵。

詹森，一名指挥官，战争夺走了他的灵魂，他以帮助患有创伤性脑损伤士兵为使命，并从中得到重生。戴安娜，年轻的时候生活堕落，感情破裂，差点儿被生活压垮；现在她每天照料残疾儿童，且变成了她自己所期待的那种母亲。

霍华德，曾经非常孤独，试图自杀，但最终摆脱了他的耻辱，发现了他的天赋，在指导那些和他一样矛盾又孤独的人的过程中找到了快乐和成就感。莎莉，曾遭受父亲的身体虐待和性虐待，极度抑郁，生活混乱。现在，她找回了身心的快乐，她向有过类似经历的人分享她的学习经验，并从中获得成就感。

运用转化创伤工具摆脱创伤的过程，也是我们从自我觉察和自我接受，到自爱和同情，再到爱那些遭受同样痛苦的人的过程。我们变得温和，能够向同事、家人和朋友敞开心扉，而以前我们以为在他们面前只需要又酷又有能力。我们和那些以前可能回避、忽视，甚至害怕或谴责的人之间有了新的共鸣。简，一位谦虚、保守的郊区家庭主妇，在被诊断出癌症四期后，加入了一个新教会，并前往萨尔瓦多执行一项使命，去关心那些战争孤儿，倾听他们的苦难。

这是我一次又一次看到的进步，你可以在我介绍给你的每个人身上找到。但这并不是说你应该有这些感受，或者你必须做这些事情。这是人们自己发现的一种与他人建立连接和关心的可能性，它融入我们的生理构造之中。它就像种子会生根发芽、开花一样自然。这有点儿像我的老教授比尔所说的“快乐的责任”。它让人类变得完整。

你所学的每一种技巧都有助于爱的绽放，以及为爱所赋予的意义和目的奠定身心基础。“呼吸”，在许多语言中是“精神”的同义词（梵语、希伯来语、阿拉伯语、希腊语），它既是爱的起点，也提供持久的爱的连接。软腹呼吸平息了爱的敌人——源自杏仁核的恐惧和愤怒，增强了额叶皮层的同情和判断能力，并鼓励我们与他人建立连接。

请再一次回想那位容易暴躁的老师，他曾殴打自己的孩子，那一天，他站在家门口做软腹呼吸，等他睁开眼睛，他发现那些任性的孩子们“只是有些顽皮的青少年而已”。生物反馈和自生训练及其他所有让人镇定的技术，都可以加深这种体验。

表达式冥想释放了隐藏在我们身体里的恐惧和愤怒。它能让你放松，让你感觉更自在，还可以减少你的防备心，对他人和世界更敞开内心。消防员达西、企业家霍华德和战区的伤亡者都感受到了这一点。简，每天跳舞，爱上了她自己充满癌细胞的身体，并致力于帮助萨尔瓦多的孤儿。

写日记能促进这种成长。心理学家约书亚·史密斯于2008年发表的一项研究表明[1]，患有严重的创伤后应激障碍的群体，比如老兵和性侵幸存者，在写下他们的情感反应后，明显更能感觉到对“个人力量和生活的欣赏……以及对新生活的希望”。

绘画、智慧导师引导、对话、身体扫描和宽恕冥想都能让我们跳出创伤思维的桎梏，发现和探索爱与情感连接的可能性。詹森的智慧导师告诉他为什么他活了下来，他毕生的事业是什么。诺拉通过身体扫描，改变了子宫对她的意义，从作为她长期被贬低的女性身份的象征，变成她的王冠，并重燃了与丈夫的情感。琳达·伊格尔斯皮克非常惊讶地发现，她竟然同情那些残酷对待她的人，她充满爱心地与那些被拐卖的女孩和无家可归的女人分享她的经验。

家谱图提供了范例、指导和启发。随着萨布丽娜一遍又一遍地和她残疾的、早已过世的祖母交谈，她在对自己脆弱的感激中，在与迷惘者和孤独者的交流和照顾中成长。劳拉，找到了她遗忘已久的“人间天使”，她承诺为其他孩子做一位人间天使，给他们的生活带来光明和安慰。

这种对他人的同情，以及它推动我们给予他人的礼物，对我们来说是一种源源不断的幸福源泉，也是我们康复的标志。最近关于这种利他行为的研究证实了我们的体验。[2] 那些主动帮助他人的人，那些像对家人和朋友一样为陌生人服务的人，感到的沮丧、焦虑和愤怒更少，创伤给他们带来的心理问题和生理困境的束缚也更少。他们很少有身体疾病的症状，也更加容易拥有满足感。这些收获鼓励他们更多地给予和分享，形成一个快乐和满足的良性循环。无私的人更长寿。

我们每天都在心身技能团体中看到和听到这样的话：“能感受到每个人的爱和支持真是太棒了。”“更令人惊讶的是，我发现我的故事、我的斗争、我所学到的东西，可以帮助别人。”

一开始，当你主动伸出援手或与他人分享时，你可能会有些不确定，甚至会觉得自己脆弱又愚蠢。这是可以理解的。你正在暴露自己，把你内心正在生长的脆弱部分暴露出来。这是一种不同寻常的慷慨，也许有人警告过我们不要做这样的事情。父母或同龄人不相信这种冒险有任何益处，甚至会嘲笑它，认为那不过是幼稚、软弱或自我毁灭的表现。而且，在我们遭受过创伤，经历过伤害或背叛之后，我们可能更不愿意拿自己的心去冒险。

你的害怕是有道理的，如果你觉得很傻也没关系。在许多文化中，愚人被理解为觉醒和改变的代言人。我知道在我成年生活中所做的一切重要的事情，坠入爱河，照顾孩子，承认我对他人的伤害，探索新的方法来帮助人们（我一直与你分享的那些乍一看像是愚蠢的冒险的方法）等，都曾被人质疑，甚至有人认为我是在骗人。尽管如此，当我宽宏大量地给予回应时，不管我有多么不完美，我都会感觉很棒，也很放松。而如果我内心抗拒或事后批评自己，我就会为之后悔又压抑，对自己没有做的事耿耿于怀。

我建议你把爱和慷慨的冲动当作一场实验。如果你突然想打电话给冷漠疏远的家人或朋友，不要等，去做吧。如果去一家流浪者收容所做志愿者看起来是正确的选择，那就去做。在做这件事的过程中，以及做完之后，看看你是怎样的感觉。轻装前进，除了为自己做正确的事情而感到满足，别无他求。

之后，你可能会放松自在，也许会为自己的勇气感到高兴。如果结果令人尴尬，比如你被拒绝了，或者你的兄弟比你记忆中更古怪挑剔、不欢迎你，你仍然做了你认为正确的事情。也许，过一段时间，他会想起这件事并有不同的反应。

如果这种朝向爱、意义和目的的成长看起来很熟悉，不足为奇。因为这条原则提醒我们，人们彼此之间有着无比亲密的连接。它告诉我们如何充实自己，在爱的行为中找到意义和目的。向着这条金科玉律的光芒前进，我们将不断地、安然地超越创伤的桎梏和压迫。

爱可以融化我们的恐惧和愤怒

正是这种逆转创伤的感觉，融化了我们的恐惧和愤怒。尽管如此，这对我们来说也是一个漫长的过程。活出每天的奇迹，持续提醒自己忠于心中正在萌芽的爱，忠于自己生命前进的意义与使命。以下是我发现的一些有用的视角和具体的方法，能帮助你坚持去爱，去追求生命的意义和使命：

· 保持思维的尝试性和开放性。这将允许你使用本书中各种方法。

· 活在当下。注意现在吸引你的是什么。不要因为某个人以前不是“你喜欢的类型”或者“你从来没有那样做过”而对他不予理会。那是当时，是你的过去。记住，你总是在改变。现在是现在。

· 生命是一个有待探索和经历的谜。看看这个人，看看这些机会。只要没有明显的、不可挽回的危险，试试看会发生什么。不试一试，你永远都不会知道答案。一位记者曾问伟大的小号手迈尔斯·戴维斯，当他演奏了“错误的音符”会如何处理。迈尔斯回答：“没有‘错误的音符’这种东西，你弹奏的下一个音符告诉你，它是对的还是错的。”

· 调动你的想象力和直觉，借助于绘画、智慧导师引导、与症状对话、身体扫描等方法来检验你正在尝试的关系或活动。别走开，听听你得到的答案。

· 放松并享受你正在做的事情。不要强迫自己。找到并实现意义和目的是需要努力的，但这并不是要做一个好男孩或好女孩，也不是积累美德。这种伪善只会让慷慨变味。也许你可以“跟随你内心的音符”。

· 对自己和他人保持耐心。爱的机会、意义和使命终会出现。正如古老的东方谚语所说：弟子若准备好，老师自会出现。当我已经付出了足够多的代价，也足够有包容心的时候，合适的机会就会出现。有时这样的时刻简单又寻常，比如一位无家可归的女性需要钱和一些交谈，而我正有这个心情。有时，它不可思议，甚至能改变人生，就像克拉拉（她曾被一位牧师侵犯，被她的上级毁谤）与另一个相信并重视她的牧师相遇。

· 让笑声成为你的朋友。它能缓解你的紧张，改善你的情绪，使你可以用一个全新的视角看待自己的困扰，放松束缚你的慷慨和阻碍你的自由的控制欲。每天大笑几分钟就能带来很大的改变。

· 在你觉得恰当的时候，与他人分享你所学到的、让你的生活变得更好的方法。如果你的家人对医疗手续感到紧张，或者你的同事因即将召开的员工会议而焦虑，你可以建议他们做软腹呼吸。向他们解释它有助于减轻痛苦，帮助彼此更好地倾听，少一些紧张，让思考更清晰。但不要强迫人们去接受。这是一个实验。如果你的丈夫或同事想这样做，那很好，但如果他们不想这样做，不要太在意。

· 尽你所能保持谦逊。你可能很好地转化了你的创伤，这很好。享受它。但如果你开始吹嘘自己，或者坚持让别人做你正在做的事，你就会失去节奏，打乱你下一阶段的步伐。

· 与朋友联系，但不是为了寻求赞美。正如莎莉所观察到的，这也并不是说你需要被他们的忠告或建议“修复”。但是，请寻找能帮助你更清楚认识自己的智者。同时也欢迎来自朋友充满关爱的同情。

· 慷慨。在给予和成长时，不要退缩。像希亚姆提醒我的那样，这并非为了付出而付出。我们需要的是如他所说的“无欲而为”，也就是不带思考、动机或期望的自发给予，“你施舍的时候不要叫左手知道右手做的”。

· 多看几遍这本书中的故事。让自己以这些非常真实的人为榜样，并从中获得灵感。再看看关于“创伤后成长”的研究。它证实了你在本书中读到的东西。研究人员一次又一次地发现，寡妇和残疾人经历的创伤为他们提供了机会，得以获得珍贵的礼物：更强大的内心力量，对新生活的开放心态，与朋友和家人建立的更紧密、更深刻的关系，对其他遭受类似痛苦的人的承诺。请记住，阿兹哈尔用爱打开她破碎的心，致力于治愈其他受伤的心。

在培训结束时，我们的教员会为前来学习的人唱歌。在第一阶段（这个阶段他们在学习使用你一直在练习的技能）的训练之后，通常唱的是凯特·沃尔夫[3]（Kate Wolf）的《让自己去爱》（*Give Yourself to Love*）。凯特是我大学室友的朋友，也是我的挚友瑞克·德洛内的好友。凯特很年轻时就死于癌症。不久之后，瑞克也死于癌症。过去，他演奏这首歌。

我和我的全体教员们一起唱这首歌，毕竟，爱是我们工作的目标，是我们能提供的最重要的机会，是我们能学习和教授的最好的一课。

每次听到这首歌，我都会流下泪水，为我所有的失去和孤独。然后，没有预期地，我发现自己擦去眼泪，放松下来，开始欢笑和跳舞。你应该听听凯特唱的这首歌。不过，在你这样做之前，先欣赏它的歌词：

善良的朋友们来相聚，我想说的是：
感谢今天的相聚，祝福我们所有人。

爱就像是一个圆圈，把我们聚到一起。
在陌生人如家人的地方，孤独无处可藏。
如果你追求爱，你必须让自己去爱；
敞开你的心扉，接受泪水和欢笑，
让自己去爱，让自己去爱。

我曾在雨中漫步山间，我学会了爱风；
我曾在日出前起床，看着光阴的开始。
我知道我会找到你，虽然我不知道如何找到你，
就像阴霾中的阳光（你）现在站在我面前。
所以，如果你追求爱，那么就去爱吧；
敞开你的心扉，接受泪水和欢笑，
让自己去爱，让自己去爱。

爱在烈火中诞生，爱像种子被撒下。
爱不能给你一切，但给你所需要的一切。
爱在你准备好的时候降临，爱在你害怕的时候降临；
它将是你最好的老师，是你最好的朋友。
所以，如果你追求爱，那么就去爱吧；
敞开你的心扉，接受泪水和欢笑，
让自己去爱，让自己去爱。

许多次，在我进阶培训——项目毕业生学习如何把自己所学传授给别人——之后，我们会唱《我的这盏小灯》（*This Little Light of Mine*）。意思很明确：他们，我们，我们所有人，都将给这个世界带来爱的光芒。用我们所学技术的治愈能力，给世界带来希望之光。我们——所有人——要和别人分享最好的自己。

在我们继续练习所学的技能时，这是我对自己的期望，也是我对你们所有人的期望。抓住每一个机会去爱，绽放你的光芒。

22

将转化创伤的工具用起来

一切工具和方法，只有真正被使用才有意义。

为自己献上一个“成人礼”，准备告别创伤的仪式，为我们的未来做好准备。

最后一章将总结我们所学习的内容，并畅想未来，让我们知道自己在身体、情感、社会和精神想要达到什么状态，以及如何实现。它还将告诉我们如何去往我们希望去的地方。在心身技能团体的尾声，我们还会画第二组画，以一个简短的确认仪式结束，就像一个成人礼，告别我们不再需要的东西，为我们的未来做准备。

在我们画画之前，先“检查”一下自己。你意识到从你第一次打开这本书到现在，发生的任何变化了吗？你的思想和内心发生了什么变化？大脑里奔腾烦扰的想法变少了吗？快乐的想法出现了吗？你的肩膀可能不再那么紧张，呼吸变得更慢、更深。也许你读过的故事安慰了你，鼓舞了你，让你更加安心。也许你感受到了自己的一些变化。照照镜子吧，也许你的眼睛更明亮了，也许你发现自己在微笑。

写下你注意到的任何事情。花点儿时间欣赏你学到的一切，你是如何改变的，你还需要解决什么，以及你现在是怎样的。

现在是画第二组画的时候了。

在你花了几周或几个月的时间，开展基于自我意识和自我照顾的创伤治疗计划之后，这些画会给你更多关于现在你是谁及你的状况的信息，将进一步帮助你发现并采取措施来继续接下来的旅程，去克服和超越创伤。

如果你把这组画与你在这本书早期画的图相比较（在你阅读第四章的时候），你会看到一些相似之处，也可能会看到许多不同之处。它们很可能会告诉你，你已经走了多远，你是如何改变的，你改变了多少。它们会给你希望和指导，也会在你生活前进的过程中给你能量。

现在，我邀请你，加入所有你在这本书中遇到的人，以及所有读这本书的人，还有我，来创作第二组画。在此之前，请确保第一组画就在身边，但不要看它们。我不希望你想的是“当时”，我希望你只是聚焦“现在”。然后，我会让你把你正在画的画，与我们一起进行的这趟治疗之旅开始时画的画进行比较，彼时你把一切寄托在希望上。

简单介绍一下这个过程。

同样，你需要画三幅画，你需要三张空白纸，还有蜡笔或记号笔。快速画完，每幅图大约画 5 分钟。记住，“初念最佳”。不要控制自己，让你已经熟悉的内在智慧来引导你的手。这样，这些画将不受约束，真实地呈现你的内心，带来令人惊讶的启迪作用。之后，你会看到它们如何在你的生活中发挥创造性的指导作用。

好吧，让我们开始。

闭上眼睛，做 2 ~ 3 分钟缓慢的、深深的软腹呼吸。放松。当你吸气时重复“软”，当你呼气时重复“腹”，注意你的想法、感受和感觉，它们浮现又消失。轻轻地把你的心灵带回到“软腹”。

现在睁开眼睛画第一幅画，画出“你自己”。不要想你之前画了什么，此刻不同以往。只是画出来，只是去画。一旦你画完第一幅，就把它放在一边。

第二幅画是“你想成为谁或怎样的人”。再次，在开始之前做几次深呼吸。你不需要思考如何画。让你的直觉选择颜色，让你内心的智慧指引你的手，让它在纸上展开。再一次，花大约 5 分钟的时间完成它。

把这幅画放在一边，闭上眼睛，再慢慢地深呼吸几分钟。

现在是第三幅画。主题是“你将如何从现在的你变成你想成为的人”。再一次，让你的想象力和直觉来引导你。相信画面上显示的内容。5 分钟后，把这幅画放在一边。

一旦完成，就把这三幅画和你之前画的三幅画放在一张桌子上。把它们摆成两排，把你在本书第四章中所画的三幅画，摆在你刚才所画的画下面。

在你看这两组画之前，请回到本书第一章，回到阿兹哈尔分享的她那几幅画，那些她在寒冷多雨的加沙废墟中死亡和重生的画。去欣赏它们，感受它们，再一次体会她所说的话。现在做一些缓慢的深呼吸，也许5分钟的软腹呼吸。完成后睁开眼睛。

现在看看你的两组画。你的总体印象是什么？看看图形的大小、内容和你所选择的颜色。当你看每一组的时候，你感受到了什么？

现在，一张一张地，慢慢地，仔细地，看你的画。

从比较每组的第一幅画开始，也就是"你自己"现在的样子。有哪些相似的地方？有哪些不同？当你看着它们的时候，你有什么感受？你看起来是怎样的？注意细节。

阿兹哈尔在她的第一幅画中是一个小小的火柴人，悲伤地撇着嘴。在第二组的第一幅画中，她是一个结实的女孩，自豪地站在那里，占据了纸张的一半。鬈发衬托着她的脸，五官画得很仔细，清晰可见。她睁着眼睛，嘴角上扬，面带微笑。画面中间有一颗心，一支箭从她胸口飞出，穿透那颗心。心上写了一句"我爱自然"。这些内容告诉我们她和外部建立了连接，她是快乐的。箭所指向的那棵树郁郁葱葱，生机盎然。

你的两组画的第一幅画的差异可能没那么大，但会有差异。在我带领的心身技能团体中，黛拉原本硕大的头部，现在与匀称优美的身材协调了。法丽玛在第一张画中觉得自己看起来不错，但她是一个人；现在她画了"我的全部……我自己，我的丈夫、孩子、我的宗教，我在炉子上做饭，我的病人都围在我身边"。肖娜，在她还没有分享被强奸的痛苦和耻辱时，第一组的第一幅画里她是一个火柴人；现在，她说："很神奇。我内心充满光明。"

有时这些差异会给我们带来欢笑。在阿萨第二组的第一幅画中，绚丽的颜色从他的嘴里流出来，他指着他的喉咙，用一种我们从未听过的洪亮的声音告诉我们，曾经死气沉沉的地方充满了活力，他可以自信地说话。马特在他的第一组第一幅画中是一个矮小的秃顶男人，现在画面中的他身材高大，长发，精力充沛。

当你观看的过程中，写下你看到的和感觉到的一切。它可能会让你回想起你在哪里，让你能感觉你走了多远，现在到了哪儿。

现在，看看第一组的第二幅画，这是你“最大的问题”。回忆你画它时的感受。花些时间去体会这些感受——痛苦、恐惧、沮丧、压抑、抑郁、绝望。现在，当你再次看它的时候，你是什么感受？

你也许记得，阿兹哈尔在死亡和毁灭面前不知所措。她死去的父亲、叔叔们和姨妈浑身是血地躺在地上，石头从她被炸毁的家里掉落，以色列飞机在她头上轰鸣而过，摧毁了她的家园。

黛拉的第一幅画中主要是需求和压力的象征，时钟、美元符号和需要帮助的客户伸出的手，而她显得很紧张。肖娜感到很悲伤，周围都是被暴力枪杀的火柴人。

现在看第二组画的第二幅画：“你想变成什么样，你想成为谁或怎样的人。”

比较它和第一组的第三幅画“你的问题解决了”，注意当时的解决方案和现在的愿望之间的异同；回想你在画这两幅画时的感受，它们会告诉你很多关于你是如何改变的信息。

对阿兹哈尔来说，这两者差别巨大。在她加入心身技能团体之前，她的解决办法是死亡，然后和她的父亲一起葬在坟墓里。在第二组的第二幅画中，她成为一名能起死回生的心脏科医生，长方形坟墓则变成了她的检查台。

在第一组的第三幅画中，肖娜把一个个点连了起来，她把线条画成了一个试探性的圆圈。现在，在这幅她“想成为的人”的画中，她是一只破茧而出的蝴蝶，将人们聚集在一起。法丽玛在第一组的第三幅画中，解决了暂时无家可归的问题：她满足于自己的厨房。现在，她渴望做更大、更令人满足的事情：做最好的自己，把正念带入生活，享受回家的每分每秒。黛拉之前的解决方案与现在的愿望内容相似，但是画面和感受却有很大不同。当时，人们围成一个圈。现在，可以看到来自她内心和周围的人的光芒，不仅来自她，还来自圈子里的每个人。

现在看第二组的第三幅画，这是全新的内容。这是你给自己开的处方，让你实现你的目标。它可能简单、合乎逻辑又直截了当。就像阿兹哈尔，她坐在她的书桌前学习，以成为她在第二幅画中向我们展示的心脏科医生。在你的第三幅画中，你可能会回到学校，接受新的、更令人满意的职业培训，以替换不再适合你的职业；或者在瑜伽课的垫子上做伸展运动，以缓解压力，并与他人建立连接。你的画可能更有象征性：你走在山路上，提醒自己需要远离工作，多一些休息时间，与大自然接触；你微笑着用手臂环抱那些在之前的画中与你疏远或缺席的家庭成员，这可能是一种艰难的渴望。肖娜画中的自己，在向社区里各种各样的群体发表演讲，邀请他们加入她参与的社区里的理解和治疗项目。

现在讲述每组画的故事，把它写在你的日记里。当你这样做的时候，要意识到故事的不同之处，并写下你的发现。阿兹哈尔可能会写，在她加入心身技能团体之前，深爱的父亲的去世令她不知所措，内心非常绝望，觉得自己微不足道，只想尽快死掉，这样和父亲在一起。在运用了你也在练习的相同的技术和方法后，她看到她可以向死而生，享受周围的世界，想象自己在为未来做准备，在未来用自己的专业技术和爱关心其他人。也许她看到的是自己把父亲给予她的关爱，以一种专业的方式分享给其他人。

如果你一直在和某个伙伴做这些自我照料的实验，告诉他这些故事。在他听的过程中，注意你的所见所感。然后，请他给你看他的画。而你是一位见证者，一位欣赏的、沉默的同伴。再次去留意，当你和他坐在一起时，你身上发生了什么。

不管你是独自画这些画还是和同伴一起画，写下你的所见所闻，以及你的感受和想法。

在我们培训的尾声或心身技能团体的最后阶段，在分享这几幅画之后，有一个结束仪式。

这个仪式用来庆祝和纪念转化创伤。举行这个仪式是为了创造一种新的体验，使之有别于我们日常生活中的普通事件。

仪式和人类社会一样古老，每种文化都有自己的仪式。即便在 21 世纪，我们所有人都会参加各种仪式，其中有些是宗教仪式，有些是世俗仪式，比如过生日时会收到礼物，还会准备一个蛋糕，上面有数量恰当的蜡烛，伴随着生日歌，蛋糕被隆重地端到餐桌上。

仪式加强了人们彼此之间的纽带，巩固了“照料与结盟”的反应。仪式使我们感到安全，给生活带来可靠的结构，还能减少焦虑。在变化和不确定的时候，仪式尤其重要，它们为儿童过渡到青少年、青少年过渡到成年提供了有序的安全通道，塑造了婚姻承诺的庄严神圣感，还能帮助我们处理离婚带来的创伤。仪式还常常用来庆祝我们的成就，同时标志工作的结束。仪式能减轻死亡给我们带来的可怕打击，帮助我们表达悲伤，并邀请他人与我们分享悲伤，带给我们一种超越死亡的连续性和连接感。

心身技能团体围坐一圈的形式为仪式提供了基本结构。在开始和结束时做软腹呼吸冥想，是在进行一个仪式。冥想之后的"登记"是一种仪式，每个人轮流发言也是一种仪式。成员们坐在一起做意象引导或绘画，也是在参与一种仪式。仪式加深了我们运用这些理解和帮助自己的工具与技术的经验，并为之庆祝。

每当你用心地、充满敬意做每一个自我照料的尝试，你就是在参加一项仪式。而带着敬意阅读、吸收这本书里的教学故事，也可以带来仪式的庄严感。

这些仪式都有治疗作用，能帮助我们超越创伤，从中获得成长。

你和我将要参加的仪式标志着我们在一起度过的时光的结束，它是对这本书给你的东西的一种感激，也是对你已经接受和拥抱的东西的一种感激。就像你刚刚画的画一样，它认可并庆祝我们所学到的东西和我们的改变，它再次肯定了我们彼此之间的连接，将我们带入人生旅程的下一个阶段。

我经常使用下面这个仪式。就像很多重要的、改变生活的事情一样，它很简单。它邀请你去识别和放手你现在不再需要的东西；当你继续向前时，带着所有对你有益的东西。这个仪式需要两张纸，白色或彩色，优雅或简洁，取决于你的喜好。先准备好这两张纸。现在花几分钟准备一下，慢慢地深呼吸，放松。注意你的思想、感受和感觉。让它们来，随它们去。

现在睁开眼睛，在一张纸上写下这本书帮助你知晓和发现的所有你想要忘记的东西：你的焦虑或不安，你对自己创伤经历的羞耻，你对触发事件的恐惧，你总是打断别人或与人争论而非倾听，你顽固的自我批判，你的复仇欲望。无论你想到的是什么，只是把它写在纸上。别着急，慢慢来。让自己感受你正在写的东西，并在写的时候去体会自己愿意放开它们。

完成后，放下这张纸。再花几分钟做深呼吸，再次觉察并放下那些浮现的想法、感受和情绪。

现在，在第二张纸上，写下所有你从阅读和使用这本书的过程中发现的，以及所有你在过好自己的生活时想要“随身携带”的东西：希望的一瞥，觉察的瞬间，以及随之而来的令人兴奋的探索；通过摇摆舞动释放身体里的记忆，以及随之而来的意想不到的快乐；你对曾经害怕或不喜欢的人所怀有的那种惊人的柔情；感激你以前忽略甚至贬低的善意和快乐；家庭关系的发现带给你的安慰和勇气；你在书中看到的人物形象，以及他们的奋斗经历和成功故事。这些可能会激励你。在你写下每一个经历和领悟时，把它体会为你的一部分，宣告它们是你自己的。尽情品味这些不同的体验。

现在阅读第一张纸——你要放手的那一张。再次意识到你想要丢弃什么，以及放手的感觉。在我们的心身技能团体中，这些纸上写满了“恐惧”“矛盾心理”“与我的身体缺乏连接”“麻木”“自我批评”“自我怀疑”和“紧张”等。

先把这张纸放在一边，做好烧了它的计划。但不是马上，可能在一两天内，也可能是一个星期后，给自己留点儿时间，给这个仪式应有的尊重。

请在你感觉良好和安全的地方烧掉第一张纸，比如靠近小溪或靠近山的地方，或在你的后院或家里的某个房间。花点儿时间选择地点，就像原住民总是会用心选择仪式和庆典的地方那样，它将成为对你来说很特别的地方，见证你正在经历并将继续经历的改变。烧完这张纸后，把灰撒在水里或空气中。或者，如果你愿意，把它们埋起来，这样你不再需要的东西的消亡，就可以滋养你和地球上新的东西的生长。

保留第二张纸，就是写着你想要“随身携带”的东西的那张。想读多少遍就读多少遍。许多人把这张纸放在他们经常能看到的地方：书房的小黑板上、电脑旁边、冰箱上，或者难民营帐篷里，这些是你转变的护身符。当你感到身体紧张时，当你的心灵被触发事件扰动时，当你感到沮丧、孤独或不知所措时，它们将帮助你知道该做什么，以及在哪里找到你需要的东西。

你在看这张纸的时候可能会像我一样说：“哦，是的。我记得摇摆舞蹈。它让我从恐惧中得到解脱。”或者：“我需要我的智慧导师告诉我走出失望的方法。”或者：“是时候联系我的老朋友了，尽管我很难过，但他会听我的，会爱我的。”

现在或在未来几天里，花点儿时间写下任何你希望可以让你一直坚持梦想的东西，那些能帮助你坚持你所学到的技能，让你成为真正的自己的东西。内容包括你的态度和志向，你将使用的工具和方法，以及你未来几周和几个月的计划。

记录下你喜欢的能让你的心灵和身体平静下来的工具，也许是软腹呼吸、生物反馈、自生训练和正念行走，也许是你将要进行的有规律的运动和练习。你计划怎样把食物或乐趣变成你的“药物”。你可以选择哪些表达技巧化解愤怒，释放紧张，给自己带来欢笑和爱。你会在何时及如何靠近你关心的人，庆祝你与自然的连接等。

你可以承诺在被质疑时保持开放的心态，在创伤被触发时放松自己，迎接不可避免的变化。也许你想把第二组画或两组画都挂在墙上，这样你就可以不断地去观看你的想象力和直觉在告诉你的事情——你想成为谁、想朝哪里发展、想做什么，以及你将如何实现目标。而且，希望你能记住并一再提醒自己，献身于爱，让这一切成为可能。

对我来说，这个清单包括：少吃点儿食物，少喝点儿酒，慢慢地、愉快地进食；加强锻炼，每天打太极拳；多花点时间，带着欣赏的目光看看窗外的树木、树叶，以及枝头的鸟儿和松鼠；摇摆舞蹈，哪怕是在被愤怒和恐惧捕获之后也要坚持；定期咨询我的智慧导师；加倍重视我的日记；哪怕不能一想到朋友和家人就立即和他们联系，再次想到时务必联系他们；在陪伴我的儿子盖比长大的过程中，在等待见到那些我非常想念的人时，在和同事共事时更耐心一点儿；愿意臣服于我心中升起的爱；永远、永远，特别是当我感到身体或情绪上的痛苦时，做软腹呼吸，保持清醒，放松自己，去感受一切。

你可能也想对手中这本你读过的书说点儿什么，或者写几句话。感恩的话语很美妙，我当然会很珍惜。但是，这并不是为我，是为了书中那些分享了自己感受和经历的人，为了你阅读过程中的感受和学到的东西，以及你身上所有被唤醒的东西。

我很感谢我写了这本书，感谢我迎接挑战，把我所学的东西用文字表达出来。因为每当我练习我所传授的方法，每当我解释它们时，都会产生新的、更深刻的理解；书中人物不断给予我灵感，而为你们写作也给我带来了满足感和喜悦。

当你意识到你学到了什么，你已经走了多远，你会感激现在的自己。你也会知道，还有哪些伤痛需要治疗，以及如何使用你的新工具来帮助治疗深入。你的转变正在进行中，你正在成为你想成为的人，它是你生命的源泉，是你的荣耀。

附录

寻找其他帮助

我写这本书是为了让你重拾生活的希望和信心，让你从生活给我们带来的创伤中康复，并掌握完成这项工作所需的工具。

我知道，不管是多么聪明、坚强的人，在某些时候都免不了需要别人的帮助。

在第七章中，我强调了社会支持的重要性，在艰难时刻，家人和朋友“在那儿”接纳、倾听、爱我们。在第十八章中，我邀请你加入我们的心身技能团体，在这样一个互相支持、互相尊重的安全之处，学习运用自我照料的工具，并与其他正在做同样事情的人分享你的发现。在附录部分，我想要扩大治疗支持的可能性。首先，我将为你提供一些指导方针，帮助你选择能够与你合作的专业人士，以强化你的转变之路，加深你的转变体验。其次，我会简要介绍一些其他基于实证的创伤疗法，或许你可以把它们纳入你自己的创伤治疗计划中。

你在本书中学到的方法综合而全面，它是基础性的，也是变革性的，它邀请你按照自己的步伐前进。还有一些治疗方法是密集型的，有时间限制，它们在治疗师的指导下聚焦于某些特定的创伤问题。其中有些采用了我向你分享的这些思路和技巧。所有这些都可以扩大和深化你的学习和练习，以及你的改变。

请记住，你一直在阅读和尝试的方法不仅用来缓解症状和理解自己，还有重要的一点：你一直走在创伤改变的道路上，在成为你想成为的人。

在阅读这些疗法介绍的同时，不要忘记你的自我觉察和自我照料计划，继续让自己去爱，去发现意义和使命，在你运用其他治疗方法的过程中，它们会持续地支持和治愈你。

不要被“非此即彼”所限制。你可以两者兼有。

在我提供选择治疗师的指导方针和介绍其他治疗方法之前，我想简要地讨论一下医疗咨询的价值和位置。

如果你所做的一切，包括准确地使用本书中介绍的治疗方案，并没有给你带来你所希望的任何益处，尤其是出现了身体和情绪症状，你应该去咨询医生，通过大量的实验室检测来确定是否存在遗传变异、感染、生化紊乱、肠道异常及其他身体失调和不均衡，这些情况可能无法通过创伤饮食疗法解决。如有必要，可以试试药物治疗的效用，或者去见营养师。

在我介绍这些其他疗法之前，我想先说几句，来更好地帮助你选择治疗师。我希望你记住，治疗师是怎样的人，你对他的感觉如何，这和你选择的治疗方式一样重要。

在我之前的一本书《摆脱桎梏：抑郁康复的七步疗法》[1]（*Unstuck: Your Guide to the Seven-Stage Journey Out of Depression*）中，我详细讨论了选择一位最适合你的治疗师的所有要素。在这里，我想总结一些核心要点，并稍加补充。

60 年前，美国著名心理学家卡尔·罗杰斯描述了医生与病人——或者说治疗师与客户之间的理想关系（罗杰斯使用“客户”而不是“病人”，反映了他对他认为的既不恰当又消极的医疗模式的质疑）。他使用的措辞是“无条件的积极关注”。[2]“关注”不仅表示“尊敬”，还表示“在看着”。这句话既是针对人性的，又是生物学的；既是哲学的，又是人际的。多年来，它得到各流派临床医生的广泛赞赏和拥护。

我希望你在这本书中感受到的是“无条件的积极关注”。这是我想给任何来看我的人的礼物。我认为这是你们每个人应该寻找和期待的，不管你去见怎样的咨询师，也不管他运用什么技术。

这种和你在一起的方式，以及它所带来的连接，本身就可以修复由丧失和其他形式的早期或后期创伤所造成的心理伤害，有益于你的情绪健康。

以下是一些你需要考虑的问题，以及在寻求一位给予你无条件积极关注的治疗师时应该采取的步骤。

· 向了解你、关心你的人——你敬重的医生、朋友或家人——寻求帮助，请他们为你推荐。当他推荐给你一个人时，问他为什么认为这个人（及其使用的方式）适合你。

· 查看治疗师的资质。一般来说，你会希望他有医生或护士、心理学家、社会工作者、咨询师或牧师咨询执照。这能确保他完成了一定程度的专业教育，并且被相关部门承认。

· 最受欢迎和有效的创伤治疗是有执照的专业人士提供的，他们也被认证为某种形式的专家。然而，有时候，有专业证书但没有执照的治疗师也足以胜任。科索沃乡村的高中教师就是这种情况，他们为成千上万的学生和他们的家人组建了非常有效的心身技能团体，阿兹哈尔所在的团体的带领者也是如此。还有其他我们现在正在美国培训和认证的各类人员：退伍军人管理局的健康教练，以及被校园枪击案和气候灾难波及的社区的教师、家长、神职人员和急救人员。

· 与你的候选治疗师进行面谈，并准备好支付面谈费用。在面谈中，问问自己，在这个人面前，你能否展示脆弱的一面。当你因痛苦和愤怒而哭泣时，他是否有足够的勇气镇定地坐在你身边，是否有足够的智慧和仁慈？

· 针对他的资质和治疗方法，问任何你觉得重要的问题。他为什么要采用这种方法？有什么证据证明它的有效性？其他病人/客户在哪些方面得到了改善？他自己是否也体验过这种方法的好处？他希望治疗持续多久？他对你可能面临的有争议的个人挑战和议题的态度如何，例如，离婚、堕胎、性骚扰、药物需求或团体支持的重要性等？

· 会面前把你的问题写下来是个好主意。在这个过程中，会浮现其他问题。然后，写下你对治疗师的印象及你得到的答案。治疗师给予的答案和回答的方式，将帮助你做出决定。你需要找到一位你想与之合作并且你可以信任的人。你可能会被我所介绍的某种治疗方法所吸引，但这并不意味着你要见的治疗师会和你合作得很好。慢慢来。找一个适合你的人。

· 要求与曾和这位治疗师共事过的人谈谈。这个客户 / 病人的体验和他谈论的方式常常可以帮你辨别这位治疗师及他的治疗方法是否适合你。

· 使用一种富有想象力的方法，例如，智慧导师或与症状、问题、议题对话，来检查你的印象，并帮助你选出未来的治疗师。也许你可以和推荐你的人或另一个你信任的朋友谈谈你学到了什么。

如你所见，除了药物治疗，其他疗法有一些共同之处：在不同程度上关注创伤性事件，提供降低你对创伤事件的记忆和残留影响敏感度的方法，塑造能缓解创伤破坏性后果的态度、认知和体验。不过，每种疗法都有其独特的个性和吸引力，以及可能让你觉得不适合或反感的特点。

在你阅读这些简短的疗法介绍的过程中，也许你会出现其他想法。

你可能想阅读有关你感兴趣的治疗方法的研究。我在推荐它们之前这样做了，但我鼓励你自己去阅读。我在书末引用了一些重要的参考文献，你可以阅读这些论文，或者寻找其他的包括在这本书出版之后发表的论文。掌握论文要点并不需要高学历，也许你很难理解统计数据，但摘要、引言、结果、讨论和结论部分都应该很容易理解。阅读大量的研究结果，将使你对这个方法更有信心；而了解它对哪些人有效——例如退伍军人、性虐待幸存者、慢性病患者、丧偶群体——可以帮助你决定它是否适合你。

如果你决定使用其中的某个方法，给它一个公正的评判——至少坚持两三次治疗会谈。记住，无论何时出现对治疗方法的担忧，你都应该告诉治疗师。他的回答应该直接并令你满意。

如果一段时间后，一个有益的方法失去了效果或吸引力，和你的治疗师谈谈。你可能需要重新调整你使用它的方式，或者停止。再一次，使用你在本书中学过的技术帮助你评估进展并做出决定。你一直在变化，因而一段时间内有效的方法在另一段时间可能会失去吸引力和效用。

永远记住，你掌握决定权。你接受治疗是为了帮助自己，而不是取悦你的治疗师。

现在，来了解下面这些治疗方法：

认知行为疗法[3]（Cognitive-Behavioral Therapy，CBT），学习它的人最多，目前被广泛地运用于抑郁、焦虑及创伤后应激障碍和其他心理障碍的治疗。20 世纪 60 年代，宾夕法尼亚大学精神病学家亚伦・贝克创立了 CBT[4]，它教会你质疑和改变对自己的消极看法。基本上，这是一系列帮助你看到代表你生活的那杯水是半满的而不是半空的技巧。

贝克和其他 CBT 实践者很清楚认知信念、情绪、生理功能和行为之间的密切关系。他们聚焦于如何挑战和改变认知信念与行为，他们相信这些变化会影响我们生活的方方面面。

CBT 通常从“稳定化阶段”开始，包括对创伤及其影响的讨论，放松技巧指导，对问题解决技术的综合了解，聚焦当前事件，用更现实、更积极的想法取代不合理的消极想法。例如，你将认识到“我做的每件事都是错的”这一信念是错误的。事实上，你和其他人一样，有时候行事恰当，有时候会犯错。

该疗法的第二个阶段是对“创伤叙事”的评估。目的在于揭示创伤中最令人不安的部分，还能帮助你克服会加重创伤的破坏性影响。

第三个阶段是“整合”，重点是如何用想法和行为来处理你的触发事件——重新唤醒创伤经历的现实情境。

有大量针对 CBT 缓解创伤症状有效性的研究，尤其以针对退伍军人、经历过性虐待的女性及丧亲群体的研究居多。[5]

CBT 通常包括 12 ~ 16 次、每次一小时的个体或团体咨询。如果你喜欢

“解决问题”，CBT 会很吸引你。

创伤聚焦－认知行为疗法[6]（Trauma-Focused Cognitive Behavioral Therapy，TF-CBT），将 CBT 基本要素与家庭治疗、儿童创伤和创伤后应激障碍教育及情绪调节技能相结合。

TF-CBT 被有效地应用于治疗被家庭伤害的儿童、青少年和年轻人，以及父母和其他照顾者。

辩证行为疗法[7]（Dialectical Behavioral Therapy，DBT），20 世纪 80 年代，心理学家玛莎·莱因汉为治疗边缘性人格障碍患者创立了 DBT，他们心理紊乱、有自毁倾向，有时甚至会自杀。最近，DBT 也被用于治疗其他疾病，如抑郁症和饮食失调（创伤可能是重要诱因），以及创伤后应激障碍。DBT 在 CBT 的基础上强调觉察，把其视为识别、处理和接受情绪的途径。这是一个密集的治疗过程，通常需要数月或数年的投入。

认知加工疗法[8]（Cognitive Processing Therapy，CPT），将 CBT 与创伤经历的详细书面描述结合起来，重点聚焦于信任、自尊和亲密关系。它已被有效地用于处理触发事件，并提高军队、急救人员和其他在日常生活中会面对危险的人的应对能力。

接纳与承诺疗法[9]（Acceptance and Commitment Therapy），强调对体验的开放性，而不是被不愉快的感觉压倒或自动化地做出反应。它是更强调冥想的 CBT。

延长暴露疗法[10]（Prolonged Exposure，PE），由宾夕法尼亚大学的焦虑治疗与研究中心主任、心理学家埃德娜·福阿创立。它的目的是帮助那些经历过创伤的人认识到他们目前的恐惧并不是真正的危险。PE 设计了一个适应过程，在这个过程中，你会反复暴露在你的恐惧中，同时配合放松和治疗指导，以此降低你对这些恐惧的易感性。

在开始阶段，PE 治疗师会解释这种治疗方法，并传授一种减轻压力的呼吸技巧。之后，PE 强调运用你所有的感官唤起强烈的有关创伤的情绪和记忆，并加以讨论。通常这些讨论内容会被记录下来。当你再次体验到那些创伤时，你的治疗师会帮你“立足于当下”。随着时间的推移，你将学会分辨和理解过去发生的事情与现在正在发生的事情之间的区别。

这些治疗过程会让人极度焦虑，所以与治疗师的关系和信任至关重要。此外，你的家庭作业是面对那些通常会触发你创伤记忆的情况，比如，穿过一条类似于你被攻击的那条小巷的黑暗小巷，或者是观看一部战争片——如果你在战斗中受到了创伤。

PE 一般按周进行，每次 60 ～ 120 分钟，为期约 3 个月。针对参加 PE 的人的研究表明，一个疗程能明显减轻创伤症状。然而，许多人反感这种疗法的对抗性，脱落率很高。

叙事暴露疗法[11]（Narrative Exposure Therapy，NET），结合 CBT 的原理与“见证疗法”（testimony therapy）。“见证疗法”最初是从让政治犯和难民讲述发生在他们身上的故事发展而来。

你的 NET 治疗师会引导你构建一个按时间顺序叙述的故事，它聚焦于你的创伤经历，但放在你更广阔的生活背景下。治疗师要求你描述对创伤事件的情绪、想法、感受和生理反应，同时帮助你与当下，以及和他保持连接。

这种治疗通常需要 4 ～ 10 次个体会谈或团体治疗会谈，在治疗结束时，你已经创作了一部身份认同的自传，创伤事件被自传所承认，但最终被视为你生命的一部分，而不是全部。

已发表的针对难民的 NET 研究结果鼓舞人心，但这项研究不如 CBT 和 PE 那么有力。

正念减压疗法[12]（Mindfulness Based Stress Reduction，MBSR），由马萨诸塞大学医学院的乔·卡巴金在 20 世纪 70 年代末提出。它包括 8 周的每周两到两个半小时的团体治疗和一个全天的正念静修。正念静修通常安排在第六周左右，它源自佛教内观（正念）冥想的时刻觉察。正念减压疗法结合了大量的静坐冥想练习、正念行走和正念进食练习。它还包括哈他瑜伽练习和身体扫描。

很多研究（我在本书中引用了其中几项）都表明正念练习可以增强大脑功能，促进新脑细胞的生长，减轻压力和疼痛，提高免疫力，鼓励同情心和爱心。

MBSR 鼓励创伤群体聚焦于当下的体验，而不是创伤症状；鼓励他们接受而不是逃避痛苦的想法。

近年来，正念减压疗法及正念认知疗法（Mindfulness Based Cognitive Therapy，MBCT：正念减压疗法与认知疗法的结合）已被用于治疗创伤后应激障碍，相关研究结果是乐观的。

正念减压疗法处理创伤的方法与你在本书中练习的方法是一致的，它们有几项共同的技术。

眼动脱敏和再加工疗法[13]（**Eye Movement Desensitization and Reprocessing，EMDR**），由加利福尼亚心理学家弗朗辛·夏皮罗于 1987 年“发现”，当时夏皮罗正在树林里散步，脑子里纷扰不安，心神不宁。看了一会儿周围的风景，她注意到烦恼的思绪消散了。她突然意识到，当她环视周围的景物时，她眼睛的移动在某种程度上消除了伴随想法而来的焦虑。她创立的这项疗法专注于记忆的脱敏，并利用眼球运动来完成这项任务。

在最开始的病史采集和意象技术的讨论之后，你的 EMDR 治疗师要求你识别一个与创伤记忆相关的视觉意象、一个与之相伴的关于你自己的消极信念（如“我是无助的”）、一个与消极信念相矛盾的积极信念（如“我是有能力的”）。

然后治疗师在你的眼前开始前后移动她的手指，指导你在回忆令人不安的意象和与之相关的想法时，让你的眼睛跟随手指从一边移动到另一边。当与想法相关的情绪负荷消散时，再开始“装载”积极的思想。当你能在不感到焦虑或紧张的情况下将原始记忆带回脑海时，这次的 EMDR 会谈就被认为是成功完成了。

EMDR 似乎增加了副交感神经系统的活动，同时减少了边缘系统的过度活动，增强了前额皮质的功能。它已被成功地用于恐怖症、单一恐惧及更复杂的创伤经历。不过，眼球运动的关键作用受到了其他研究的挑战[14]，这些研究发现当人的眼睛固定时，也可以得出类似的结果。

人际关系治疗[15]（**Interpersonal Therapy，IPT**），20 世纪 80 年代，由精神病学家杰拉德·克勒曼和摩那·韦斯曼创立，是一种为期 12 周的结构化心理治疗。IPT 最初用于治疗抑郁症，最近在治疗心理创伤群体方面取得了成功。

与其说关注创伤事件，不如说 IPT 处理的是创伤的人际根源（丧失或人际冲突）及其影响。重点是回忆和重现最近充满情绪负荷的生活环境，并利用治疗师及其建议来处理这些有问题的情况。

IPT 鼓励你哀悼你的丧失，探索当前的关系，并培养出更成功的处理这些关系的备选方案。在后面的阶段，重点是帮助你变得更加独立，以及预测和制订应对未来生活挑战的策略。

IPT 的脱落率通常较低，但研究表明，它对严重创伤的治疗效果不如 PE 和 CBT。

体感疗法 [16] **（Somatic Experiencing，SE）**，由心理学家彼得·莱文创立，顾名思义，它是一种以身体为导向的疗法。莱文观察到动物在受到攻击或威胁后会颤抖、发抖，之后，他创造了 SE。他假设，人类创伤后应激反应的症状包括“战斗或逃跑”反应时的焦虑和不安，以及僵直反应的僵硬和退缩，都可以通过引发类似的身体释放来缓解。

SE 以治疗师温和地鼓励你说出你的创伤，并意识到与之相关的身体反应开始。随着治疗的展开，你学会了“摆振”，在思考创伤事件和释放与之相关的情绪之间来回穿梭，通过身体运动，回到一个安静、放松、“扎根”的状态。这种在身体和情感上交替体验的无助感和安全感，旨在消除过去创伤的影响，重建生理平衡，并让你在创伤记忆中感到舒适。

莱文和其他 SE 实践者强调，人们的情绪和身体反应是对创伤的正常反应。在你进入一种平衡的状态后，治疗师会帮助你体验内在的安全感、力量、舒适和乐观。

对 SE 的研究主要局限于少数非对照试验和个案研究。这种方法对于那些希望从身体上而不是从认知上解决创伤的人特别有吸引力。当然，SE 和你在学习使用的表达式冥想技术之间有很多相似之处。

敲打治疗（“Tapping” therapies），包括情绪释放疗法 [17] **（Emotional Freedom Technique，EFT）和思维场疗法** [18] **（Thought Field Therapy，TFT）**，要求你在轻敲穴位的同时专注于令人不安的想法或记忆。在脸上、胸部和手上的 15 个穴位各敲打 5 ~ 7 次，同时大声说出某个症状，“接受”它，也“接受”你自己。例如，每次敲打时你可以说：“尽管我感到焦虑，但我完全接受自己。”这种疗法的实践者认为，这些穴位能减少杏仁核的活动，创造一种放松的状态，从而促进脱敏，缓解症状，提升积极的态度和情绪。

这些自我照顾的技术通常由有专业培训证书但没有执照的治疗师传授，并且一直备受争议。然而，最近关于 TFT 和 EFT 的研究，包括奥登·厄根斯和道森·丘奇的研究，显示了它对受创伤的退伍军人等的效用。[19]

药物创伤治疗，一些抗抑郁药物在缓解与 PTSD 相关的抑郁症状方面显示出一定的效果。[20]然而，几乎没有证据表明，它们对绝大多数与创伤相关的症状，比如焦虑和恐惧、闪回和噩梦、睡眠障碍和注意力不集中、情绪麻木和退缩有任何帮助。而且，这些药物有非常显著的副作用[21]，包括头痛、体重增加、肠胃紊乱和自杀倾向。请把它们作为万不得已的选择，而不是优先的治疗选择。

如果药物治疗看起来很有吸引力，最好还是先咨询你的医生、营养学家或营养师，看能否用一些副作用较小的替代药物。

致谢

写作对我来说既孤独又神秘。写这本书时而容易，时而困难——令人痛苦。然而，孕育这本书的土壤和源泉，与使它得以成文的养分，是共通的。在此，我要感谢那些孕育了本书的人们以及我自己。

首先是我的父母，朱尔斯（Jules）和辛西娅·戈登（Cynthia Gordon）。他们给了我生命，邀请并敦促我成为一名医生，他们让我感受到文字的力量，虽然他们的创伤和动荡给我带来了挑战，但他们也给我的生活以及我亲爱的兄弟安迪（Andy）和杰夫（Jeff）的生活带来了爱。

接下来，我要感谢一直伴随我的向导，尤其是比尔·阿尔弗雷德（Bill Alfred）和鲍勃·科尔斯（Bob Coles），言语无法道尽我对他们的感激之情。此外，还有 R.D. 莱恩（R.D. Laing）、琳恩·德威尔（Lynne Dwyer）、爱德华·伯查德（Edward Burchard）、格雷戈里·贝特森（Gregory Bateson）、大卫·奇克（David Cheek）、何塞·罗莎（Jose Rosa）和克里多·穆特瓦（Credo Mutwa）。

感谢包括哈佛大学和旧金山锡安山医院（Mount Zion Hospital）在内的许多机构，它们无条件地接纳我，欢迎我的所有探索。感谢哈佛医学院、爱因斯坦医学院（The Albert Einstein College of Medicine）、国家心理健康研究所（The National Institute of Mental Health）和国家卫生研究院（The National

Institutes of Health），它们在为我提供机会和支持的同时，也给了我挑战，让我找到了自己。

我在本书中列举了50多年来帮助我发现自我的人。再一次，我要感谢谢莎伦·科廷（Sharon Curtin），我的前妻兼好友，她有着崇高的灵魂，也是一位杰出的作家；还有希亚姆·辛加（Shyam Singha），一位治疗者、一位魔术师，正如他的名字，他像太阳一样照耀着我的生命。

还有很多人在本书中出现，正如我所说的，他们曾是我的病人和学生，也是我的老师。他们非常慷慨地与你我分享了他们的故事和他们的生活。我对他们所有人深表感谢。在书中，我用他们的教名称呼他们，并修改了身份细节，以确保只有他们自己、伴侣、配偶、父母或密友，才知道我提到的是谁。

尽管我省略了许多细节，并修改了职业和居住地，但“团体治疗”一章中的参与者可能会识别出彼此，也能识别出书中的自己。我希望你们所有人都能感受到我对你们强有力的、发自内心的分享，以及我们共同经历的尊重和真挚的感激。

30年前我创建了CMBM这样一个治疗与治疗者社区，30名CMBM员工和130名国际教员是CMBM的核心，我很荣幸与大家共事。

除了那些我在本书中提到的人，我还要特别感谢与我合作了20年甚至更久的人——艾米·希纳尔（Amy Shinal），我们的医疗主任，她温柔而明智地指导着我们的教职员工；蒂娜·费舍（Tina Fisher），她最初负责我在华盛顿的办公室，后来又投身于我们在科索沃和中东的工作；朱莉·史泰博（Julie Staples），我们孜孜不倦、一丝不苟的研究主任；凯西·斯威夫特（Kathie Swift），我们“食物即药物”项目的缔造者，她仔细地审阅了“创伤食疗”一章，提供了她的建议；琳达·里奇斯迈尔－西尔（Lynda Richtsmeier-Cyr），我们的医疗副主任；以及苏珊·布卢姆（Susan Blum）、莫妮卡·克拉斯（Monique Class）、乔尔·埃文斯（Joel Evans）、凯西·法拉（Kathy Farah）、卡罗尔·雅各布斯（Carol Jacobs）、黛博拉·卡普兰（Debra Kaplan）、杰罗尔·金梅尔（Jerrol Kimmel）、罗拉·马茨（Lora Matz）、乔吉·尼科洛斯基（Gjorgi Nikoloski）和谢利·斯奈德（Cheri Snyder）。

10年前，我的教女罗斯玛丽·伦巴德-米林（Rosemary Lombard-Murrain）作为一名心有怀疑但充满好奇的志愿者开始了她在CMBM的工作。“他到底在搞什么鬼？”当时，她不清楚我在做什么。现在她明白了，作为我们的运营总监，她与我紧密合作，充满爱心地发展、壮大CMBM，帮助我确保我们所做的一切都能良好运转。

CMBM的影响范围越来越广。CMBM既是一场有关自我照顾和团体支持的运动，也是一场充满同情心的社区康复运动，同时也是一种治疗干预方式。在这样广阔的空间里工作和生活，赋予了我在CMBM所做的每件事都更为广阔深刻的意义，不仅对我而言如此，对本书也是如此。

我要特别感谢贾米尔·阿卜杜勒·阿蒂（Jamil Abdel Atti）和他的团队，15年来，他们勇敢地领导了我们在加沙的项目，在那里我们与超过17万名儿童和成人一起工作。

感谢我的两位养兄弟阿夫里姆·布莱塔（Afrim Blyta）和朱苏夫·乌拉杰（Jusuf Ulaj），在他们与穆拉特·布丁艾（Murat Butyai）及其他教师们的共同努力下，我们在科索沃的基础性工作成为可能；感谢以色列的朗达·阿德斯基（Rhonda Adessky）、娜奥米·鲍姆（Naomi Baum）、丹尼·格罗斯曼（Danny Grossman）、纳夫塔利·哈尔贝施塔特（Naftali Halberstadt）；感谢海地的琳达·梅耶（Linda Metayer），雷吉娜·拉罗什（Regine Laroche）和皮埃尔·安德烈·杜马（Pierre André Dumas）主教；还有安尼斯·德·阿沃（Anyieth D 'Awol），他正致力于将我们的项目带给非洲东南部饱受战争创伤的人们。

我要感谢CMBM美国的工作人员，他们充满冒险精神，德才兼备，感谢他们多年来的努力使这项国际工作成为可能。除了蒂娜·费舍（Tina Fisher），还包括玛格丽特·加维恩（Margaret Gavian）、丹·施特伦查克（Dan Sterenchuk）、李-安·加拉诺（Lee-Ann Gallarano）、杰西·哈丁（Jesse Harding），以及新近几年加入的全球创伤救援副主任穆萨拉特·艾尔-阿泽（Musarrat Al-Azzeh），他为人善良，业务精湛。

也要感谢克拉拉·罗亚尔（Klara Royal），她一直支持我们的工作；还有凯茜·弗斯特（Cathy Furst）和汉娜·奎因（Hannah Quinn），他们优雅而高效地组织了我们在美国的许多项目；以及伊丽莎白·卡普兰（Elizabeth Kaplan），她帮助我们筹集资金。

感谢创建CMBM董事会并让一切得以开始的唐·德拉斯基（Don DeLaski）、里克·杰洛涅（Rick deLone）、威廉·费尔（William Fair）、马克·格罗斯曼（Marc Grossman）、汤姆·乔（Tom Joe）、玛丽－琳恩·科兹（Mary-Lynn Kotz）、林恩·洛里斯（Lyn Rales）、罗伯特·施瓦兹（Robert Schwartz）、罗伯特·夏尔（Robert Shaye）、费拉·西蒙妮（Fera Simone）和迈克尔·泰格（Michael Tigar）。感谢我们的现任董事会成员怀迪·布鲁斯坦（whitey Bluestein）、安·霍普斯（Ann Hoopes）、马克·海曼（Mark Hyman）、丹尼斯·杰夫（Dennis Jaffe）、戴夫·利维（Dave Levy）、凯伦·萨维里诺（Karen Saverino）和芭芭拉·斯托曼（Barbara stohlman）一直以来提供的指导、鼓励和支持。特别感谢戴夫，他响应友谊的召唤，与我们的使命心意相通，为我们筹集资金，使我们所做的一切成为可能。

我们的顾问委员会一直以来都令人信赖，而且令人鼓舞。

我非常感谢成千上万支持我和CMBM的人。特别要感谢唐·德拉斯基（Don DeLaski），他的慷慨和良言使一切皆有可能；我还要感谢唐的继承人、他的女儿凯瑟琳（Kathleen）；感谢大西洋慈善基金会的创始主席查尔斯·菲尼（Charles Feeney），他认为我们在加沙和以色列的工作类似于他所支持的爱尔兰的和平进程。感谢佩妮·乔治（Penny George）和她的丈夫比尔（Bill）及乔治家族基金会一直以来对我们的支持，在关键时刻他们与我们并肩前进；感谢丽兹·萨利特（Liz Salett）慷慨地支持了我们在加沙的工作；感谢正在与我们合作的丽莎·哈里斯（Lisa Harris）和史蒂夫·西蒙（Steve Simon），为印第安纳波利斯民众带来全民治疗和健康。此外，感谢前美国参议员汤姆·哈金（Tom Harkin），正是汤姆向比尔（Bill）和希拉里·克林顿（Hillary Clinton）保证，我是美国国立卫生研究院下替代疗法办公室顾问委员会主席的最佳人选。

在写作的过程中，我获得了很多人的帮助。首先，我感谢我的四位行政助理：安伯加德·姆韦卡利－特辛（Amberjade Mwekali-Tsering）、霍普·鲁宾（Hope Rubin）、琳达·汉斯（Linda Hanes）和（Bexia Shi）。在这本书成形和定稿的过程中，他们付出了艰辛的努力，他们善于理解我难以辨认的字迹，为我誊写书稿，提供有用的建议，友好地提醒我截稿期限，安排和保护我的时间。没有他们，我不知道我能不能完成这本书。但我很确定，他们的智慧、支持和关爱使我能够做到最好。

其他员工和实习医生也为这项研究提供了宝贵的帮助。首先是我们的工作人员蒂姆·伊登（Tim Eden）和诺辛·哈亚特（Nosheen Hayatt），以及我们的实习医生大卫·贝尔顿二世（David Belton II）、蒂芙尼·（Tiffany Chiu）、劳拉·法恩斯沃思（Laura Farnsworth）、艾米丽·菲茨帕特里克（Emily Fitzpatrick）、雷切尔·鲁宾（Rachel Rubin）、塞莱娜·萨德（Seleena Saad）、哈洛洛夫·辛格（Harlove Singh）、莫妮卡·斯特杜尔（Monika Stedul）、凯尔·德兰（Kyle Tran）、莎拉·伍迪（Sarah Woody）和莎蒂·祖赫（Sadie Zuch）。

对于另外三名实习医生所表现出的敬业、智慧、关心和善良，我想明确予以感谢。凯瑟琳·帕克赫斯特（Catherine Parkhurst）列出了“创伤饮食”的参考文献，为我们所有人树立了一个参考文献引用标准。阿普洛特姆·乔杜里（Aproteem Choudhury），以卓越的技能和极大的耐心制作并编辑了本书注释部分最终版，我希望这将帮助读者探索支持本书内容的有关科学文献。塔蒂亚·娜扎南科－米勒（Tatiana Znayenko–Miller）与阿普洛特姆紧密合作，在我们需要的时候，她始终都在。

我的前经纪人克里斯·托马西诺（Chris Tomasino）帮助我着手写这本书，理查德·派恩（Richard Pine）和阿维娃·罗姆（Aviva Romm）为我指明了正确的方向。

我的新经纪人邦妮·索洛（Bonnie Solow）与我一起工作，她指导我、激励我，令人愉悦又熟练地推动我，让我的愿景成为现实。HarperOne 出版社的编辑吉迪恩·韦尔（Gideon Weil）热情而睿智地接受了本书，并带领它直至出版。责任编辑丽莎·苏尼卡（Lisa Zuniga）让本书得以完成。

我简单地提一下我的两个伙伴，乔治·布莱彻（George Blecher）和霍华德·约瑟夫（Howard Josepher）为本书的贡献，以及琳恩（Lynne）和比尔·崔斯特（Bill Twist），还有我儿子盖比（Gabe）的母亲艾利森·贝拉尔迪

（Allison Berardi），他们是我的精神家园，给予了我无限的欣赏和鼓励。而乔治，除了给予我爱，还给予了我清晰的编辑指导。

感谢已经辞世的朋友贝尔·菲利普斯（Belle Phillips）、马歇尔·伯曼（Marshall Berman）、鲍勃·巴克利（Bob Buckley）、拉吉·道格维勒（Ragi Doggweiler）和布伦达·索德（Brenda Sowder），他们曾为我而来。

感谢每一次的软腹呼吸，感谢我与我的教子们——罗斯玛丽（Rosemary）兄弟、马特（Matt）、乔治·隆巴德（George Lombard）、莉莉–玛丽·布莱彻（Lilly-Marie Blecher）以及他们的家人每一次爱的连接。当然，也感谢两个孩子加布里埃尔·戈登·贝拉尔迪（Gabriel Gordon-Berardi）和杰米·洛德（Jamie Lord），这本书献给他们。

每一天，你们所有人都在帮助我记住，正如我的拉科塔兄弟们告诉我的，我们是一家人。

注释

序言 所有的创伤，都可以被治愈

1 V. J. Felitti, R. F. Anda, D. Nordenberg, D. F. Williamson, A. M. Spitz, V. Edwards, M. Koss, and J. S. Marks, "Relationship of childhood abuse and household dysfunction to many of the leading causes of death in adults: The Adverse Childhood Experiences (ACE) Study," *American Journal of Preventive Medicine* 14, no. 4 (May 1998): 245–58.

2 F. Stoddard and G. Saxe, "Ten-year research review of physical injuries," *Journal of the American Academy of Child & Adolescent Psychiatry* 40, no. 10 (October 2001): 1128–45.

3 S. Isobel, M. Goodyear, and K. Foster, "Psychological trauma in the context of familial relationships: A concept analysis," *Trauma, Violence, & Abuse* (August 2017): 1–11, doi: 10.1177/1524838017726424.

4 J. A. Parto, M. K. Evans, and A. B. Zonderman, "Symptoms of posttraumatic stress disorder among urban residents," *Journal of Nervous and Mental Disease* 199, no. 7 (July 2011): 436–39.

5 R. T. Carter, "Racism and psychological and emotional injury: Recognizing and assessing race-based traumatic stress," *Counseling Psychologist* 35, no. 1 (January 2007): 105.

6 J. Kucharska, "Cumulative trauma, gender discrimination and mental health in women: mediating role of self-esteem," *Journal of Mental Health* 27, no. 5 (October 2018): 416–23.

7 K. M. Keyes, C. Pratt, S. Galea, K. A. McLaughlin, K. C. Koenen, and M. K. Shear, "The burden of loss: Unexpected death of a loved one and psychiatric disorders across the life course in a national study," *American Journal of Psychiatry* 171, no. 8 (2014): 864–71.

8 J. Brand, "The far-reaching impact of job loss and unemploy-ment," *Annual Review of Sociology* 41 (August 2015): 359–75.

9 L. K. Lapp, C. Agbokou, and F. Ferreri, "PTSD in the elderly: The inter action between trauma and aging," *International Psychogeriatrics* 23, no. 6 (August 2011): 858–68.

10 V. Frankl, *Man's Search for Meaning* (Boston: Beacon Press, 2006).

11 H. Praag, "The position of biological psychiatry among the psychiatric disciplines," *Comprehensive Psychiatry* 12, no. 1 (January 1971): 1–7, doi: 10.1016/0010–440X(71)90050–2.

12 J. T. Hartford, "How to minimize side effects of psychotropic drugs," *Geriatrics* 34, no. 6 (June 1979): 83–93.

13 R. K. Wallace, "Physiological Effects of Transcendental Meditation," *Science* 167, no. 3926 (1970): 1751–54; H. Benson, J. F. Beary, and M. P. Carol, "The relaxation response," *Psychiatry* 37, no. 1 (February 1974): 37–46.

14 Committee on Psychiatry and Religion, *The Psychic Function of Religion in Mental Illness and Health* (Dallas: Group for the Advancement of Psychiatry, 1968).

15 J. S. Gordon, D. T. Jaffe, and D. E. Bresler, *Mind, Body and Health: Toward an Integral Medicine* (New York: Human Sciences Press, 1984); A. C. Hastings, J. Fadiman, and J. S. Gordon, *Health for the Whole Person: The Complete Guide to Holistic Medicine* (Boulder, CO: Westview Press, 1980).

16 J. S. Gordon, J. K. Staples, A. Blyta, and M. Bytyqi, "Treatment of posttraumatic stress disorder in postwar Kosovo high school students using mind–body skills groups: A pilot study." *Journal of Traumatic Stress* 17, no. 2 (April 2004): 143–47.

17 J. Gordon, J. Staples, A. Blyta, M. Bytyqi, and A. Wilson, "Treatment of posttraumatic stress disorder in postwar Kosovar adolescents using mind–body skills groups," *Journal of Clinical Psychiatry* 69, no. 9 (September 2008): 1469–76.

18 J. K. Staples and J. S. Gordon, "Effectiveness of a mind–body skills training program for healthcare professionals," *Alternative Therapies in Health and Medicine* 11, no. 4 (July–August 2005): 36–41; P. A. Saunders, R. E. Tractenberg,Chaterji, H. Amri, N. Harazduk, J. S. Gordon, M. Lumpkin, and A. Haramati, "Pro–moting self–awareness and reflection through an experiential mind–body skills course for first year medical students," *Medical Teacher* 29, no. 8 (October 2007): 778–84; J. S. Gordon, "Mind–body skills groups for medical students: Reducing stress, enhancing commitment, and promoting patient–centered care," *BMC Medical Education* 14, no. 1 (2014): 198; C. Finkelstein, A. Brownstein, C. Scott, and Y. L. Lan, "Anxiety and stress reduction in medical education: An intervention," *Medical Education* 41, no. 3 (March 2007): 258–64; J. M. Greeson, M. J. Toohey, and M. J. Pearce, "An adapted, four–week mind–body skills group for medical students: Reducing stress, increasing mindfulness, and enhancing self–care," *Explore: The Journal of Science and Healing* 11, no. 3 (May–June 2015): 186–92; J. K. Staples, A. Atti, J. Ahmed, and J. S. Gordon, "Mind–body skills groups for posttraumatic stress disorder and depression symptoms in Palestinian chil–dren and adolescents in Gaza," *International Journal of Stress Management* 18, no. 3 (2011): 246–62; J. S. Gordon, J. K. Staples, D. Y. He, and J. A. A. Atti, "Mind–body skills groups for posttraumatic stress disorder in Palestinian adults in Gaza," *Traumatology* 22, no. 3 (2016): 155–64.

01 邀请你理解自己，了解创伤

1 Center for Mind-Body Medicine, "The Center's Work Featured on CBS 60 Minutes," *Center Blog*, May 31, 2015, https://cmbm.org/blog/gaza/60-minutes/.

02 创伤生物学：受伤后，我们的身心会怎样变化

1 S. W. Porges, "Orienting in a defensive world: Mammalian modifica-tions of our evolutionary heritage; A Polyvagal Theory," *Psychophysiology* 32, no. 4 (July 1995): 301-18.

2 W. Cannon, *Bodily Changes in Pain, Hunger, Fear and Rage: An Account of Recent Researches into the Function of Emotional Excitement* (New York: Appleton, 1922), http://hdl.handle.net/2027/hvd.32044031655350.

3 H. Selye, *The Stress of Life* (New York: McGraw-Hill, 1978).

4 K. Kozlowska, P. Walker, L. McLean, and P. Carrive, "Fear and the defense cascade: Clinical implications and management," *Harvard Review of Psychiatry* 23, no. 4 (July-August 2015): 263-87.

5 Duke University, "Emotional memories function in self-reinforcing loop," *Science Daily*, March 24, 2005, www.sciencedaily.com/releases/2005/03/050323130625.htm.

6 K. Szabo and M. G. Hennerici, eds., *The Hippocampus in Clinical Neuroscience* (Basel: Karger Medical and Scientific Publishers, 2014).

7 A. Lim, "Stress, cortisol, and the immune system: What makes us get sick?," *Science Creative Quarterly*, December 2007.

8 A. W. Evers, E. W. Verhoeven, H. van Middendorp,F. C. Sweep, F. W. Kraaimaat, A. R. Donders, A. E. Eijsbouts, et al., "Does stress affect the joints? Daily stressors, stress vulnerability, immune and HPA axis activity, and short-term disease and symptom fluctuations in rheumatoid arthritis," *Annals of the Rheumatic Diseases* 73, no. 9 (September 2014): 1683-88.

9 J. L. Wilson, "Clinical perspective on stress, cortisol and adrenal fatigue," *Advances in Integrative Medicine* 1, no. 2 (May 2014): 93-96, doi: 10.1016/j.aimed.2014.05.002.

10 J. E. Sherin and C. B. Nemeroff, "Post-traumatic stress disorder: The neurobiological impact of psychological trauma," *Dialogues in Clinical Neuroscience* 13, no. 3 (September 2011): 263-78.

11 E. J. Dansie, P. Heppner, H. Furberg, J. Goldberg, D. Buchwald, and N. Afari, "The comorbidity of self-reported chronic fatigue syndrome, post-traumatic stress disorder, and traumatic symptoms," *Psychosomatics* 53, no. 3 (May 2012): 250-57.

12 J. Douglas Bremner, "Traumatic stress: Effects on the brain," *Dialogues in Clinical Neuroscience* 8, no. 4 (December 2006): 445-61.

13 R. A. Lanius, P. A. Frewen, M. Tursich, R. Jetly, and M. C. McKinnon, "Restoring large-scale brain net-works in PTSD and related disorders: A proposal for neuroscientifically-informed treatment interventions," *European Journal of Psychotraumatology* 6, no. 1 (2015): 27313.

14 K. S. Gilbert, S. M. Kark, P. Gehrman, and Y. Bog-danova, "Sleep disturbances, TBI and PTSD: Implications for treatment and recovery," *Clinical Psychology Review* 40 (August 2015): 195–212.

15 L. Margolies, "Understanding the effects of trauma: Post-traumatic stress disorder (PTSD)," *Psych Central*, October 2018, https://psychcentral.com/lib/understanding-the-effects-of-trauma-post-traumatic-stress-disorder-ptsd/.

16 S. M. Rojas, S. Bujarski, K. A. Babson, C. E. Dutton, and M. T. Feld-ner, "Understanding PTSD comorbidity and suicidal behavior: Associations among histories of alcohol dependence, major depressive disorder, and suicidal ideation and attempts," *Journal of Anxiety Disorders* 28, no. 3 (April 2014): 318–25, doi: 10.1016/j.janxdis.2014.02.004.

17 U.S. Department of Veterans Affairs, "VA Releases Veteran Suicide Statistics by State," *News release* 8 (2017), https://www.va.gov/opa/pressrel/pressrelease.cfm?id=2951.

18 V. J. Felitti and R. F. Anda, "The relation-ship of adverse childhood experiences to adult medical disease, psychiatric disorders, and sexual behavior: Implications for healthcare," in *The Impact of Early Life Trauma on Health and Disease*: The Hidden Epidemic, R. A. Lanius, E. Vermetten, and C. Pain, eds. (Cambridge: Cambridge Univ. Press, 2010), 77–87.

19 Felitti et al., "Relationship of childhood abuse and household dysfunction."

20 Felitti and Anda, "The relationship of adverse childhood experiences."

21 C. Rampp, E. B. Binder, and N. Provençal, "Epigenetics in posttraumatic stress disorder," *Progress in Molecular Biology and Translational Science* 128 (2014): 29–50.

22 A. O'Donovan, E. Epel, J. Lin, O. Wolkowitz, B. Cohen,Maguen, T. Metzler, M. Lenoci, E. Blackburn, and T. C. Neylan, "Childhood trauma associated with short leukocyte telomere length in posttraumatic stress disorder," *Biological Psychiatry* 70, no. 5 (September 2011): 465–71.

23 D. A. Drossman, "Abuse, trauma, and GI illness: Is there a link?," *American Journal of Gastroenterology* 106, no. 1 (January 2011): 14–25, doi: 10.1038/ajg.2010.453.

24 J. V. Esplugues, M. D. Barrachina, B. Beltran, S. Calatayud, B. J. R. Whittle, and S. Moncada, "Inhibition of gastric acid secretion by stress: A pro-tective reflex mediated by cerebral nitric oxide," *Proceedings of the National Academy of Sciences* 93, no. 25 (December 1996): 14839–44.

25 M. Sanaka, T. Yamamoto, and Y. Kuyama, "Effects of proton pump inhibitors on gastric emptying: A systematic review," *Digestive Diseases and Sciences* 55, no. 9 (September 2010): 2431–40.

26 M. P. Plummer, A. R. Blaser, and A. M. Deane, "Stress ulceration: Prevalence, pathology and association with adverse outcomes," *Critical Care* 18, no. 2 (March 2014): 213.

27 G. Davidson, S. Kritas, and R. Butler, "Stressed mucosa," in *Nutrition Support for Infants and Children at Risk*, ed. R. J. Cooke, Y. Vandenplas, and U. Wahn (Basel: Karger Medical and Scientific Publishers, 2007), 133–46.

28 Davidson, Kritas, and Butler, "Stressed mucosa."

29 M. Hadjivassiliou, D. S. Sanders, R. A. Grünewald, N. Woodroofe, S. Boscolo, and D. Aeschlimann, "Gluten sensitivity: From gut to brain." *Lancet Neurology* 9, no. 3 (March 2010): 318–30.

30 J. A. Foster, L. Rinaman, and C. F. Cryan, "Stress & the gut-brain axis: Regulation by the microbiome," *Neurobiology of Stress* 7 (March 2017): 124–36.

31 Foster, Rinaman, and Cryan, "Stress & the gut-brain axis."

32 A. C. Bested, A. C. Logan, and E. M. Selhub, "Intestinal microbiota, probiotics and mental health: From Metchnikoff to modern advances; Part II—Contemporary contextual research," *Gut Pathogens* 5, no. 1 (March 2013): 3.

33 M. F. Dallman, N. Pecoraro, S. F. Akana, S. E. La Fleur, F. Gomez, H. Houshyar, M. E. Bell, S. Bhatnagar, K. D. Laugero, and S. Manalo, "Chronic stress and obesity: A new view of 'comfort food,'" *Proceedings of the National Academy of Sciences* 100, no. 20 (September 2003): 11696–701.

34 B. Spring, J. Chiodo, and D. J. Bowen, "Carbohydrates, tryp-tophan, and behavior: A methodological review," *Psychological Bulletin* 102, no. 2 (September 1987): 234–56.

35 Z. A. Cordner and K. L. Tamashiro, "Effects of high-fat diet expo-sure on learning & memory," *Physiology & Behavior* 152, pt. B (December 2015): 363–71, doi: 10.1016/j.physbeh.2015.06.008.

36 C. Colantuoni, P. Rada, J. McCarthy, C. Patten, N. M. Avena, A. Chadeayne, and Bartley G. Hoebel, "Evidence that intermittent, excessive sugar intake causes endogenous opioid dependence," *Obesity Research* 10, no. 6 (June 2002): 478–88.

37 Colantuoni et al., "Intermittent, excessive sugar intake."

38 J. R. Pfeiffer, L. Mutesa, and M. Uddin, "Traumatic stress epigenetics," *Current Behavioral Neuroscience Reports* 5, no. 1 (March 2018): 81–93, doi: 10.1007/s40473-018-0143-z.

39 A. Manzel, D. N. Muller, D. A. Hafler, S. E. Erdman,R. A. Linker, and M. Kleinewietfeld, "Role of 'Western diet' in inflammatory autoimmune diseases," *Current Allergy and Asthma Reports* 14, no. 1 (January 2014): 404, doi: 10.1007/s11882-013-0404-6.

40 V. Drapeau, F. Therrien, D. Richard, and A. Tremblay, "Is visceral obesity a physiological adaptation to stress?," *Panminerva Medica* 45, no. 3 (September 2003): 189–95.

41 A. Shuster, M. Patlas, J. H. Pinthus, and M. Mourtzakis, "The clinical importance of visceral adiposity: A critical review of methods for visceral adi-pose tissue analysis," *British Journal of Radiology* 85, no. 1009 (January 2012): 1–10.

42 C. Finelli, L. Sommella, S. Gioia, N. La Sala, and G. Tarantino, "Should visceral fat be reduced to increase longevity?," *Ageing Research Reviews* 12, no. 4 (September 2013): 996–1004, doi: 10.1016/j.arr.2013.05.007.

03 软腹呼吸：平息情绪风暴

1 Sherin and Nemeroff, "Post-traumatic stress disorder."

2 A. A. Taren, P. J. Gianaros, C. M. Greco, E. K. Lind-say, A. Fairgrieve, K. W. Brown, R. K. Rosen, et al., "Mindfulness meditation train-ing alters stress-related amygdala resting state functional connectivity: A randomized controlled trial," *Social Cognitive and Affective Neuroscience* 10, no. 12 (December 2015): 1758–68.

3 S. Breit, A. Kupferberg, G. Rogler, and G. Hasler, "Vagus nerve as modulator of the brain-gut axis in psychiatric and inflammatory disorders," *Frontiers in Psychiatry* 9 (March 2018): 44.

4 E. Luders, P. M. Thompson, and F. Kurth, "Larger hippocampal dimensions in meditation practitioners: Differential effects in women and men," *Frontiers in Psychology* 6 (March 2015): 186, doi: 10.3389/fpsyg.2015.00186.

5 S. W. Lazar, C. E. Kerr, R. H. Wasser-man, J. R. Gray, D. N. Greve, M. T. Treadway, M. McGarvey, et al., "Meditation experi-ence is associated with increased cortical thickness," *Neuroreport* 16, no. 17 (November 2005): 1893–97; B. K. Hölzel, J. Carmody, M. Vangel, C. Congleton, S. M. Yerramsetti, T. Gard, and Sara. W. Lazar, "Mindfulness practice leads to increases in regional brain gray matter density," *Psychiatry Research* 191, no. 1 (January 2011): 36–43, doi: 10.1016/j.pscychresns.2010.08.006.

6 C. M. Goldstein, R. Josephson,S. Xie, and J. W. Hughes, "Current perspectives on the use of meditation to reduce blood pressure," *International Journal of Hypertension* 2012 (2012): 578397.

7 I. Buric, M. Farias, J. Jong, C. Mee, and I. A. Brazil, "What is the molecular signature of mind-body interventions? A systematic review of gene expression changes induced by meditation and related practices," *Frontiers in Immunology* 8 (June 2017): 670.

8 E. Epel, J. Daubenmier, J. T. Moskowitz,S. Folkman, and E. Blackburn, "Can meditation slow rate of cellular aging? Cognitive stress, mindfulness, and telomeres," *Annals of the New York Academy of Sciences* 1172, no. 1 (August 2009): 34–53.

9 Epel et al., "Can meditation slow rate of cellular aging?"

10 Hölzel et al., "Mindfulness practice leads to increases."

11 A. B. Fennell, E. M. Benau, and R. A. Atchley, "A single session of meditation reduces of [*sic*] physiological indices of anger in both expe-rienced and novice meditators," *Consciousness and Cognition* 40 (February 2016): 54–66.

12 S. S. Saraswati, *Asana Pranayama Mudra Bandha*, 4th ed. (Munger, Bihar, India: Yoga Publications Trust, 2008).

13 C. Naranjo and R. E. Ornstein, *On the Psychology of Meditation* (New York: Penguin Books, 1976).

14 Stephen Levine, *Unattended Sorrow: Recovering from Loss and Reviving the Heart* (Emmaus, PA: Rodale, 2005).

15 T. R. A. Kral, B. S. Schuyler, J. A. Mumford, M. A. Rosenkranz, A. Lutz, and R. J. Da-

vidson, "Impact of short–and long–term mindfulness meditation training on amygdala reactivity to emo–tional stimuli," *NeuroImage* 181 (November 2018): 301–13.

16 V. Perciavalle, M. Blandini, P. Fecarotta, A. Buscemi, D. Di Corrado, L. Bertolo, F. Fichera, and M. Coco, "The role of deep breathing on stress," *Neurological Sciences* 38, no. 3 (March 2017): 451–58; M. A. Russo, D. M. San–tarelli, and D. O'Rourke, "The physiological effects of slow breathing in the healthy human," *Breathe* 13, no. 4 (December 2017): 298–309.

04　拥抱希望：有希望，创伤就是有限的

1 D. D. Price, D. G. Finniss, and F. Benedetti, "A comprehen–sive review of the placebo effect: Recent advances and current thought," *Annual Review of Psychology* 59 (2008): 565–90; H. Benson and M. D. Epstein, "The placebo effect: A neglected asset in the care of patients," in *Health for the Whole Person: The Complete Guide to Holistic Medicine*, ed. A. C. Hastings, J. E. Gordon, and J. Fadiman (Boulder, CO: Westview Press, 1975), 179–85; A. H. Roberts, D. G. Kewman, L. Mercier, and M. Hov–ell, "The power of nonspecific effects in healing: Implications for psychosocial and bio–logical treatments," *Clinical Psychology Review* 13, no. 5 (December 1993): 375–91.

2 Harvard Men's Health Watch, "The power of the placebo effect: Treating yourself with your mind is possible, but there is more to it than positive thinking," *Harvard Health Publishing*, May 2017, https://www.health.harvard.edu/mental–health/the–power–of–the–placebo–effect.

3 F. Benedetti, E. Carlino, and A. Pollo, "How placebos change the patient's brain," *Neuropsychopharmacology* 36, no. 1 (January 2011): 339–54, doi: 10.1038/npp.2010.81.

4 J. E. Brody, "Nourishing hope when illness seems hopeless," *New York Times*, September 6, 2005, https://www.nytimes.com/2005/09/06/health/psychology/nourishing–hope–when–illness–seems–hopeless.html.

5 C. R. Snyder, H. S. Shorey, J. Cheavens, K. M. Pulvers, V. H. Adams III, and C. Wiklund, "Hope and academic success in college," *Journal of Educational Psychology* 94, no. 4 (December 2002): 820–26, doi: 10.1037/0022–0663.94.4.820.

6 C. Zuber and A. Conzelmann, "The impact of the achievement motive on athletic performance in adolescent football players," *European Journal of Sport Science* 14, no. 5 (2014): 475–83, doi: 10.1080/17461391.2013.837513.

7 S. J. Lopez, "Want more productive workers—give them hope," *CNBC*, March 8, 2013, https://www.cnbc.com/id/100537689.

05　摇摆舞动：畅快地释放压力和情绪

1 P. A. Levine, *Waking the Tiger: Healing Trauma* (Berkeley: North Atlantic Books, 1997).

2 I. Prigogine and R. Lefever, "Theory of dissipative structures," in *Synergetics: Cooperative Phenomena in Multi-Component Systems*, ed. H. Haken (Wiesbaden: Vieweg+Teubner Verlag, 1973), 124–35.

3 Osho Deuter, Osho Kundalini Meditation, New Earth Records, 1990.

06 情绪无罪：承认自己的感受

1 U.S. Department of Health & Human Services, Administration for Children and Families, Children's Bureau, *Child Maltreatment* 2016 (February 1, 2018), https://www.acf.hhs.gov/cb/resource/child-maltreatment-2016.

2 R. H. Rosenman,R. J. Brand, R. I. Sholtz, and M. Friedman, "Multivariate prediction of coronary heart disease during 8.5 year follow-up in the Western Collaborative Group Study," *American Journal of Cardiology* 37, no. 6 (May 1976): 903–10, doi: 10.1016/0002-9149(76)90117-x.

3 R. B. Williams, *The Trusting Heart: Great News About Type A Behavior* (New York: Times Books, 1989).

4 U.S. Department of Veterans Affairs, PTSD: National Center for PTSD, "Anger and Trauma," https://www.ptsd.va.gov/understand/related/anger.asp.

5 S. Freud, "Mourning and melancholia," in *The Stan-dard Edition of the Complete Psychological Works of Sigmund Freud, Volume XIV (1914-1916): On the History of the Psycho-Analytic Movement, Papers on Metapsychology and Other Works* (London: The Hogarth Press and The Institute of Psycho-Analysis, 1957), 237–58.

6 National Institute of Mental Health, "Depression," https://www.nimh.nih.gov/health/topics/depression/index.shtml.

7 E. Luders, P. M. Thompson, and F. Kurth, "Larger hippocampal dimensions in meditation practitioners: Differential effects in women and men," *Frontiers in Psychology* 6 (March 2015): 186.

8 J. Vives, "Catharsis: Psychoanalysis and the theatre," *International Journal of Psychoanalysis* 92, no. 4 (August 2011): 1009–27.

9 B. K. Hölzel, J. Carmody, K. C. Evans, E. A. Hoge,J. A. Dusek, L. Morgan, R. K. Pitman, and S. W. Lazar, "Stress reduction correlates with structural changes in the amygdala," *Social Cognitive and Affective Neuroscience* 5, no. 1 (March 2010): 11–17.

10 UCSF Memory and Aging Center, "Speech & Language," https://memory.ucsf.edu/speech-language.

11 J. W. Pennebaker and J. D. Sea-gal, "Forming a story: The health benefits of narrative." *Journal of Clinical Psychology* 55, no. 10 (October 1999): 1243–54.

07 连接：寻求人际关系的帮助

1 G. Cook, "Why we are wired to connect," *Scientific American*, October 27, 2013, https://www.scientificamerican.com/article/why-we-are-wired-to-connect/.

2 R. A. Spitz, "Hospitalism: An inquiry into the genesis of psychiatric conditions in early childhood," *Psychoanalytic Study of the Child* 1, no. 1 (1945): 53–74.

3 R. A. Bryant, "Social attachments and traumatic stress," *European Journal of Psychotraumatology* 7, no.1 (2016): 29065.

4 M. Reblin and B. N. Uchino "Social and emotional support and its implication for health," *Current Opinion in Psychiatry* 21, no. 2 (March 2008): 201–5, doi: 10.1097/YCO.0b013e-3282f3ad89.

5 J. Holt-Lunstad, T. B. Smith, and J. B. Layton, "Social relationships and mortality risk: A meta-analytic review," *PLoS Medicine* 7, no. 7 (July 2010): e1000316, doi: 10.1371/journal.pmed.1000316.

6 Margolies, "Understanding the effects of trauma."

7 J.McAloon, "Complextrauma:Howabuseandneglect can have life-long effects," *The Conversation*, October 27, 2014, http://theconversation.com/complex-trauma-how-abuse-and-neglect-can-have-life-long-effects-32329.

8 S. B. Baek, "Psychopathology of social isolation," *Journal of Exercise Rehabilitation* 10, no. 3 (June 2014): 143–47, doi: 10.12965/jer.140132.

9 Bryant, "Social attachments and traumatic stress."

10 R. Kearney, "Narrating pain: The power of catharsis," *Paragraph* 30, no. 1 (March 2007): 51–66, doi: 10.3366/prg.2007.0013.

11 S. E. Taylor, "Social Support: A Review," *in The Oxford Handbook of Health Psychology*, ed. H. S. Friedman (Oxford: Oxford Univ. Press, 2011), 189–214.

08 内在引导：让想象带你走出创伤

1 B. Brogaard and D. E. Gatzia, "Unconscious imagina-tion and the mental imagery debate," *Frontiers in Psychology* 8 (2017): 799, doi: 10.3389/fpsyg.2017.00799.

2 E. Virshup and B. Virshup, "Visual imagery: The language of the right brain," in *Imagery*, ed. J. E. Shorr, G. E. Sobel,P. Robin, and J. A. Connella (Boston: Springer, 1980), 107–12.

3 J. N. Lundstrom, S. Boesveldt, and J. Albrecht, "Central processing of the chemical senses: An overview," *Chemical Neuroscience* 2, no. 1 (January 2011): 5–16.

4 J. H. Gruzelier, "A review of the impact of hypno-sis, relaxation, guided imagery and individual differences on aspects of immunity and health," *Stress* 5, no. 2 (June 2002): 147–63, doi: 10.1080/10253890290027877; J. L. Apóstolo and K. Kolcaba, "The effects of guided imagery on comfort, depression, anxiety, and stress of psychiatric inpatients with depressive disorders," *Archives of Psychiatric Nursing* 23, no. 6 (December 2009): 403–11, doi: 10.1016/j.apnu.2008.12.003.

5 C. H. McKinney, M. H. Antoni, M. Kumar, F. C. Tims, and P. M. McCabe, "Effects of guided imagery and music (GIM) therapy on mood and cortisol in healthy adults," *Health Psychology* 16, no. 4 (July 1997): 390–400, doi: 10.1037/0278-6133.16.4.390.

6 D. J. A. Edwards, "Cognitive therapy and the restructuring of early memories through guided imagery," *Journal of Cognitive Psychotherapy* 4, no. 1 (November 1990): 33–50.

7 P. Norris, S. Fahrion, and L. Oikawa, "Autogenic biofeedback training in psychophysio-logical therapy and stress management." In *Principles and Practice of Stress Management*, 3rd ed., ed. P. M. Lehrer, R. L. Woolfolk, and W. E. Sime (New York: Guilford Press, 2007), 175–206; M. L. Esty, "The development of mind-body self-regulation groups," *Biofeedback* 33, no. 4 (Winter 2005): 161–62.

8 J. H. Schultz and W. Luthe, *Autogenic Training: A Psychophysiologic Approach to Psychotherapy* (New York: Grune & Stratton, 1959).

9 Y. Watanabe, G. Cornélissen, F. Halberg, Y. Saito, K. Fukuda, K. Otsuka, and T. Kikuchi, "Chronobiometric assessment of auto-genic training effects upon blood pressure and heart rate," *Perceptual and Motor Skills* 83, no. 3, pt. 2 (December 1996): 1395–1410, doi: 10.2466/pms.1996.83.3f.1395; "The benefits of autogenic relaxation," https://www.anxiety.org/auto-genic-relaxation; G. Marafante, L. Bidin, P. Seghini, and L. Cavanna, "Mood and distress in cancer patients after Autogenic Training (AT): A pilot study in an Italian oncologic unit," *Annals of Oncology* 27, suppl. 4 (September 2016): 93–94; F. J. Keefe, R. S. Surwit, and R. N. Pilon, "Biofeedback, autogenic training, and progressive relaxation in the treatment of Rayn-aud's disease: A comparative study," *Journal of Applied Behavior Analysis* 13, no. 1 (Spring 1980): 3–11, doi: 10.1901/jaba.1980.13-3.

10 N. E. Miller and L. Dicara, "Instrumental learning of heart rate changes in curarized rats: Shaping, and specificity to discriminative stimulus," *Journal of Comparative and Physiological Psychology* 63, no. 1 (February 1967): 12–19; N. E. Miller, "Biofeedback and visceral learning," *Annual Review of Psychology* 29 (1978): 373–404.

11 E. Green and A. Green, *Beyond Biofeedback* (Boca Raton, FL: Knoll, 1983).

12 "Stress Squares-1 SHEET Stress Squares, 972 per sheet." Amazon.com. https://www.amazon.com/Stress-Squares-SHEET-972-sheet/dp/B002IGFZ7W.

13 J. L. Strauss, P. S. Calhoun, and C. E. Marx, "Guided imagery as a therapeutic tool in post-traumatic stress disorder," in *Post-Traumatic Stress Disorder: Basic Science and Clinical Practice*, ed. P. J. Shiromani, T. M. Keane, and J. E. LeDoux (New York: Humana Press, 2009), 363–73.

14 S. Mehrtens, "Senex play and puer play: A Jungian interpretation of the varieties of recreation," *Jungian Center for the Spiritual Sciences*, http://jungiancenter.org/wp/senex-play-and-puer-play-a-jungian-interpretation-of-the-varieties-of-recreation/.

15 R. C. Stapleton, *The Gift of Inner Healing* (London: Hodder and Stoughton, 1979).

16 "Psychic and mystical experiences of the Aborigines," Australian Institute of Parapsy-chological Research, https://www.aiprinc.org/aboriginal/.

17 J. A. Graham, "Reimagining the self: The sage, the wise old one, and the elder," Jung Society of Atlanta, www.jungatlanta.com/articles/summer13-the-sage.pdf.

18 J. Achterberg, *Imagery in Healing: Shamanism and Modern Medicine* (Boston: Shambhala, 2002).

09 善待你的身体

1 Bremner, "Traumatic stress" ; U.S. Department of Veterans Affairs, "Chronic pain and PTSD: A guide for patients," https://www.ptsd.va.gov/understand/related/chronic_pain.asp.

2 A. Möller, H. P. Söndergaard, and L. Helström, "Tonic immobility during sexual assault—a common reaction predicting post - traumatic stress disorder and severe depression," *Acta Obstetricia et Gynecologica Scandinavica* 96, no. 8 (August 2017): 932–38, doi: 10.1111/aogs.13174.

3 E. F. Loftus, "The reality of repressed memories," *American Psychologist* 48, no. 5 (1993): 518–37, doi: 10.1037/0003–066X.48.5.518.

4 R. Yehuda, "Biology of posttraumatic stress disorder," *Journal of Clinical Psychiatry* 62, suppl. 17 (2001): 41–46.

5 Sherin and Nemeroff, "Post–traumatic stress disorder."

6 Davidson, Kritas, and Butler, "Stressed mucosa."

7 M. Solas, B. Aisa, R. M. Tordera,M. C. Mugueta, and M. J. Ramírez, "Stress contributes to the development of central insulin resistance during aging: Implications for Alzheimer's disease," *Biochimica et Biophysica Acta (BBA)—Molecular Basis of Disease* 1832, no. 12 (2013): 2332–39.

8 K. M. Sauro and W. J. Becker, "The stress and migraine interaction," *Headache: The Journal of Head and Face Pain* 49, no. 9 (October 2009): 1378–86, doi: 10.1111/j.1526–4610.2009.01486.x.

9 UCSF Urology, "PTSD Increases Risk for Sex–ual and Urinary Problems," *UCSF Department of Urology*, May 14, 2014, https://urology.ucsf.edu/news/all/201405/ptsd–increases–risk–sexual–and–urinary–problems#.W20ICNJKg2w.

10 Robert L. Marrone, *Body of Knowledge: An Introduction to Body/Mind Psychology* (Albany: SUNY Press, 1990).

11 Cynthia Kosso and Anne Scott, eds., *The Nature and Function of Water, Baths, Bathing, and Hygiene from Antiquity Through the Renaissance*, vol. 11 (Leiden: E. J. Brill, 2009), doi: 10.1163/ej.9789004173576.i–538.

12 S. M. J. Hemmings, S. Malan–Müller, L. L. van den Heuvel,B. A. Demmitt, M. A. Stanislawski, D. G. Smith, A. D. Bohr, et al., "The microbiome in posttraumatic stress disorder and trauma–exposed controls: An exploratory study," *Psychosomatic Medicine* 79, no. 8 (October 2017): 936–46.

13 M. Kawahara and M. Kato–Negishi, "Link between aluminum and the pathogenesis of Alzheimer's disease: The integration of the aluminum and amyloid cascade hypotheses," *International Journal of Alzheimer's Disease* 2011 (March 2011), https://www.hindawi.com/journals/ijad/2011/276393/abs/.

14 M. Murata and J. H. Kang, "Bisphenol A (BPA) and cell signaling pathways," *Biotechnology Advances* 36, no. 1 (January–February 2018): 311–27, doi: 10.1016/j.bio–

techadv.2017.12.002.

15 Y. Elkaim, "The truth about how much water you should really drink," *U.S. News and World Report*, September 13, 2013, https://health.usnews.com/health-news/blogs/eat-run/2013/09/13/the-truth-about-how-much-water-you-should-really-drink.

16 J. Gibbons and S. Laha, "Water purification systems: A comparative analysis based on the occurrence of disinfection by-products," *Environmental Pollution* 106, no. 3 (September 1999): 425–28.

17 S. Nair, M. Sagar, J. Sollers III, N. Consedine, and E. Broadbent, "Do slumped and upright postures affect stress responses? A randomized trial," *Health Psychology* 34, no. 6 (June 2015): 632–41.

18 T. Field, "Massage therapy research review," *Complementary Therapies in Clinical Practice* 24 (August 2016): 19–31, doi: 10.1016/j.ctcp.2014.07.002.

19 S. Pillay, "How simply moving benefits your mental health," *Harvard Health Publishing*, March 28, 2016, www.health.harvard.edu/blog/how-simply-moving-benefits-your-mental-health-201603289350.

20 M. T. Schmolesky, D. L. Webb, and R. A. Hansen, "The effects of aerobic exercise intensity and duration on levels of brain-derived neuro-trophic factor in healthy men," *Journal of Sports Science & Medicine* 12, no. 3 (September 2013): 502–11.

21 P. J. Smith, J. A. Blumenthal, B. M. Hoffman,H. Cooper, T. A. Strauman, K. Welsh-Bohmer, J. N. Browndyke, and A. Sherwood, "Aerobic exercise and neurocognitive performance: A meta-analytic review of randomized controlled trials," *Psychosomatic Medicine* 72, no. 3 (2010): 239, doi: 10.1097/ PSY.0b013e3181d14633; S. Rosenbaum, C. Sherrington, and A. Tiedemann, "Exercise augmentation compared with usual care for post-traumatic stress disorder: A randomized controlled trial," *Acta Psychiatrica Scandinavica* 131, no. 5 (May 2015): 350–59, doi: 10.1111/acps.12371.

22 G. Shivakumar, E. H. Anderson, A. M. Surís, and C. S. North, "Exercise for PTSD in women veterans: A proof-of-concept study," *Military Medicine* 182, no. 11 (November 2017): e1809–14, doi: 10.7205/milmed-d-16-00440.

23 J. West, B. Liang, and J. Spinazzola, "Trauma sensitive yoga as a complementary treatment for posttraumatic stress disorder: A qualitative descriptive analysis," *International Journal of Stress Management* 24, no. 2 (May 2017): 173–95, doi: 10.1037/str0000040.

24 H. Cramer,D. Anheyer, F. J. Saha, and G. Dobos, "Yoga for posttraumatic stress disorder—a systematic review and meta-analysis," *BMC Psychiatry* 18, no. 1 (March 2018): 72, doi: 10.1186/s12888-018-1650-x; B. A. van der Kolk, L. Stone, J. West, A. Rhodes, D. Emerson, M. Suvak, and J. Spinazzola, "Yoga as an adjunctive treatment for posttraumatic stress disorder: A randomized controlled trial," *Journal of Clinical Psychiatry* 75, no. 6 (June 2014): e559–65.

25 B. L. Niles, D. L. Mori, C. P. Polizzi, A. Pless Kaiser,A. M. Ledoux, and C. Wang, "Fea-

sibility, qualitative findings and satisfaction of a brief Tai Chi mind–body programme for veterans with post–traumatic stress symptoms," *BMJ Open* 6, no. 11 (November 2016): e012464, doi: 10.1136/bmjopen–2016–012464.

26 S. K. Agarwal, "Cardiovascular benefits of exercise," *International Journal of General Medicine* 5 (2012): 541–45, doi: 10.2147/IJGM.S30113; K. A. Ashcraft, R. M. Peace, A. S. Betof, M. W. Dewhirst, and L. W. Jones, "Efficacy and mechanisms of aerobic exercise on cancer initiation, progression, and metastasis: A critical systematic review of *in vivo* preclinical data," *Cancer Research* 76, no. 14 (July 2016): 4032–50, doi: 10.1158/0008–5472.CAN–16–0887; K. R. Ambrose and Y. M. Golightly, "Physical exercise as non–pharmacological treatment of chronic pain: Why and when," *Best Practice & Research Clinical Rheumatology* 29, no. 1 (February 2015): 120–30, doi: 10.1016/j.berh.2015.04.022.

27 M. Teut, E. J. Roesner, M. Ortiz, F. Reese, S. Binting, S. Roll, H. F. Fischer, A. Michalsen, S. N. Willich, and B. Brinkhaus, "Mindful walking in psycho logically distressed individuals: A randomized controlled trial," *Evidence-Based Comple-mentary and Alternative Medicine* 2013, no. 3171 (July 2013), doi: 10.1155/2013/489856.

28 L. Kravitz, "The age antidote," *IDEA Today* 14 (1996): 28–35.

29 J. Y. Breland,R. Donalson, J. V. Dinh, and S. Maguen, "Trauma exposure and disordered eating: A qualitative study," *Women & Health* 58, no. 2 (February 2018): 160–74.

10 创伤食疗：改善情绪的饮食方式

1 M. A. Ricker and W. C. Haas, "Anti–inflammatory diet in clinical practice: A review," *Nutrition in Clinical Practice* 32, no. 3 (June 2017): 318–25, doi: 10.1177/0884533617700353.

2 Y. H. C. Yau and M. N. Potenza, "Stress and eating behaviors," *Minerva Endocrinologica* 38, no. 3 (September 2013): 255–67.

3 A. O'Neil, S. E. Quirk, S. Housden, S. L. Brennan, L. J. Williams, J. A. Pasco, M. Berk, and F. N. Jacka, "Relationship between diet and men–tal health in children and adolescents: A systematic review," *American Journal of Public Health* 104, no. 10 (October 2014): e31–42, doi: 10.2105/AJPH.2014.302110.

4 J. K. Kiecolt–Glaser, "Stress, food, and inflam–mation: Psychoneuroimmunology and nutrition at the cutting edge," *Psychosomatic Medicine* 72, no. 4 (May 2010): 365–69, doi: 10.1097/PSY.0b013e3181dbf489.

5 S. L. Parylak, G. F. Koob, and E. P. Zorrilla, "The dark side of food addiction," *Physiology & Behavior* 104, no. 1 (July 2011): 149–56, doi: 10.1016/j.physbeh.2011.04.063.

6 E. M. Steele, B. M. Popkin, B. Swinburn, and C. A. Mon–teiro, "The share of ultra–processed foods and the overall nutritional quality of diets in the US: Evidence from a nationally representative cross–sectional study," *Population Health Metrics* 15, no. 1 (February 2017): 6, doi: 10.1186/s12963–017–0119–3.

7 J. L. Slavin, "Whole grains, refined grains and fortified refined grains: What's the differ–

ence?," *Asia Pacific Journal of Clinical Nutrition* 9, suppl. 1 (September 2000): S23–27.

8 J. P. Karl and E. Saltzman, "The role of whole grains in body weight regulation," *Advances in Nutrition* 3, no. 5 (September 2012): 697–707, doi: 10.3945/an.112.002782.

9 Kiecolt-Glaser, "Stress, food, and inflammation."

10 V. Lobo, A. Patil, A. Phatak, and N. Chandra, "Free radicals, antioxidants and functional foods: Impact on human health," *Pharmacognosy Reviews* 4, no. 8 (July 2010): 118–26, doi: 10.4103/0973-7847.70902; H. D. Holscher, "Dietary fiber and prebiotics and the gastrointestinal microbiota," *Gut Microbes* 8, no. 2 (March 2017): 172–84, doi: 10.1080/19490976.2017.1290756.

11 G. Radulian, E. Rusu, A. Dragomir, and M. Posea, "Metabolic effects of low glycaemic index diets," *Nutrition Journal* 8 (January 2009): 5, doi: 10.1186/1475-2891-8-5.

12 M. M. Murphy, L. M. Barraj, J. H. Spungen, D. R. Herman, and R. K. Randolph, "Global assessment of select phytonutrient intakes by level of fruit and vegetable consumption," *British Journal of Nutrition* 112, no. 6 (September 2014): 1004–18, doi: 10.1017/S0007114514001937.

13 A. G. Guggenheim, K. M. Wright, and H. L. Zwickey, "Immune modulation from five major mushrooms: Application to integra-tive oncology," *Integrative Medicine: A Clinician's Journal* 13, no. 1 (February 2014): 32.

14 D. C. Willcox, G. Scapagnini, and B. J.Willcox, "Healthy aging diets other than the Mediterranean: A focus on the Okinawan diet," *Mechanisms of Ageing and Development* 136–37 (March–April 2014): 148–62.

15 Y. Ai and J. Jane, "Macronutrients in corn and human nutrition," *Comprehensive Reviews in Food Science and Food Safety* 15, no. 3 (February 2016): 581–98, doi: 10.1111/1541-4337.12192; W. J. Dahl, L. M. Foster, and R. T. Tyler, "Review of the health benefits of peas (Pisum sativum L.)," *British Journal of Nutrition* 108, suppl. 1 (August 2012): S3–10, doi: 10.1017/s0007114512000852.

16 J. C. King and J. L. Slavin, "White potatoes, human health, and dietary guidance," *Advances in Nutrition* 4, no. 3 (May 2013): 393S–401S, doi: 10.3945/an.112.003525.

17 SELFNutritionData, "Foods highest in total omega-6 fatty acids," https://nutritiondata.self.com/foods-011141000000000000000-1w.html.

18 R. J. Foot, N. U. Haase, K. Grob, and P. Gondé, "Acrylamide in fried and roasted potato products: A review on progress in mitigation," *Food Additives and Contaminants* 24, supp1. 1 (2007): 37–46, doi: 10.1080/02652030701439543.

19 A. Rodriguez-Casado, "The health potential of fruits and vegetables phytochemicals: Notable examples," *Critical Reviews in Food Science and Nutrition* 56, no. 7 (May 2016): 1097–1107.

20 S. Lee, K. I. Keirsey, R. Kirkland, Z. I. Grunewald,J. G. Fischer, and C. B. de La Serre, "Blueberry supplementation influences the gut microbiota, inflammation, and insulin resistance in high-fat-diet-fed rats." *Journal of Nutrition* 148, no. 2 (February 2018): 209–19, doi:

10.1093/jn/nxx027.

21 M. A. Daulatzai, "Non–celiac gluten sensitivity triggers gut dysbiosis, neuroinflammation, gut–brain axis dysfunction, and vulnerabil–ity for dementia," *CNS & Neurological Disorders Drug Targets* 14, no. 1 (2015): 110–31.

22 N. Gujral, H. J. Freeman, and A. B. R. Thomson, "Celiac disease: Prevalence, diagnosis, pathogenesis and treatment," *World Journal of Gastroenterology* 18, no. 42 (November 2012): 6036–59, doi: 10.3748/wjg.v18.i42.6036.

23 S. O. Igbinedion, J. Ansari, A. Vasikaran, F. N. Gavins,P. Jordan, M. Boktor, and J. S. Alexander, "Non–celiac gluten sensitivity: All wheat attack is not celiac," *World Journal of Gastroenterology* 23, no. 40 (October 2017): 7201–10.

24 J. R. Biesiekierski and J. Iven, "Non–coeliac gluten sensitivity: Piecing the puzzle together," *United European Gastroenterology Journal* 3, no. 2 (April 2015): 160–65, doi: 10.1177/2050640615578388.

25 Davidson, Kritas, and Butler, "Stressed mucosa."

26 A. Mie, H. R. Andersen, S. Gunnarsson, J. Kahl, E. Kesse–Guyot, E. Rembiałkowska, G. Quaglio, and P. Grandjean, "Human health implications of organic food and organic agriculture: A comprehensive review," *Environmental Health* 16, no. 1 (October 2017): 111.

27 J. Rothlein, D. Rohlman, M. Lasarev,J. Phillips, J. Muniz, and L. McCauley, "Organophosphate pesticide exposure and neurobehavioral performance in agricultural and non–agricultural Hispanic work–ers," *Environmental Health Perspectives* 114, no. 5 (May 2006): 691–96, doi: 10.1289/ehp.8182.

28 Environmental Working Group, "Dirty dozen: EWG's 2018 shopper's guide to pesticides in produce," www.ewg.org/foodnews/dirty–dozen.php.

29 T. P. Trinidad, A. C. Mallillin, A. S. Loyola,R. S. Sagum, and R. R. Encabo, "The potential health benefits of legumes as a good source of dietary fibre," *British Journal of Nutrition* 103, no. 4 (February 2010): 569–74.

30 E. Ros, "Health benefits of nut consumption," *Nutrients* 2, no. 7 (July 2010): 652–82, doi: 10.3390/nu2070652.

31 D. Swanson, R. Block, and S. A. Mousa, "Omega–3 fatty acids EPA and DHA: Health benefits throughout life," *Advances in Nutrition* 3, no. 1 (January 2012): 1–7, doi: 10.3945/an.111.000893.

32 K. Matsumura, H. Noguchi, D. Nishi, K. Hamazaki,T. Hamazaki, and Y. J. Matsuoka, "Effects of omega–3 polyunsaturated fatty acids on psychophysiological symptoms of post–traumatic stress disorder in accident survivors: A randomized, double–blind, placebo–controlled trial," *Journal of Affective Disorders* 224 (December 2017): 27–31, doi: 10.1016/j.jad.2016.05.054.

33 A. Abelsohn, L. D. Vanderlinden, F. Scott, J. A. Archbold, and T. L. Brown, "Healthy fish consumption and reduced mercury exposure: Counseling women in their reproductive

years," *Canadian Family Physician* 57, no. 1 (January 2011): 26–30.

34 Ann L. Yaktine and Malden C. Nesheim, eds., *Seafood Choices: Balancing Benefits and Risks* (Washington: National Academies Press, 2007).

35 Bruce A. Griffin, "Eggs: Good or bad?," *Proceedings of the Nutrition Society* 75, no. 3 (August 2016): 259–64.

36 K. Milton, "Hunter–gatherer diets—a different perspective," *American Journal of Clinical Nutrition* 71, no. 3 (March 2000): 665–67, doi: 10.1093/ajcn/71.3.665.

37 A. P. Simopoulos, "An increase in the omega–6/omega–3 fatty acid ratio increases the risk for obesity," *Nutrients* 8, no. 3 (March 2016): 128, doi: 10.3390/nu8030128.

38 T. A. O'Sullivan, K. Hafekost, F. Mitrou, and D. Lawrence, "Food sources of saturated fat and the association with mortality: A meta–analysis," *American Journal of Public Health* 103, no. 9 (September 2013): e31–42.

39 T. F. Landers, B. Cohen, T. E. Wittum, and E. L. Larson, "A review of antibiotic use in food animals: Perspective, policy, and potential," *Public Health Reports* 127, no. 1 (January–February 2012): 4–22.

40 A. J. Yun, P. Y. Lee, and J. D. Doux, "Are we eating more than we think? Illegitimate signaling and xenohormesis as participants in the pathogenesis of obesity," *Medical Hypotheses* 67, no. 1 (2006): 36–40.

41 R. Casas, E. Sacanella, and R. Estruch, "The immune protective effect of the Mediterranean diet against chronic low–grade inflammatory diseases," *Endocrine, Metabolic & Immune Disorders Drug Targets* 14, no. 4 (2014): 245–54, doi: 10.2174/1871530314666140922153350.

42 M. Gorzynik–Debicka, P. Przychodzen, F. Cappello, A. Kuban–Jankowska, A. Marino Gammazza, N. Knap, M. Wozniak, and M. Gorska–Ponikowska, "Potential health benefits of olive oil and plant polyphenols," *International Journal of Molecular Sciences* 19, no. 3 (February 2018): 686, doi: 10.3390/ijms19030686.

43 S. Intahphuak, P. Khonsung, and A. Panthong, "Anti–inflammatory, analgesic, and antipyretic activities of virgin coconut oil," *Pharmaceutical Biology* 48, no. 2 (February 2010): 151–57, doi: 10.3109/13880200903062614.

44 E. Hsu and S. Parthasarathy, "Anti–inflammatory and antioxidant effects of sesame oil on atherosclerosis: A descriptive literature review," *Cureus* 9, no. 7 (July 2017): e1438, doi: 10.7759/cureus.1438.

45 J. K. Innes and P. C. Calder, "Omega–6 fatty acids and inflammation." *Prostaglandins, Leukotrienes and Essential Fatty Acids* 132 (May 2018): 41–48.

46 F. A. Kummerow, "The negative effects of hydrogenated transfats and what to do about them," *Atherosclerosis* 205, no. 2 (August 2009): 458–65, doi: 10.1016/j.atherosclerosis.2009.03.009.

47 S. Bhatnagar and R. Aggarwal, "Lactose intolerance," *BMJ* 334, no. 7608 (June 2007): 1331–32.

48 R. K. Singh, H. W. Chang,D. Yan, K. M. Lee, D. Ucmak, K. Wong, M. Abrouk, et al., "Influence of diet on the gut microbiome and implications for human health," *Journal of Translational Medicine* 15, no. 1 (April 2017): 73, doi: 10.1186/s12967–017–1175–y.

49 M. Clapp, N. Aurora, L. Herrera,Bhatia, E. Wilen, and S. Wakefield, "Gut microbiota's effect on mental health: The gut–brain axis," *Clinics and Practice* 7, no. 4 (September 2017), doi: 10.4081/cp.2017.987.

50 M. Kechagia, D. Basoulis, S. Konstantopou–lou, D. Dimitriadi, K. Gyftopoulou, N. Skarmoutsou, and E. M. Fakiri, "Health benefits of probiotics: A review," *ISRN Nutrition* 2013 (January 2013), doi: 10.5402/2013/481651.

51 U.S. National Library of Medicine, "Soluble vs. insoluble fiber," *Medline Plus*, www.medlineplus.gov/ency/article/002136.htm.

52 J. Slavin, "Fiber and prebiotics: Mechanisms and health benefits," *Nutrients* 5, no. 4 (April 2013): 1417–35, doi: 10.3390/nu5041417.

53 S. B. Eaton, S. B. Eaton III, M. J. Konner, and M. Shostak, "An evolutionary perspective enhances understanding of human nutritional requirements," *Journal of Nutrition* 126, no. 6 (June 1996): 1732–40, doi: 10.1093/jn/126.6.1732.

54 D. A. Timm and J. L. Slavin, "Dietary fiber and the relationship to chronic diseases," *American Journal of Lifestyle Medicine* 2, no. 3 (March 2008): 233–40, doi: 10.1177/1559827608314149.

55 Holscher, "Dietary fiber and prebiotics."

56 H. Wang, I. S. Lee, C. Braun, and P. Enck, "Effect of probiotics on central nervous system functions in animals and humans: A systematic review," *Journal of Neurogastroenterology and Motility* 22, no. 4 (October 2016): 589–605, doi: 10.5056/jnm16018.

57 M. L. Marco, D. Heeney, S. Binda, C. J. Cifelli, P. D. Cot–ter, B. Foligné, M. Gänzle, et al., "Health benefits of fermented foods: Microbiota and beyond," *Current Opinion in Biotechnology* 44 (April 2017): 94–102, doi: 10.1016/j.copbio.2016.11.010.

58 S. Skrovankova, D. Sumczynski, J. Mlcek, T. Jurikova, and J. Sochor, "Bioactive compounds and antioxidant activity in different types of berries," *International Journal of Molecular Sciences* 16, no. 10 (October 2015): 24673–706, doi: 10.3390/ijms161024673.

59 Yau and Potenza, "Stress and eating behaviors."

60 M. Lenoir, F. Serre, L. Cantin, and S. H. Ahmed, "Intense sweetness surpasses cocaine reward," *PLoS One* 2, no. 8 (2007): e698, doi: 10.1371/journal.pone.0000698.

61 K. L. Stanhope, "Sugar consumption, metabolic disease and obesity: The state of the controversy," *Critical Reviews in Clinical Laboratory Sciences* 53, no. 1 (2016): 52–67.

62 L. H. Glimcher and A. H. Lee, "From sugar to fat: How the transcription factor XBP1 regulates hepatic lipogenesis," *Annals of the New York Academy of Sciences* 1173, suppl. 1 (September 2009): E2–9.

63 J. Rippe and T. Angelopoulos, "Relationship between added sugars consumption and

chronic disease risk factors: Current understanding," *Nutrients* 8, no. 11 (November 2016): 697, doi: 10.3390/nu8110697.

64 J. L. Slavin and B. Lloyd, "Health benefits of fruits and vegetables," *Advances in Nutrition* 3, no. 4 (July 2012): 506–16.

65 E. Martínez, B. Popkin, B. Swinburn, and C. Monteiro, "The share of ultra–processed foods and the overall nutritional quality of diets in the US: Evidence from a nationally representative cross–sectional study," *Population Health Metrics* 15, no. 1 (February 2017): 6, doi: 10.1186/s12963–017–0119–3.

66 J. M. Rippe and T. J. Angelopoulos, "Sucrose, high–fructose corn syrup, and fructose, their metabolism and potential health effects: What do we really know?," *Advances in Nutrition* 4, no. 2 (March 2013): 236–45.

67 Q. Yang, "Gain weight by 'going diet' ? Artificial sweeteners and the neurobiology of sugar cravings," *Yale Journal of Biology and Medicine* 83, no. 2 (June 2010): 101–8.

68 K. M. Phillips, M. H. Carlsen, and R. Blomhoff, "Total antioxidant content of alternatives to refined sugar," *Journal of the American Dietetic Association* 109, no. 1 (January 2009): 64–71, doi: 10.1016/j.jada.2008.10.014.

69 A. A. Momtazi–Borojeni, S. A. Esmaeili, E. Abdollahi, and A. Sahebkar, "A review on the pharmacology and toxicology of steviol glycosides extracted from Stevia rebaudiana," *Current Pharmaceutical Design* 23, no. 11 (2017): 1616–22, doi: 10.2174/13816128226661610211 42835.

70 K. Singh, "Nutrient and stress management," *Journal of Nutrition and Food Sciences* 6, no. 4 (2016), doi: 10.4172/2155–9600.1000528.

71 D. O. Kennedy, "B vitamins and the brain: Mechanisms, dose and efficacy—a review," *Nutrients* 8, no. 2 (January 2016): 68, doi: 10.3390/nu8020068.

72 J. J. Rucklidge, R. Andridge, B. Gorman, M. Blampied, H. Gordon, and A. Boggis, "Shaken but unstirred? Effects of micronutrients on stress and trauma after an earthquake: RCT evidence comparing formulas and doses," *Human Psychopharmacology: Clinical and Experimental* 27, no. 5 (September 2012): 440–54, doi: 10.1002/hup.2246.

73 K. Y. Forrest and W. L. Stuhldreher, "Prevalence and correlates of vitamin D deficiency in US adults," *Nutrition Research* 31, no. 1 (January 2011): 48–54, doi: 10.1016/j.nutres.2010.12.001.

74 E. R. Bertone–Johnson, "Vitamin D and the occurrence of depression: Causal association or circumstantial evidence?," *Nutrition Reviews* 67, no. 8 (August 2009): 481–92, doi: 10.1111/j.1753–4887.2009.00220.x..

75 S. T. Haines and S. K. Park, "Vitamin D supplementation: What's known, what to do, and what's needed," Pharmacotherapy: *The Journal of Human Pharmacology and Drug Therapy* 32, no. 4 (April 2012): 354–82, doi: 10.1002/phar.1037.

76 C. Pifl, A. Wolf, P. Rebernik, H. Reither, and M. L. Berger, "Zinc regulates the dopa–

mine transporter in a membrane potential and chloride dependent manner," *Neuropharmacology* 56, no. 2 (February 2009): 531–40, doi: 10.1016/j.neuropharm.2008.10.009.

77 E. Ranjbar, M. S. Kasaei, M. Mohammad–Shirazi,J. Nasrollahzadeh, B. Rashidkhani, J. Shams, S. A. Mostafavi, and M. R. Mohammadi, "Effects of zinc supplementation in patients with major depression: A randomized clinical trial," *Iranian Journal of Psychiatry* 8, no. 2 (June 2013): 73–79.

78 V. V. Voĭtsekhovskis, I. G. Voĭtsekhovska, A. Shkesters, G. Antsane, A. Silova, T. Ivashchenko, I. Michans, and N. Vaĭvads, "Advances of sele–nium supplementation in post–traumatic stress disorder risk group patients" [in Russian], Biomeditsinskaia Khimiia 60, no. 1 (January–February 2014): 125–32, doi: 10.18097/pbmc20146001125.

79 J. E. Kim, S. I. Choi, H. R. Lee, I. S. Hwang, Y. J. Lee, B. S. An, S. H. Lee, H. J. Kim, B. C. Kang, and D. Y. Hwang, "Selenium significantly inhibits adipocyte hypertrophy and abdominal fat accumulation in OLETF rats via induction of fatty acid β –oxidation," *Biological Trace Element Research* 150, nos. 1–3 (December 2012): 360–70, doi: 10.1007/s12011–012–9519–1.

80 Stephen C. Heinrichs, "Dietary ω - 3 fatty acid sup–plementation for optimizing neu–ronal structure and function," *Molecular Nutrition & Food Research* 54, no. 4 (April 2010): 447–56, doi: 10.1002/mnfr.200900201.

81 G. Grosso,F. Galvano, S. Marventano, M. Malaguarnera, C. Bucolo, F. Drago, and F. Caraci, "Omega–3 fatty acids and depression: Scientific evidence and biological mechanisms," *Oxidative Medicine and Cellular Longevity* 2014 (2014), doi: 10.1155/2014/313570.

82 P. Bozzatello, E. Brignolo, E. De Grandi, and S. Bellino, "Supplementation with ome–ga–3 fatty acids in psychiatric disorders: A review of literature data," *Journal of Clinical Medicine* 5, no. 8 (July 2016): 67, doi: 10.3390/jcm5080067.

83 M. S. Monsey, D. M. Gerhard, L. M. Boyle, M. A. Briones, M. Seligsohn, and G. E. Schafe, "A diet enriched with curcumin impairs newly acquired and reactivated fear memo–ries," *Neuropsychopharmacology* 40, no. 5 (March 2015): 1278–88, doi: 10.1038/npp.2014.315.

84 G. Shoba, D. Joy, T. Joseph, M. Majeed, R. Rajendran, and P. S. S. R. Srinivas, "In–fluence of piperine on the pharmacokinetics of curcumin in ani–mals and human volunteers," *Planta Medica* 64, no. 4 (May 1998): 353–56, doi: 10.1055 /s–2006–957450.

85 J. Hellhammer, E. Fries, C. Buss,V. Engert, A. Tuch, D. Rutenberg, and D. Hellhammer, "Effects of soy lecithin phosphatidic acid and phosphatidylserine complex (PAS) on the endo–crine and psychological responses to mental stress," *Stress* 7, no. 2 (June 2004): 119–26.

86 V. Cassone, W. Warren,D. Brooks, and J. Lu, "Melatonin, the pineal gland, and circa–dian rhythms," *Journal of Biological Rhythms* 8, suppl. (February 1993): S73–81, http://handle.dtic.mil/100.2/ADA268200.

87 S. E. Lakhan and K. F. Vieira, "Nutritional and herbal supplements for anxiety and anxiety–related disorders: systematic review," *Nutrition Journal* 9 (October 2010): 42, doi: 10.1186/1475–2891–9–42.

88 J. J. Mao, S. X. Xie, J. Zee,I. Soeller, Q. S. Li, K. Rockwell, and J. D. Amsterdam, "Rhodiola rosea versus sertraline for major depressive disorder: A randomized placebo-controlled trial," *Phytomedicine* 22, no. 3 (March 2015): 394–99, doi: 10.1016/j.phymed.2015.01.010.

89 S. M. Chacko, P. T. Thambi, R. Kuttan, andI. Nishigaki, "Beneficial effects of green tea: A literature review," *Chinese Medicine* 5 (April 2010): 13.

90 A. C. Nobre, A. Rao, and G. N. Owen, "L-theanine, a natural constituent in tea, and its effect on mental state," *Asia Pacific Journal of Clinical Nutrition* 17, suppl. 1 (2008): 167–68.

91 P. Broderick and A. B. Benjamín, "Caffeine and psychiatric symptoms: A review," *Journal of the Oklahoma State Medical Association* 97, no. 12(December 2004): 538–42; M. Ding, S. N. Bhupathiraju, A. Satija, R. M. van Dam, and F. B. Hu, "Long-term coffee consumption and risk of cardiovascular disease: A systematic review and a dose-response meta-analysis of prospective cohort studies," *Circulation* 129, no. 6 (February 2013): 643–59.

92 K. Nieber, "The impact of coffee on health," *Planta Medica* 83, no. 16 (November 2017): 1256–63.

93 P. Palatini, G. Ceolotto, F. Ragazzo, F. Dorigatti, F. Saladini, I. Papparella, L. Mos, G. Zanata, and M. Santonastaso, "CYP1A2 genotype modifies the association between coffee intake and the risk of hypertension," *Journal of Hypertension* 27, no. 8 (August 2009): 1594–1601.

94 J. A. Bisby, C. R. Brewin, J. R. Leitz, and H. Valerie Curran, "Acute effects of alcohol on the development of intrusive memories," *Psychopharmacology* 204, no. 4 (July 2009): 655–66.

95 Y. Tu, S. Kroener, K. Abernathy, C. Lapish, J. Seamans, L. J. Chandler, and J. J. Woodward, "Ethanol inhibits persistent activity in prefrontal cortical neurons," *Journal of Neuroscience* 27, no. 17 (April 2007): 4765–75, doi: 10.1523/JNEUROSCI.5378-06.2007.

96 P. Hartmann, C. T. Seebauer, and B. Schnabl, "Alcoholic liver disease: The gut microbiome and liver cross talk," *Alcoholism: Clinical and Experimental Research* 39, no. 5 (May 2015): 763–75, doi: 10.1111/acer.12704.

97 G. Traversy and J. P. Chaput, "Alcohol consumption and obesity: An update," *Current Obesity Reports* 4, no. 1 (March 2015): 122–30, doi: 10.1007/s13679-014-0129-4.

98 X. Liu, Z. Qin, X. Zhu, Q. Yao, and Z. Liu, "Systematic review of acupuncture for the treatment of alcohol withdrawal syndrome," *Acupuncture in Medicine* 36, no. 5 (October 2018): 275–83, doi: 10.1136/acupmed-2016-011283.

99 M. T. Feldner, K. A. Babson, and M. J. Zvolensky, "Smoking, traumatic event exposure, and post-traumatic stress: A critical review of the empirical literature," *Clinical Psychology Review* 27, no. 1 (January 2007): 14–45, doi: 10.1016/j.cpr.2006.08.004.

100 T. M. Powledge, "Nicotine as therapy," *PLoS Biology* 2, no. 11 (November 2004): e404.

101 A. Mishr, P. Chaturvedi, S. Datta, S. Sinukumar,P. Joshi, and A. Garg, "Harmful ef-

fects of nicotine," *Indian Journal of Medical and Paediatric Oncology* 36, no. 1 (January–March 2015): 24–31, doi: 10.4103/0971–5851.151771.

102 D. He, J. I. Medbø, and A. T. Høstmark, "Effect of acupuncture on smoking cessation or reduction: An 8–month and 5–year follow–up study," *Preventive Medicine* 33, no. 5 (November 2001): 364–72, doi: 10.1006/pmed.2001.0901.

103 P. Bressan and P. Kramer, "Bread and other edible agentsof mental disease," *Frontiers in Human Neuroscience* 10 (March 2016): 130, doi: 10.3389/fnhum.2016.00130.

104 E. Selhub, "Nutritional psy–chiatry: Your brain on food," *Harvard Health Publishing*, November 16, 2015, www.health.harvard.edu/blog/nutritional–psychiatry–your–brain–on–food–201511168626.

11 与身体对话

1 J. Greeson and T. Eisenlohr–Moul, "Mindfulness–based stress reduction for chronic pain" in *Mindfulness-Based Treatment Approaches: Clinician's Guide to Evidence Base and Applications*, 2nd ed., ed. R. A. Baer (San Diego, CA: Academic Press, 2014), 269–92, doi: 10.1016/b978–0–12–416031–6.00012–8.

2 S. J. Dreeben, M. H. Mamberg, and P. Salmon, "The MBSR body scan in clinical practice," *Mindfulness* 4, no. 4 (December 2013): 394–401, doi: 10.1007/s12671–013–0212–z.

3 L. C. Van der Maas, A. Köke, M. Pont, R. J. Bosscher, J. W. R. Twisk, T. W. Janssen, and M. L. Peters, "Improving the multidisciplinary treat–ment of chronic pain by stimulating body awareness," *Clinical Journal of Pain* 31, no. 7 (July 2015): 660–69.

4 F. H. Netter and S. Colacino, *Atlas of the Human Anatomy* (Summit, NJ: Ciba–Geigy Corporation, 1989).

5 W. Kapit and L. M. Elson. *The Anatomy Coloring Book* (New York: Harper & Row, 1977).

6 "Human Body Images," sciencekids.co.nz, http://www.sciencekids.co.nz/pictures/humanbody.html; "The Human Organ Systems," lumenlearning.com,https://courses.lumenlearning.com/ap1x94x1/chapter/the–human–organ–systems/; "Human Body Diagram," bodytomy.com, https://bodytomy.com/human–body–diagram.

12 驯服创伤触发点

1 N. Gaiman, *Trigger Warning: Short Fictions and Disturbances* (New York: William Morrow, 2015).

2 Kozlowska et al., "Fear and the defense cascade."

3 R. M. Nesse, S. Bhatnagar, and B. Ellis, "Evolutionary origins and functions of the stress response system," *in Stress: Concepts, Cognition, Emotion, and Behavior*, ed. G. Fink (San Diego, CA: Academic Press, 2016), 95–101, doi: 10.1016/b978–0–12–800951–2.00011–x.

4 Sherin and Nemeroff, "Post–traumatic stress disorder."

5 B. Van der Kolk, "Posttraumatic stress disorder and the nature of trauma," *Dialogues in*

Clinical Neuroscience 2, no. 1 (March 2000): 7–22.

6 J. Moye and S. J. Rouse, "Posttraumatic stress in older adults: When medical diagno-ses or treatments cause traumatic stress," *Clinics in Geriatric Medicine* 30, no. 3 (August 2014): 577–89.

7 M. A. Russo, D. M. Santarelli, and D. O'Rourke, "The physiological effects of slow breathing in the healthy human," *Breathe* 13, no. 4 (December 2017): 298–309.

8 E. Luders, P. M. Thompson, and F. Kurth, "Larger hippocampal dimensions in medi-tation practitioners: Differential effects in women and men," *Frontiers in Psychology* 6 (March 2015): 186, doi: 10.3389/fpsyg.2015.00186.

9 S. Sun, Z. Yao, J. Wei, and R. Yu, "Calm and smart? A selective review of meditation effects on decision making," *Frontiers in Psychology* 6 (July 2015): 1059.

13 治愈创伤后遗症，建立更好的关系

1 R. Yehuda, A. Lehrner, and T. Y. Rosenbaum, "PTSD and sexual dysfunction in men and women," *Journal of Sexual Medicine* 12, no. 5 (May 2015): 1107–19, doi: 10.1111/jsm.12856.

2 C. Malmo and T. S. Laidlaw, "Symptoms of trauma and traumatic memory retrieval in adult survivors of childhood sexual abuse," *Journal of Trauma & Dissociation* 11, no. 1 (2010): 22–43, doi: 10.1080/15299730903318467.

3 K. Priebe, N. Kleindienst, J. Zimmer,S. Koudela, U. Ebner–Priemer, and M. Bohus, "Frequency of intrusions and flashbacks in patients with posttraumatic stress disorder related to childhood sexual abuse: An electronic diary study," *Psychological Assessment* 25, no. 4 (De-cember 2013): 1370–76, doi: 10.1037/a0033816.

4 P. Arnaboldi, C. Lucchiari, L. Santoro, C. Sangalli, A. Luini, and G. Pravettoni, "PTSD symptoms as a consequence of breast cancer diagnosis: Clinical implications," *SpringerPlus* 3 (July 2014): 392, doi: 10.1186/2193–1801–3–392.

5 S. Zisook, Y. Chentsova–Dutton, and S. R. Shuchter, "PTSD following bereavement," *Annals of Clinical Psychiatry* 10, no. 4 (December 1998): 157–63.

6 R. B. Flannery Jr., "Social support and psychological trauma: A methodological review," *Journal of traumatic Stress* 3, no. 4 (Octo–ber 1990): 593–611.

14 自然疗法：与大自然进行连接

1 R. S. Ulrich, "View through a window may influence recovery from surgery," *Science* 224, no. 4647 (April 1984): 420–21.

2 R. Parsons, L. G. Tassinary, R. S. Ulrich, M. R. Hebl, and M. Grossman–Alexander, "The view from the road: Implications for stress recovery and immunization," *Journal of Environmen-tal Psychology* 18, no. 2 (June 1998): 113–40.

3 E. C. South, B. C. Hohl, M. C. Kondo, J. M. MacDonald, and C. C. Branas, "Effect of greening vacant land on mental health of community–dwelling adults: A cluster randomized

trial," *JAMA Network Open* 1, no. 3 (2018): e180298, doi: 10.1001/jamanetworkopen.2018.0298.

4 G. N. Bratman, J. P. Ham-ilton, K. S. Hahn, G. C. Daily, and J. J. Gross, "Nature experience reduces rumination and subgenual prefrontal cortex activation," *Proceedings of the National Academy of Sciences* 112, no. 28 (July 2015): 8567–72, doi: 10.1073/pnas.1510459112.

5 Nature Nurture, "What we do," NatureNurture.org.uk, https://naturenurture.org.uk/what-we-do/.

6 D. M. Matthews and S.M. Jenks, "Ingestion of Mycobacterium vaccae decreases anxiety-related behavior and improves learning in mice," *Behavioural Processes* 96 (June 2013): 27–35, doi: 10.1016/j.beproc.2013.02.0077.

7 B. J. Park, Y. Tsunetsugu, T. Kasetani, T. Kagawa, and Y. Miyazaki, "The physiological effects of Shinrin-yoku (taking in the forest atmosphere or forest bathing): Evidence from field experiments in 24 forests across Japan," *Environmental Health and Preventive Medicine* 15, no. 1 (January 2010): 18–26, doi: 10.1007/s12199-009-0086-9.

8 A. Tucker, "The army veteran who became the first to hike the entire Appalachian Trail," *Smithsonian*, July 2017, www.smithsonianmag.com/smithsonian-institution/army-veteran-became-first-hike-entire-appalachian-trail-180963678/.

9 C. Strayed, *Wild: From Lost to Found on the Pacific Crest Trail* (New York: Random House, 2012).

10 H. D. Thoreau, "Walking," in *Collected Essays and Poems*, vol. 124 (New York: Library of America, 2001).

15 动物疗法：陪伴有多重要

1 Therapy Dogs International, "DSRD (Disaster Stress Relief Dogs)," https://www.tdi-dog.org/OurPrograms.aspx?Page=DSRD+(Disaster+Stress+Relief+Dogs).

2 CRC Health, "What is equine therapy?" www.crchealth.com/types-of-therapy/what-is-equine-therapy/.

3 Equestrian Therapy, "History of animal assisted therapy," www.equestriantherapy.com/history-animal-assisted-therapy/.

4 C. Braun, "Animal-assisted therapy: Analysis of patient testimonials," *Journal of Undergraduate Nursing Scholarship* 8, no. 1 (Fall 2006).

5 Wall Street Journal, December 21, 2010, www.wsj.com/articles/SB10001424052748703886904576031630124087362.

6 E. P. Cherniack and A. R. Cherniack, "The benefit of pets and animal-assisted therapy to the health of older individuals," *Current Gerontology and Geriatrics Research* 2014 (2014), doi: 10.1155/2014/623203.

7 J. S. Odendaal, "Animal-assisted therapy—magic or medicine?," *Journal of Psychosomatic Research* 49, no. 4 (October 2000): 275–80, doi: 10.1016/s0022-3999(00)00183-5.

8 E. Friedmann, A. H. Katcher,J. J. Lynch, and S. A. Thomas, "Animal companions and

one-year survival of patients after discharge from a coronary care unit," *Public Health Reports* 95, no. 4 (July-August 1980): 307-12.

9 M. E. O'Haire, S. J. McKenzie, A. M. Beck, and V. Slaughter, "Social behaviors increase in children with autism in the presence of animals com-pared to toys," *PLoS One* 8, no. 2 (2013): e57010, doi: 10.1371/journal.pone.0057010.

10 C. Siebert, "What does a parrot know about PTSD," *New York Times*, January 28, 2016, https://www.nytimes.com/2016/01/31 /magazine/what-does-a-parrot-know-about-ptsd.html.

16 用笑声打破创伤魔咒

1 N. Cousins, "Anatomy of an illness (as perceived by the patient)," *New England Journal of Medicine* 295, no. 26 (December 23, 1976): 1458-63, doi: 10.1056/nejm197612232952605.

2 N. Cousins, *Anatomy of an Illness as Perceived by the Patient: Reflections on Healing and Regeneration* (New York: W. W. Norton, 1979).

3 L. Erdman, "Laughter therapy for patients with cancer," *Journal of Psychosocial Oncology* 11, no. 4 (1994): 55-67.

4 M. Gelkopf, S. Kreitler, and M. Sigal, "Laughter in a psychiatric ward: Somatic, emotional, social, and clinical influences on schizophrenic patients," *Journal of Nervous and Mental Disease* 181, no. 5 (May 1993): 283-89.

5 J. Yim, "Therapeutic benefits of laughter in mental health: A theoretical review," *Tohoku Journal of Experimental Medicine* 239, no. 3 (July 2016): 243-49.

6 F. Nietzsche and T. Common, *Thus Spake Zarathustra* (Mineola, NY: Dover Publications, 1999).

7 M. Yazdani, M. Esmaeil-zadeh, S. Pahlavanzadeh, and F. Khaledi, "The effect of laughter Yoga on general health among nursing students," *Iranian Journal of Nursing and Midwifery Research* 19, no. 1 (January 2014): 36-40; D. Louie, K. Brook, and E. Frates, "The laughter prescription: A tool for lifestyle medicine," *American Journal of Lifestyle Medicine* 10, no. 4 (June 2016): 262-67.

8 J. Gordon, "For Syrian refugees, a mental health emergency," *The Atlantic*, March 20, 2013, https://www.theatlantic.com/health/archive/2013/03/for-syrian-refugees-a-mental-health-emergency/274176/.

17 阅读你的家谱图：创伤可以遗传吗

1 S.B. Franklin, H. Russig, I. C. Weiss, J. Gräff, N. Linder, A. Michalon, S. Vizi, and I. M. Mansuy, "Epigenetic transmission of the impact of early stress across generations," *Biological Psychiatry* 68, no. 5 (September 2010): 408-15.

2 K. Gapp, A. Jawaid, P. Sarkies, J. Bohacek, P. Pelczar, J. Prados, L. Farinelli, E. Miska, and I. M. Mansuy, "Implication of sperm RNAs in transgenera-tional inheritance of the effects of early trauma in mice," *Nature Neuroscience* 17, no. 5 (May 2014): 667-69.

3 R. Yehuda, L. M. Bierer, J. Schmeidler, D. H. Aferiat, I. Breslau, and S. Dolan, "Low cortisol and risk for PTSD in adult offspring of holocaust survivors," *American Journal of Psychiatry* 157, no. 8 (August 2000): 1252–59.

4 M. McGoldrick, R. Gerson, and S. S. Petry, *Genograms: Assessment and Intervention* (New York: W. W. Norton, 2008).

18 团体治疗：信任与安全感有多重要

1 S. E. Taylor, L. C. Klein, B. P. Lewis, T. L. Gruenewald, R. A. Gurung, and J. A. Updegraff, "Biobehavioral responses to stress in females: Tend–and–befriend, not fight–or–flight," *Psychological Review* 107, no. 3 (July 2000): 411–29, doi: 10.1037/0033–295X.107.3.411.

2 R. Afrisham, S. Sadegh–Nejadi,O. SoliemaniFar, W. Kooti, D. Ashtary–Larky, F. Alamiri, M. Aberomand, S. Najjar–Asl, and A. Khaneh–Keshi, "Salivary testosterone levels under psychological stress and its relationship with rumination and five personality traits in medical students," *Psychiatry Investigation* 13, no. 6 (November 2016): 637–43.

3 T. J. Shors, J. Pickett,G. Wood, and M. Paczynski, "Acute stress persistently enhances estrogen levels in the female rat," *Stress* 3, no. 2 (December 1999): 163–71, doi: 10.3109/10253899909001120.

4 Gordon et al., "Treatment of posttraumatic stress disorder in postwar Kosovar adolescents."

5 Gordon, "Mind–body skills groups for med–ical students," 198.

6 C. G. Jung, *Synchronicity: An Acausal Connecting Principle* (From Vol. 8. of the Collected Works of C.G. Jung) (Princeton, NJ: Princeton Univ. Press, 2010).

19 感恩疗法

1 H. Walters, "Want to be happy? Be grateful: Brother David Steindl–Rast at TEDGlobal 2013," *TED Blog*, June 14, 2013, https://blog.ted.com/want–to–be–happy–be–grateful–brother–david–steindl–rast–at–tedglobal–2013/.

2 R. A. Emmons and M. E. McCullough, "Counting blessings versus burdens: An experimental investigation of gratitude and subjective well–being in daily life," *Journal of Personality and Social Psychology* 84, no. 2 (February 2003): 377–89.

3 A. M. Wood, S. Joseph, J. Lloyd, and S. Atkins, "Gratitude influences sleep through the mechanism of pre–sleep cognitions," *Journal of Psychosomatic Research* 66, no. 1 (January 2009): 43–48.

4 Y. Israel–Cohen, F. Uzefovsky, G. Kashy–Rosenbaum, and O. Kaplan, "Gratitude and PTSD symptoms among Israeli youth exposed to missile attacks: Examining the mediation of positive and negative affect and life satisfaction," *Journal of Positive Psychology* 10, no. 2 (2015): 99–106.

5 Robert A. Emmons and Michael E. McCullough, *The Psychology of Gratitude* (New York: Oxford Univ. Press, 2004).

20 宽恕冥想

1 C. vanOyen Witvliet, T. E. Ludwig, and K. L. Vander Laan, "Granting forgiveness or harboring grudges: Implications for emotion, physiology, and health," *Psychological Science* 12, no. 2 (March 2001): 117–23, doi: 10.1111/1467-9280.00320.

2 E. Ricciardi, G. Rota, L. Sani, C. Gentili, A. Gaglianese, M. Guazzelli, and P. Pietrini, "How the brain heals emotional wounds: The functional neuroanatomy of forgiveness," *Frontiers in Human Neuroscience* 7 (2013): 839.

3 Ö. Karaırmak and B. Güloğlu, "Forgiveness and PTSD among veterans: The mediating role of anger and negative affect," *Psychiatry Research* 219, no. 3 (November 2014): 536–42, doi: 10.1016/j.psychres.2014.05.024.

4 International Forgiveness Institute, "How to forgive." http://www.internationalforgiveness.com/need-to-forgive.htm.

5 G. L. Reed and R. D. Enright, "The effects of forgiveness therapy on depression, anxiety, and posttraumatic stress for women after spousal emotional abuse," *Journal of Consulting and Clinical Psychology* 74, no. 5 (October 2006): 920–29, doi: 10.1037/0022-006x.74.5.920.

21 爱、意义和使命

1 J. M. Smyth and J. W. Pennebaker, "Exploring the boundary conditions of expressive writing: In search of the right recipe," *British Journal of Health Psychology* 13, no. 1 (February 2008): 1–7.

2 M. M. Filkowski, R. N. Cochran, and B. W.Haas, "Altruistic behavior: Mapping responses in the brain," *Neuroscience and Neuroeconomics* 5 (2016): 65–75, doi: 10.2147/NAN.S87718.

3 K. Wolf, *Give Yourself to Love* (Kaleidoscope Records C-3000, 1983), audio cassette.

附录

1 J. S. Gordon, *Unstuck: Your Guide to the Seven-Stage Journey out of Depression* (New York: Penguin Books, 2009).

2 C. R. Rogers, *On Becoming a Person: A Therapist's View of Psychotherapy* (Boston: Houghton Mifflin, 1961).

3 N. Kar, "Cognitive behavioral therapy for the treatment of post-traumatic stress disorder: A review," *Neuropsychiatric Disease and Treatment* 7 (2011): 167–81.

4 J. S. Beck, *Cognitive Behavior Therapy: Basics and Beyond* (New York: Guilford Press, 2011).

5 P. P. Schnurr,M. J. Friedman, C. C. Engel, E. B. Foa, M. T. Shea, B. K. Chow, P. A. Resick, et al., "Cognitive behavioral therapy for posttraumatic stress disorder in women: A randomized controlled trial," JAMA 297, no. 8 (February 28, 2007): 820–30, doi: 10.1001/jama.297.8.820.

6 J. A. Cohen, A. P. Mannarino, L. Berliner, and E. Deblinger, "Trauma-focused cognitive

behavioral therapy for children and adolescents: An empirical update," *Journal of Interpersonal Violence* 15, no. 11 (November 2000): 1202–23.

7 A. L. Chapman, "Dialectical behavior therapy: Current indications and unique elements," *Psychiatry (Edgmont)* 3, no. 9 (Septem-ber 2006): 62–68.

8 K. Tran, K. Moulton, N. Santesso, and D. Rabb, *Cognitive Processing Therapy for Post-Traumatic Stress Disorder: A Systematic Review and Meta-Analysis*, CADTH Health Technology Assessment, no. 141 (Ottawa: Canadian Agency for Drugs and Technologies in Health, 2016), https://www.ncbi.nlm.nih.gov/books/NBK362346/.

9 S. C. Hayes, M. E. Levin, J. Plumb-Vilardaga, J. L. Villatte, and J. Pistorello, "Acceptance and commitment therapy and contextual behavioral science: Examining the progress of a distinctive model of behavioral and cognitive therapy," *Behavior Therapy* 44, no. 2 (June 2013): 180–98.

10 E. B. Foa, E. A. Hembree, S. P. Cahill, S. A. Rauch, D. S.Riggs, N. C. Feeny, and E. Yadin, "Randomized trial of prolonged exposure for post-traumatic stress disorder with and without cognitive restructuring: Outcome at aca-demic and community clinics," *Journal of Consulting and Clinical Psychology* 73, no. 5 (October 2005): 953–64; A. Eftekhari, L. R. Stines, and L. A. Zoellner, "Do you need to talk about it? Prolonged exposure for the treatment of chronic PTSD," *Behavior Analyst Today* 7, no. 1 (January 2006): 70–83, https://www.ncbi.nlm.nih.gov/pmc/articles/PMC2770710/.

11 N. Gwozdziewycz and L. Mehl-Madrona, "Meta-analysis of the use of narrative exposure therapy for the effects of trauma among refugee populations," *Permanente Journal* 17, no. 1 (Winter 2013): 70–76.

12 M. A. Polusny, C. R. Erbes, P. Thuras,A. Moran, G. J. Lamberty, R. C. Collins, J. L. Rodman, and K. O. Lim, "Mindfulness-based stress reduction for posttraumatic stress disorder among veterans: a randomized clinical trial," *Jama* 314, no. 5 (2015): 456–65; J. Boyd, R. Lanius, and M. McKinnon, "Mindfulness-based treatments for posttraumatic stress disorder: a review of the treat-ment literature and neurobiological evidence," *Journal of Psychiatry & Neuroscience* (2018): 7–25.

13 F. Shapiro, "The role of eye movement desensitization and reprocessing (EMDR) therapy in medicine: Address-ing the psychological and physical symptoms stemming from adverse life experiences," *Permanente Journal* 18, no. 1 (Winter 2014): 71–77, doi: 10.7812/TPP/13-098.

14 M. Sack, S. Zehl, A. Otti,C. Lahmann, P. Henningsen, J. Kruse, and M. Stingl, "A Comparison of Dual Attention, Eye Movements, and Exposure Only during Eye Movement Desensitization and Reprocessing for Posttraumatic Stress Disorder: Results from a Randomized Clinical Trial," *Psychotherapy and Psychosomatics* 85, no. 6 (2016): 357–65. doi:10.1159/000447671.

15 J. C. Markowitz, E. Petkova, Y. Neria, P. E. Van Meter,Y. Zhao, E. Hembree, K. Lovell, T.

Biyanova, and R. D. Marshall, "Is exposure neces–sary? A randomized clinical trial of interper–sonal psychotherapy for PTSD," *American Journal of Psychiatry* 172, no. 5 (May 2015): 430–40, doi: 10.1176/appi.ajp.2014.14070908.

16 D. Brom, Y. Stokar, C. Lawi, V. Nuriel - Porat,Y. Ziv, K. Lerner, and G. Ross, "Somatic experiencing for posttraumatic stress disorder: A randomized controlled outcome study," *Journal of Traumatic Stress* 30, no. 3 (June 2017): 304–12.

17 G. Craig, *The EFT Manual* (Santa Rosa, CA: Energy Psychology Press, 2011).

18 R. Callahan and J. Callahan, *Thought Field Therapy (TFT) and Trauma: Treatment and Theory* (Nellysford, VA: Thought Field Therapy Training Center, 1996).

19 D. Church, S. Stern, E. Boath, A. Stewart,D. Feinstein, and M. Clond, "Emotional free–dom techniques to treat posttraumatic stress disorder in veterans: Review of the evidence, survey of practitioners, and pro–posed clinical guidelines," *Permanente Journal* 21, no. 4 (Fall 2017): 27–34.

20 M. E. Charney, S. N. Hellberg, E. Bui, and N. M. Simon, "Evidence–based treatment of posttraumatic stress disorder: An updated review of validated psychotherapeutic and pharma–cological approaches," *Harvard Review of Psychiatry* 26, no. 3 (May–June 2018): 99–115.

21 James M. Ferguson, "SSRI Antide–pressant Medications: Adverse Effects and Toler–ability," *Primary Care Companion to the Journal of Clinical Psychiatry* 3, no. 1 (February 2001): 22–27.